畜禽产品安全生产综合配套技术丛书

现代养殖场生产设施与设备

黄炎坤　马　伟　主编

中原农民出版社
·郑州·

图书在版编目(CIP)数据

现代养殖场生产设施与设备/黄炎坤,马伟主编.—郑州:中原农民出版社,2016.8
(畜禽产品安全生产综合配套技术丛书)
ISBN 978-7-5542-1481-7

Ⅰ.①现… Ⅱ.①黄… ②马… Ⅲ.①畜禽-养殖场-生产设备 Ⅳ.①S815.9

中国版本图书馆CIP数据核字(2016)第197839号

现代养殖场生产设施与设备
黄炎坤　马　伟　主编

出版社:中原农民出版社
地址:河南省郑州市经五路66号　　**邮编**:450002
网址:http://www.zynm.com　　**电话**:0371-65788655
发行单位:全国新华书店　　**传真**:0371-65751257
承印单位:河南新华印刷集团有限公司

投稿邮箱:1093999369@qq.com
交流QQ:1093999369
邮购热线:0371-65788040

开本:710mm×1010mm　1/16
印张:16
字数:262千字
版次:2016年9月第1版　　**印次**:2016年9月第1次印刷

书号:ISBN 978-7-5542-1481-7　　**定价**:39.00元

本书作者

主　编　黄炎坤　马　伟

副主编　程　璞　徐秋良　郑　立

编　者　周阿祥　崔成杰　王鑫磊

序

近年来,我国采取有力措施加快转变畜牧业发展方式,提高质量效益和竞争力,现代畜牧业建设取得明显进展。第一,转方式,调结构,畜牧业发展水平快速提升。持续推进畜禽标准化规模养殖,加快生产方式转变,深入开展畜禽养殖标准化示范创建,国家级畜禽标准化示范场累计超过4 000家。规模养殖水平保持快速增长。制定发布《关于促进草食畜牧业发展的意见》,加快草食畜牧业转型升级,进一步优化畜禽生产结构。第二,强质量,抓安全,努力增强市场消费信心。坚持产管结合、源头治理,严格实施饲料和生鲜乳质量安全监测计划,严厉打击饲料和生鲜乳违禁添加等违法犯罪行为。切实抓好饲料和生鲜乳质量安全监管,保障了人民群众"舌尖上的安全"。畜牧业发展坚持"创新、协调、绿色、开放、共享"发展理念,坚持保供给、保安全、保生态目标不动摇,加快转变生产方式,强化政策支持和法制保障,努力实现畜牧业在农业现代化进程中率先突破的目标任务。

随着互联网、云计算、物联网等信息技术渗透到畜牧业各个领域,越来越多的畜牧从业者开始体会到科技应用带来的巨变,并在实践中将这些先进技术运用到整条产业链中,利用传感器和软件通过移动平台或电脑平台对各环节进行控制,使传统畜牧业更具"智慧"。智慧畜牧业以互联网、云计算、物联网等技术为依托,以信息资源共享运用、信息技术高度集成为主要特征,全力发挥实时监控、视频会议、远程培训、远程诊疗、数字化生产和畜牧网上服务超市等功能,达到提升现代畜牧业智能化、装备化水平,以及提高行业产能和效率的目的。最终打造出集健康养殖、安全屠宰、无害处理、放心流通、绿色消费、追溯有源为一体的现代畜牧业发展模式。

同时,"十三五"进入全面建成小康社会的决胜阶段,保障肉蛋奶有效供给和质量安全、推动种养结合循环发展、促进养殖增收和草原增绿,任务繁重

而艰巨。实现畜牧业持续稳定发展，面临着一系列亟待解决的问题：畜产品消费增速放缓使增产和增收之间矛盾突出，资源环境约束趋紧对传统养殖方式形成了巨大挑战，廉价畜产品进口冲击对提升国内畜产品竞争力提出了迫切要求，食品安全关注度提高使饲料和生鲜乳质量安全监管面临着更大的压力。

"十三五"畜牧业发展，要更加注重产业结构和组织模式优化调整，引导产业专业化分工生产，提高生产效率；要加快现代畜禽牧草种业创新，强化政策支持和科技支撑，调动育种企业积极性，形成富有活力的自主育种机制，提升产业核心竞争力；要进一步推进标准化规模养殖，促进国内养殖水平上新台阶；要积极适应经济"新常态"变化，主动做好畜产品生产消费信息监测分析，加强畜产品质量安全宣传，引导生产者立足消费需求开展生产；要按照"提质增效转方式，稳粮增收可持续"工作主线，推进供给侧结构性改革，加快转型升级，推行种养结合、绿色环保的高效生态养殖，进一步优化产业结构，完善组织模式，强化政策支持和法制保障，依靠创新驱动，不断提升综合生产能力、市场竞争能力和可持续发展能力，加快推进现代畜牧业建设；要充分发挥畜牧业带动能力强、增收见效快的优势，加快贫困地区特色畜牧业发展，促进精准扶贫、精准脱贫。

由张晓根教授组织编写的《畜禽产品安全生产综合配套技术丛书》涵盖了畜禽产品质量、生产、安全评价与检测技术，畜禽生产环境控制，畜禽场废弃物有效控制与综合利用，兽药规范化生产与合理使用，安全环保型饲料生产，饲料添加剂与高效利用技术，畜禽标准化健康养殖，畜禽疫病预警、诊断与综合防控等方面的内容。

丛书适应新阶段新形势的要求，总结经验，勇于创新。除了进一步激发养殖业科技人员总结在实践中的创新经验外，无疑将对畜牧业从业者培训，促进产业转型发展，促进畜牧业在农业现代化进程中率先取得突破，起到强有力的推动作用。

中国工程院院士

2016年6月

前　言

现代畜牧业的重要标志之一就是硬件设施的现代化，有了良好的硬件条件才能够为畜禽提供适宜的生活和生产环境，才能防止对环境造成污染，才能提高畜禽的健康和生产水平，才能提高劳动生产效率。发达国家畜牧业的发展历程就是养殖业工厂化、机械化和自动化水平不断提升的过程。我国发展现代畜牧业，其重要支撑条件就是不断提高养殖设备的设计制造水平、提高管理的自动化控制水平、提高现代养殖设备使用的普遍性。

近年来，我国畜牧业现代化发展速度很快，国内畜牧设备生产企业不断增加，采用“交钥匙工程”的完整畜禽场规划设计和设备安装的一体化服务越来越普遍。然而，不同类型的养殖场对现代养殖设施与设备的理解、使用仍然存在很大差距，这也是造成不同企业生产管理水平参差不齐的重要原因。为了促进我国畜牧业现代化发展，促进现代养殖设施与设备的应用，我们组织河南牧业经济学院有关人员编写了本书，以期为养殖业生产和管理提供指导。

在本书的编写过程中，河南畜牧规划设计研究院、河南省畜牧机械商会、河南金凤畜牧设备股份有限公司、河南恒银畜牧机械有限公司等单位给予了大力支持，并提供相应的资料。我们也借鉴了华南(广州)畜牧设备有限公司的有关资料，在此一并致谢！

限于作者水平，本书内容难免会有所疏漏，敬请广大读者批评指正。

编　者

2016 年 7 月

目 录

第一章　现代养殖场场址选择与规划 …… 001
第一节　养殖场场址选择 …… 002
第二节　养殖场的场区规划 …… 006
第二章　畜禽舍的设计与建造 …… 014
第一节　畜禽舍的结构类型 …… 015
第二节　畜禽舍地面与外围护结构 …… 019
第三节　畜禽舍的建筑设计 …… 029
第四节　畜禽舍的环境控制设计 …… 039
第五节　畜禽舍的水电设计 …… 053
第三章　畜禽场的道路 …… 072
第一节　道路分类和组成 …… 073
第二节　路基 …… 076
第三节　路面 …… 078
第四节　道路附属设施 …… 081
第五节　场区道路的规划布置 …… 083
第六节　场内绿化 …… 085
第七节　畜禽场的大门设计 …… 088
第四章　畜禽场的排污设计 …… 089
第一节　畜禽场粪污收集 …… 090
第二节　粪污储存设施 …… 097
第三节　场内排水系统 …… 098
第五章　畜禽场卫生防疫设施与设备 …… 105
第一节　隔离设施 …… 106
第二节　消毒设施与设备 …… 108

第三节 污物无害化处理设施…………………………………… 119
第四节 疫病监测设备…………………………………………… 132
第五节 免疫接种设备…………………………………………… 135
第六节 投药设备………………………………………………… 138
第六章 畜禽场环境控制设备……………………………………… 141
第一节 温度控制设备…………………………………………… 142
第二节 光照控制设备…………………………………………… 152
第三节 通风设备………………………………………………… 158
第四节 湿度控制………………………………………………… 161
第七章 供水与饮水设备…………………………………………… 165
第一节 供水系统………………………………………………… 166
第二节 饮水设备………………………………………………… 167
第八章 畜禽场喂料设备…………………………………………… 178
第一节 养鸡场喂料设备………………………………………… 179
第二节 养猪场喂料设备………………………………………… 184
第三节 牛、羊场喂料设备 ……………………………………… 189
第九章 清粪设备与设施…………………………………………… 192
第一节 地面和地板……………………………………………… 193
第二节 清粪设备………………………………………………… 194
第三节 清粪设施………………………………………………… 202
第十章 畜禽场专用设备…………………………………………… 209
第一节 禽场专用设备…………………………………………… 210
第二节 猪场专用设备…………………………………………… 221
第三节 牛、羊场专用设备 ……………………………………… 224
第十一章 畜禽场管理设备………………………………………… 231
第一节 监控设备………………………………………………… 232
第二节 档案管理设备…………………………………………… 244

第一章　现代养殖场场址选择与规划

各种类型畜禽场的建设、生产、经营管理都需要很强的专业知识和技术，涉及饲养技术、生产与工程工艺、建筑设施工程、环境控制工程和技术设备选型与配套等，一般的畜牧技术人员缺乏建筑、设备等工程技术知识，承担不了畜禽场的全部设计任务，而具备畜牧与工程两方面知识的畜牧工程技术人才在我国还为数较少，因此本章节的主要任务是让畜牧技术人员掌握现代畜牧养殖工程的生产工艺设计和了解畜禽场规划设计的主要程序、内容与方法，运用文字和绘图技术来完整而准确地表达畜禽场规划建设思想，为工程设计人员的技术设计和施工图设计提供全面、详尽、可靠的设计依据，并与工程设计部门密切配合，以期获得较佳的效果。

第一节　养殖场场址选择

安全的防疫卫生条件和减少对外部环境的污染是现代集约化畜禽场规划建设与生产经营面临最严峻的问题,同时现代化的畜牧生产必须考虑占地规模、场区内外环境、市场与交通运输条件、区域基础设施、生产与饲养管理水平等因素。场址选择不当,可导致整个畜禽场在运营过程中不但得不到理想的经济效益,有可能因为对周围的大气、水、土壤等环境污染而遭到周边企业或居民的反对,甚至被诉诸法律。因此,场址选择是畜禽场建设可行性研究的主要内容和规划建设必须面对的首要问题,无论是新建畜禽场,还是在现有设施的基础上进行改建或扩建,选址时必须综合考虑自然环境、社会经济状况、畜群的生理和行为需求、卫生防疫条件、生产流通及组织管理等各种因素,科学和因地制宜地处理好相互之间的关系。

一、场址选择的基本要求

一个理想的畜禽场场址,需具备以下几个条件:①满足基本的生产需要包括饲料、水、电、供热燃料和交通。②足够大的面积用于建设畜禽舍、储存饲料、堆放垫草及粪便,控制风、雪和径流,扩建,消纳和利用粪便。③适宜的周边环境包括地形和排污,自然遮护,与居民区和周边单位保持足够的距离和适宜的风向,可合理地使用附近的土地,符合当地的区划和环境距离要求。

二、场址选择的主要因素

选择场址时,不但要根据畜禽场的生产任务和经营性质,还应对人们的消费观念和消费水平、国家畜牧生产区域布局和相关政策、地方生产发展方向和资源利用等做好深入细致的调查研究。

1. 自然条件因素

(1)地势、地形　地势是指场地的高低起伏状况,地形是指场地的形状、范围以及地物——山岭、河流、道路、草地、树林、居民点等的相对平面位置状况。畜禽场的场地应选在地势较高、干燥平坦、排水良好和向阳背风的地方。

平原地区一般场地比较平坦、开阔,场址应注意选择在较周围地段稍高的地方,以利排水。地下水位要低,以低于建筑物地基深度0.5m以下为宜。

靠近河流、湖泊的地区,场地要选择在较高的地方,应比当地水文资料中最高水位高1～2m,以防涨水时受水淹没。

山区建场应选在稍平缓坡上,坡面向阳,总坡度不超过25%,建筑区坡度

应在2.5%以内。坡度过大,不但在施工中需要大量填挖土方,增加工程投资,而且在建成投产后也会给场内运输和管理工作造成不便。山区建场还要注意地质构造情况,避开断层、滑坡、塌方的地段。也要避开坡底和谷地以及风口,以免受山洪和暴风雪的袭击。

(2)水源、水质　水源、水质关系着生产、生活用水与建筑施工用水,要给以足够的重视。首先要了解水源的情况,如地面水(河流、湖泊)的流量,汛期水位;地下水的初见水位和最高水位,含水层的层次、厚度和流向。对水质情况需了解酸碱度、硬度、透明度,有无污染源和有害化学物质等,并应提取水样做水质的物理、化学和生物污染等方面的化验分析。了解水源、水质状况是为了便于计算拟建场地地段范围内的水资源的供水能力能否满足畜禽场生产、生活、消防用水要求。

在仅有地下水源的地区建场,第一步应先打一眼井。如果打井时出现任何意外,如流速慢、泥沙或水质问题,最好是另选场址,这样可减少损失。对畜禽场而言,建立自己的水源,确保供水是十分必要的。

此外,水源和水质与建筑工程施工用水也有关系,主要与砂浆和钢筋混凝土搅拌用水的质量要求有关。水中的有机质在混凝土凝固过程中发生化学反应,会降低混凝土的强度,锈蚀钢筋,对钢混结构造成破坏。

(3)土壤　对施工地段地质状况要有所了解,主要是收集工地附近的地质勘查资料、地层的构造状况,如断层、陷落、塌方及地下泥沼地层。对土层土壤的了解也很重要,如土层土壤的承载力,是否是膨胀土或回填土。膨胀土遇水后膨胀,导致基础破坏,不能直接作为建筑物基础的受力层;回填土土质松紧不均,会造成建筑物基础不均匀沉降,使建筑物倾斜或遭破坏。遇到这样的土层,需要做好加固处理,不便处理的或投资过大的则应放弃选用。此外,了解拟建地段附近土质情况,对施工用材也有意义,如沙层可以作为砂浆、垫层的骨料,可以就地取材节省投资。

(4)气候因素　主要指与建筑设计有关和造成畜禽场小气候的气候气象资料,如气温、风力、风向及灾害性天气的情况。拟建地区常年气象变化包括平均气温、绝对最高与最低气温、土壤冻结深度、降水量与积雪深度、最大风力、常年主导风向、风频率、日照情况等。各地均有民用建筑热工设计规范标准,在畜禽舍建筑热工计算时可以参照。

气温资料不但在畜禽舍热工设计时需要,而且对畜禽场防暑、防寒措施及畜禽舍朝向、遮阴设施的设置等均有意义。风向、风力、日照情况与畜禽舍的

建筑方位、朝向、间距、排列次序均有关系。

2. 社会条件因素

(1)地理位置　畜禽场场址应尽可能接近饲料产地和加工地，靠近产品销售地，确保其有合理的运输半径。畜禽场要求交通便利，特别是大型集约化商品场，其物资需求和产品供销量极大，对外联系密切，故应保证交通方便。畜禽场场外应通有公路，但不应与主要交通线路交叉。为确保防疫卫生要求，避免噪声对畜禽健康和生产性能的影响，畜禽场与主要干道的距离一般在300m以上。按照畜禽场建设标准，要求距离国道、省际公路500m；距省道、区际公路300m；一般道路100m；对有围墙的畜禽场，距离可适当缩短50m；距居民区1 000～3 000m。

(2)水电供应　供水及排水要统一考虑，水源水质的选择前面已谈到，拟建场区附近如有地方自来水公司供水系统，可以尽量引用，但需要了解水量能否保证。也可以本场打井修建水塔，采用深层水作为主要供水来源或者作为地面水量不足时的补充水源。

畜禽场生产、生活用电都要求有可靠的供电条件，一些畜牧生产环节如孵化、育雏、机械通风等电力供应必须绝对保证。因此，需了解供电源的位置、与畜禽场的距离、最大供电允许量、是否经常停电、有无可能双路供电等。通常，建设畜禽场要求有Ⅱ级供电电源。在Ⅲ级以下供电电源时，则需自备发电机，以保证场内供电的稳定可靠。为减少供电投资，应尽可能靠近输电线路，以缩短新线路敷设距离。

(3)疫情环境　为防止畜禽场受到周围环境的污染，选址时应避开居民点的污水排出口，不能将场址选在化工厂、屠宰场、制革厂等容易产生环境污染企业的下风向或附近。不同畜禽场，尤其是具有共患传染病的畜种，两场间必须保持安全距离。

3. 其他

(1)土地征用　选择场址必须符合本地区农牧业生产发展总体规划、土地利用发展规划和城乡建设发展规划的用地要求。必须遵守十分珍惜和合理利用土地的原则，不得占用基本农田，尽量利用荒地和劣地建场。大型畜牧企业分期建设时，场址选择应一次完成，分期征地。近期工程应集中布置，征用土地满足本期工程所需面积(表1－1)。远期工程可预留用地，随建随征。征用土地可按场区总平面设计图计算实际占地面积。以下地区或地段的土地不宜征用：①规定的自然保护区、生活饮用水水源保护区、风景旅游区。②受洪

水或山洪威胁及有泥石流、滑坡等自然灾害多发地带。③自然环境污染严重的地区。

表 1－1　土地征用面积估算表

场别	饲养规模	占地面积(m^2/头)	备注
奶牛场	100～400 头成年母牛	160～180	按成年奶牛计
肉牛场	年出栏育肥牛 1 万头	16～20	按年出栏量计
种猪场	200～600 头基础母猪	75～100	按基础母猪计
商品猪	600～3 000 头基础母猪	5～6	按基础母猪计
绵羊场	200～500 只母羊	10～15	按成年种羊计
山羊场	200 只母羊	15～20	按成年母羊计
种鸡场	1 万～5 万只种鸡	0.6～1.0	按种鸡计
蛋鸡场	10 万～20 万只产蛋鸡	0.3～0.6	按产蛋鸡计
肉鸡场	年出栏肉鸡 100 万只	0.15～0.3	按年出栏量计

注:数据来自 NY/T 682—2003《畜禽场场区设计技术规范》。

(2)畜禽场外观　要注意畜禽舍建筑和蓄粪池的外观。例如,选择一种长形建筑,可利用一个树林或一个自然山丘作背景,外加一个修整良好的草坪和一个车道,给人一种环境优美的感觉。在畜禽舍建筑周围嵌上一些碎石,既能接住屋顶流下的水(比建屋顶水槽更为经济和简便),又能防止啮齿类动物的侵入。

畜禽场的畜禽舍特别是蓄粪池一定要避开邻近居民的视线,可能的话,利用树木等将其遮挡起来。不要忽视畜禽场应尽的职责,建设安全护栏,防止儿童进入,为蓄粪池配备永久性的盖罩。

(3)与周边环境的协调　多风地区尤其在夏秋季节,由于通风良好,有利于畜禽场及周围难闻气味的扩散,但易对大气环境造成不良影响。因此,畜禽场和蓄粪池应尽可能远离周围住宅区,以最大限度地驱散臭味、减轻噪声和降低蚊蝇的干扰,建立良好的邻里关系。

应仔细核算粪便和污水的排放量,以准确计算粪便的储存能力,并在粪便最易向环境扩散的季节里,储存好所产生的所有粪便,防止深秋至翌年春天因积雪、冻土或涝地易使粪便发生流失和扩散。建场的同时,最好是规划一个粪便综合处理利用厂,化害为益。

在开始建设以前,应获得市政、建设、环保等有关部门的批准,此外,还必

须取得实用法规的施工许可证。

第二节 养殖场的场区规划

一、畜禽场场区规划的原则

安全的防疫卫生条件和减少对外部环境的污染是现代集约化畜禽场规划建设与生产经营面临的首要问题,应按以下原则进行:①根据不同畜禽场的生产工艺要求,结合当地气候条件、地形地势及周围环境特点,因地制宜。做好功能分区规划。合理布置各种建(构)筑物,满足其使用功能,创造出经济合理的生产环境。②充分利用场区原有的自然地形、地势,建筑物长轴尽可能顺场区的等高线布置,尽量减少土石方工程量和基础设施工程费用,最大限度地减少基本建设费用。③合理组织场内、外的人流和物流,创造最有利的环境条件和低劳动强度的生产联系,实现高效生产。④保证建筑物具有良好的朝向,满足采光和自然通风条件,并有足够的防火间距。⑤利于家畜粪尿、污水及其他废弃物的处理和利用,确保其符合清洁生产的要求。⑥在满足生产要求的前提下,建(构)筑物布局紧凑,节约用地,少占或不占耕地,并应充分考虑今后的发展,留有余地。特别是对生产区的规划,必须兼顾将来技术进步和改造的可能性,可按照分阶段、分期、分单元建场的方式进行规划,以确保达到最终规模后总体的协调和一致。

二、畜禽场的功能分区及其规划

畜禽场的功能分区是否合理,各区建筑物布局是否得当,不仅影响基建投资、经营管理、生产组织、劳动生产率和经济效益,而且影响场区的环境状况和防疫卫生。因此,认真做好畜禽场的分区规划,确定场区各种建筑物的合理布局,十分必要。

1. 功能分区

畜禽场通常分为生活管理区、辅助生产区、生产区和隔离区。生活管理区和辅助生产区应位于场区常年主导风向的上风处和地势较高处,隔离区位于场区常年主导风向的下风处和地势较低处(图 1 - 1)。

(1)生活管理区　主要包括办公室、接待室、会议室、技术资料室、化验室、餐厅、职工值班宿舍、厕所、传达室、警卫值班室以及围墙和大门,外来人员第一次更衣消毒室和车辆消毒设施等。生活管理区应在靠近场区大门内侧集中布置。

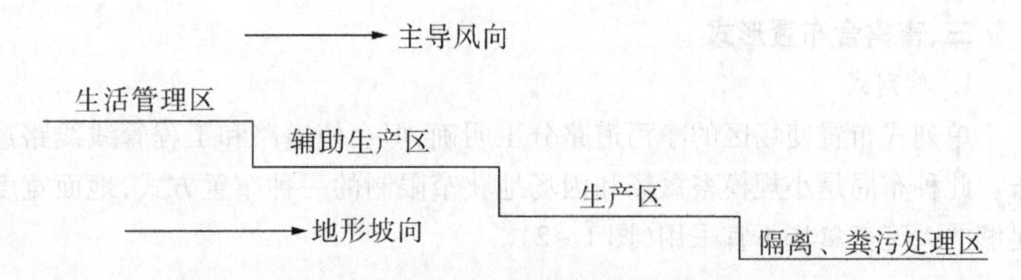

图 1－1　按地势、风向的分区规划图

(2)辅助生产区　主要是供水、供电、供热、维修、仓库等设施，这些设施要紧靠生产区布置，与生活管理区没有严格的界限要求。对于饲料仓库，则要求仓库的卸料口开在辅助生产区内，仓库的取料口开在生产区内，杜绝外来车辆进入生产区，保证生产区内外运料车互不交叉使用。

(3)生产区　主要布置不同类型的畜禽舍、蛋库、挤奶厅、乳品预处理间、剪毛间、家畜采精室、人工授精室、家畜装车台、选种展示厅等建筑，禽场的孵化室和奶牛场的乳品加工室，可与畜禽场保持一定距离或有明显分区。

(4)隔离区　隔离区内主要是兽医室、隔离畜禽舍、尸体解剖室、病尸高压灭菌或焚烧处理设备及粪便和污水储存与处理设施。隔离区应处于全场常年主导风向的下风处和全场场区最低处，并应与生产区之间设置适当的卫生间距和绿化隔离带。隔离区内的粪便污水处理设施也应与其他设施保持适当的卫生间距，与生产区有专用道路相连，与场区外有专用大门和道路相通。

2. 规划布置

(1)畜禽舍　应按生产工艺流程顺序排列布置，其朝向、间距合理。

(2)相关设施　生产区内与场外运输、物品交流较为频繁的有关设施，如蛋库、孵化厅、出雏间、挤奶厅、乳品处理间、剪毛间、家畜采精室、人工授精室、家畜装车台、选种展示厅等，必须布置在靠近场外道路的地方。

(3)饲草饲料　青贮、干草、块根多汁饲料及垫草等大宗物料的储存场地，应按照储用合一的原则，布置在生产区内靠近畜禽舍的边缘地带，要求储存场地排水良好、便于机械化装卸、加工和运输。干草常堆于主风向下风处，与周围建筑物的距离符合国家现行的防火规范要求。青贮饲料容重按 600～700kg/m^3，饲用干草容重按 70～75kg/m^3 计算。

(4)消毒、隔离设施　生产区与生活管理区和辅助生产区应设置围墙或树篱严格分开，在生产区入口处设置第二次更衣消毒室和车辆消毒设施。这些设施一端的出入口开在生活管理区内，另一端的出入口开在生产区内。

三、畜禽舍布置形式

1. 单列式

单列式布置使场区的净污道路分工明确，但会使道路和工程管线线路过长。此种布局是小规模畜禽场和因场地狭窄限制的一种布置方式，地面宽度足够的大型畜禽场不宜采用（图1－2）。

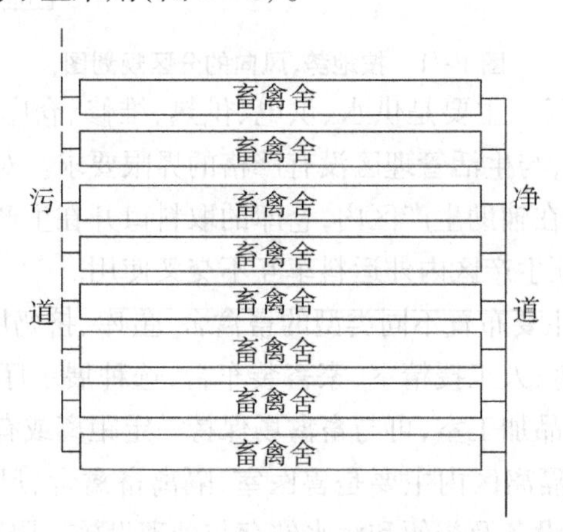

图1－2　单列布置式畜禽舍

2. 双列式

双列式布置是各种畜禽场最经常使用的布置方式，其优点是既能保证场区净污道路分流明确，又能缩短道路和工程管线的长度（图1－3）。

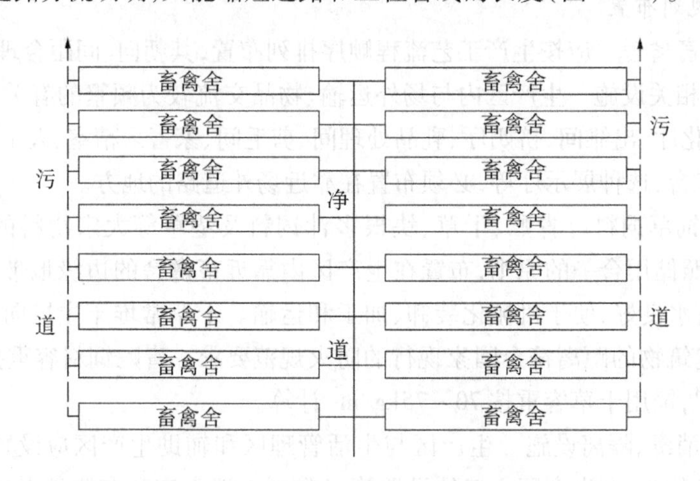

图1－3　双列布置式畜禽舍

3. 多列式

多列式布置在一些大型畜禽场使用,此种布置方式应重点解决场区道路的净污分道,避免因线路交叉而引起互相污染(图 1－4)。

图 1－4　多列布置式畜禽舍

四、畜禽舍朝向

畜禽舍朝向的选择与当地的地理纬度、地段环境、局部气候特征及建筑用地条件等因素有关。适宜的朝向一方面可以合理地利用太阳辐射能,避免夏季过多的热量进入舍内,而冬季则最大限度地允许太阳辐射能进入舍内以提高舍温;另一方面,可以合理利用主导风向,改善通风条件,以获得良好的畜禽舍环境。

1. 朝向与光照

光照是促进家畜正常生长、发育、繁殖等不可缺少的环境因子。自然光照的合理利用,不仅可以改善舍内光温条件,还可起到很好的杀菌作用,利于舍内小气候环境的净化。我国地处北纬 20°～50°,太阳高度角冬季小、夏季大,为确保冬季舍内获得较多的太阳辐射热,防止夏季太阳过分照射,畜禽舍宜采用东西走向或南偏东或南偏西 15°左右朝向较为合适。

2. 朝向与通风及冷风渗透

畜禽舍布置与场区所处地区的主导风向关系密切,主导风向直接影响冬季畜禽舍的热量损耗和夏季的舍内和场区的通风,特别是在采用自然通风系统时。从室内通风效果看,若风向入射角(畜禽舍墙面法线与主导风向的夹角)为零时,舍内与窗间墙正对这段空气,流速较低,有害空气不易排除;风向入射角改为 30°～60°时,舍内低速区(涡风区)面积减少,改善舍内气流分布的均匀性,可提高通风效果。从整个场区的通风效果看,风向入射角为零时,畜禽舍背风面的涡流区较大,有害气体不易排除;风向入射角改为 30°～60°时,有害气体亦能顺利排除。从冬季防寒要求看,若冬季主导风向与畜禽舍纵墙垂直,则会使畜禽

舍的热损耗最大。因此,畜禽舍朝向要求综合考虑当地的气象、地形等特点,抓住主要矛盾,兼顾次要矛盾和其他因素来合理确定(图1-5)。

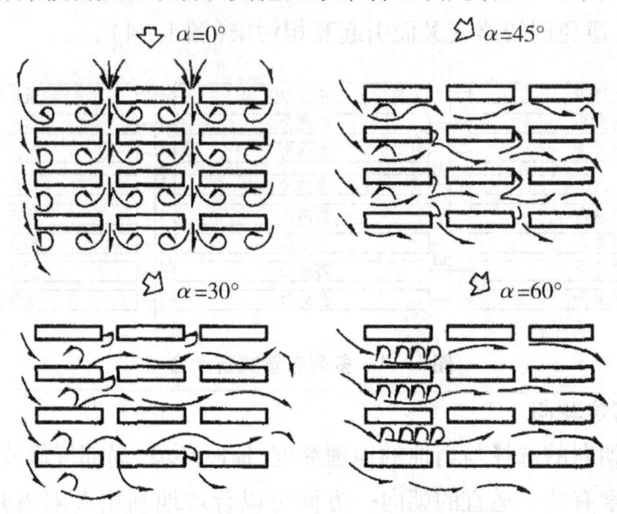

图1-5 不同风向入射角鸡舍群气流示意

五、畜禽舍间距

具有一定规模的畜禽场,生产区内有一定数量和不同用途的畜禽舍。除个别采用连栋形式的畜禽舍外,排列时畜禽舍与畜禽舍之间均有一定的距离要求。若距离过大,则会占地太多、浪费土地,并会增加道路、管线等基础设施投资,管理也不便;若距离过小,会加大各舍间的干扰,对畜禽舍采光、通风、防疫等不利。适宜的畜禽舍间距应根据采光、通风、防疫和消防几点综合考虑。在我国采光间距 L 应根据当地的纬度、日照要求以及室外地坪至畜禽舍檐口高度 H 求得,采光一般以 $L=(1.5\sim2)H$ 计算即可满足要求。纬度高的地区,系数取大值。

通风与防疫间距要求一般取 $3\sim5H$,可避免前栋排出的有害气体对后栋的影响,减少互相感染的机会,畜禽舍经常排放有害气体,这些气体会随着通风气流影响相邻畜禽舍。

防火间距要求符合专门针对农业建筑的防火规范,但现代畜禽舍的建造大多采用砖混结构、钢筋混凝土结构和新型建材围护结构,其耐火等级在二级至三级,所以可以参照民用建筑的标准设置,一般取 $2\sim3H$。耐火等级为三级和四级的民用建筑间最小防火间距是8m和12m,所以畜禽舍间距如在 $3\sim5H$,可以满足上述各项要求。

综上所述,由于防疫间距 > 防火间距 > 采光通风间距,所以畜禽舍的间距主要是由防疫间距来决定。间距的设计可按表 1 -2、表 1 -3 参考选用:

表 1 -2 鸡舍防疫间距(m)

类别		同类鸡舍	不同类鸡舍	距孵化场
祖代鸡场	种鸡舍	30 ~ 40	40 ~ 50	100
	育雏、育成舍	20 ~ 30	40 ~ 50	50 以上
父母代鸡场	种鸡舍	15 ~ 20	30 ~ 40	100
	育雏、育成舍	15 ~ 20	30 ~ 40	50 以上
商品场	蛋鸡舍	10 ~ 15	15 ~ 20	300 以上
	肉鸡舍	10 ~ 15	15 ~ 20	300 以上

表 1 -3 猪、牛舍防疫间距(m)

类别	同类畜舍	不同畜舍
猪场	10 ~ 15	15 ~ 20
牛场	12 ~ 15	15 ~ 20

畜禽舍的类型对畜禽舍间距有一定的影响,密闭式畜禽舍的间距较小,有的鸡舍间距不足 10m;有窗式畜禽舍的间距要大于密闭式畜禽舍,半开放式畜禽舍的间距更大。

六、畜禽场主要建筑构成

畜禽场主要建筑设施因家畜不同而异,大体归纳为表 1 -4 至表 1 -6。

表 1 -4 鸡场

	生产建筑设施	辅助生产建筑设施	生活与管理建筑
种鸡场	育雏舍、育成舍、种鸡舍、孵化厅	消毒门廊、消毒沐浴室、兽医化验室、急宰间和焚烧间、饲料加工间、饲料库、蛋库、汽车库、修理间、变配电室、发电机房、水塔、蓄水池和压力罐、水泵房、物料库、污水及粪便处理设施	办公用房、食堂、宿舍、文化娱乐用房、围墙、大门、门卫、厕所、场区其他工程
蛋鸡场	育雏舍、育成舍、蛋鸡舍		
肉鸡场	育雏舍、肉鸡舍		

表1-5　猪场

生产建筑设施	辅助生产建筑设施	生活与管理建筑
配种、妊娠舍	消毒沐浴室、兽医化验室、急宰间和焚烧间、饲料加工间、饲料库、汽车库、修理间、变配电室、发电机房、水塔、蓄水池和压力罐、水泵房、物料库、污水及粪便处理设施	办公用房、食堂、宿舍、文化娱乐用房、围墙、大门、门卫、厕所、场区其他工程
分娩哺乳舍		
仔猪培育舍		
育肥猪舍		
病猪隔离舍		
病死猪无害化处理设施		
装卸猪台		

表1-6　牛场

	生产建筑设施	辅助生产建筑设施	生活与管理建筑
奶牛场	育成牛舍、青年牛舍、育成牛舍、犊牛舍或犊牛岛、产房、挤奶厅	消毒沐浴室、兽医化验室、急宰间和焚烧间、饲料加工间、饲料库、青贮窖、干草房、汽车库、修理间、变配电室、发电机房、水塔、蓄水池和压力罐、水泵房、物料库、污水及粪便处理设施	办公用房、食堂、宿舍、文化娱乐用房、围墙、大门、门卫、厕所、场区其他工程
肉牛场	母牛舍、后备牛舍、育肥牛舍、犊牛舍		

七、畜禽场规划的主要技术经济指标

畜禽场规划的技术经济指标是评价场区规划是否合理的重要内容。新建场区可按下列主要技术经济指标进行，对局部或单项改建、扩建工程的总平面设计的技术经济指标可视具体情况确定。

1. 饲养规模

包括年饲养量、年出栏量等。

2. 占地指标

总占地面积（hm^2）；建（构）筑物占地面积（m^2）；道路及运动场占地面积（m^2）；绿化占地面积（m^2）；其他用地面积（m^2）。

3. 单位畜禽占地指标

总占地面积与畜禽饲养量的比值。

4. 建筑密度(%)

建(构)筑物占地面积与总占地面积的百分比。

5. 绿化率(%)

绿化占地面积与总占地面积的百分比。

6. 主要工程量

围墙长度(m),排水沟长度(m),大门个数(个),土(石)方工程量(m^3)。

第二章　畜禽舍的设计与建造

环境是动物赖以生存的物质基础,同畜禽品种、饲料和疾病一样,是影响畜禽生产水平的主要因素。我国地域辽阔,气候类型多样,无论南方还是北方绝大多数地区都存在家畜、家禽与生存环境不适应的矛盾。为使畜禽遗传潜力得以充分发挥,获取最高的生产效率,必须对畜禽舍环境加以改善和控制,即改善和控制畜禽舍小气候条件。

畜禽舍的外墙、屋顶、门窗和地面构成了畜禽舍的外壳,称为畜禽舍的外围护结构。畜禽舍依靠外围护结构不同程度地与外界隔绝,形成不同于舍外气候的畜禽舍小气候。畜禽舍小气候状况,不仅取决于外围护结构的保温隔热性能,还取决于畜禽舍的通风、采光、给排水等设计是否合理,同时还应采取小气候调节设备来对畜禽舍环境进行人为控制。

畜禽舍环境的改善与控制的宗旨是为畜、禽创造适宜的环境条件,提高生产效率,提高经济效益。因此,在实际生产中,必须结合当地的条件,借鉴国内外先进的科学技术,采用较适宜的环境调控措施,改善畜禽舍小气候,同时配合日常精心的管理,才能取得满意效果。

第一节　畜禽舍的结构类型

畜禽舍的作用是为畜禽提供一个适宜的环境,不同类型的畜禽舍一方面影响舍内小气候条件,如温度、湿度、通风换气、光照等,另一方面影响畜禽舍环境改善的程度和控制能力。例如:开放舍小气候条件受舍外环境条件影响较大,不利于采用环境控制设施和手段。因此,根据畜禽的需求和当地气候条件,确定适宜的畜禽舍类型特别重要。

畜禽舍类型按照墙可分为:敞棚式(凉棚式)、半开放式、有窗式和无窗式畜禽舍;按畜禽舍屋顶形式可分为:单坡式、双坡式、联合式、半钟楼式、钟楼式和拱顶等样式。如果从环境控制和改善的角度,根据人工对畜禽舍环境的调控程度分类,可将畜禽舍分为敞棚式、半开放式、有窗式、卷帘式、密闭式等几种形式。

一、敞棚式畜禽舍

敞棚式畜禽舍(图 2－1)也称为开放式、凉棚或凉亭式畜禽舍,畜禽舍只有端墙或四面无墙。利用木材或钢构,形成支柱,屋顶用压型钢板、阳光板(聚碳酸酯中空板、玻璃卡普隆板、聚碳酸酯板)、瓦材以及其他轻质屋面材料。这类形式的畜禽舍充分利用自然条件,只能起到遮阳、避雨及部分挡风作用。

图 2－1　敞棚式畜禽舍

敞棚式畜禽舍用材少,施工易,造价低,投产快。夏季易形成穿堂风,通风效果好,有害气体不蓄积,舍内空气新鲜,地面易干燥,多适用于炎热及温暖地区,也可以季节性使用。如简易开放型鸡舍、牛舍、羊舍,都属于这一类型。

敞棚式畜禽舍的缺点是只能提供遮光避雨功能,无法进行环境控制,不利

于防兽害。鸟雀、老鼠都可以自由出入。

二、半开放式畜禽舍

半开放式畜禽舍(图2-2)指三面有墙,正面全部敞开或有半截墙的畜禽舍。通常敞开部分朝南,冬季可保证阳光照入舍内,而在夏季只照到屋顶。有墙部分则在冬季起挡风作用。这类畜禽舍的开敞部分在冬天可以附设卷帘、塑料薄膜、阳光板形成封闭状态,从而改善舍内小气候。半开放式畜禽舍应用地区较广,在北方一般使用垫草,增加抗寒能力。这种畜禽舍适用于养各种成年家畜,特别是耐寒的牛、马、绵羊等。

图2-2 半开放式畜禽舍

三、有窗式畜禽舍

有窗式畜禽舍(图2-3)指通过墙体、窗户、屋顶等围护结构形成全封闭

图2-3 有窗式畜禽舍

状态的畜禽舍形式,具有较好的保温隔热能力,便于人工控制舍内环境条件。其通风换气、采光均主要依靠门、窗或通风管。它的特点是防寒较易,防暑较难,可以采用环境控制设施进行调控。另一特点是舍内温度分布不均匀,天棚和屋顶温度较高,地面较低,舍中央部位的温度较窗户和墙壁附近温度高。由于这一特点,我们必须把热调节功能差、怕冷的初生仔畜尽量安置在畜禽舍中央过冬。在采用多层笼养方式育雏的育雏室内,把日龄较小、体重较轻的雏禽安置在上层,同时必须加强畜禽舍外围护结构的保温隔热设计,满足家畜的要求。在我国各地,这种畜禽舍应用最为广泛。

四、卷帘式畜禽舍

卷帘式畜禽舍(图 2-4)是一种简易实用舍,其特点是在畜禽舍长轴两侧开放无窗的基础上改进而成的,即在两侧的开放处加设活动卷帘,其开启与关闭通过蜗轮蜗杆式卷帘机手摇控制。卷帘分内外两层(南方只需一层),可分别按上提式与卷上式安装,如内层按卷上式安装,向上卷即由下向上打开卷帘;外层则按上提式安装,由下向上提可逐渐遮住长廊,放下卷帘则由上向下打开卷帘,互相配合,冬季保温效果更好。春、秋季或早晚也可只关一层卷帘。卷帘用双覆膜塑料编织布制成,即在塑料编织布的两面皆覆以塑料薄膜形成的新型保温材料。质轻、柔软、抗拉力较强,可用 3~5 年,较为实用。双覆膜塑料编织布的透光率好,舍内光照强度平均可达 100lx。鸡舍、牛舍和羊舍都可以采用。

图 2-4　卷帘式畜禽舍

五、密闭式畜禽舍

密闭式畜禽舍(图 2-5)也称为无窗畜禽舍,是指畜禽舍内的环境条件完

全靠人工调控。这种畜禽舍舍内环境容易控制，自动化、机械化程度高，省人工，生产效率高，特别在电能便宜的发达国家劳动力昂贵，所以应用较多。我国则相反，电价高、廉价劳动力多，故密闭式畜禽舍较少。

图2-5　密闭式畜禽舍

除上述几种畜禽舍形式外，还有大棚式畜禽舍、拱板结构畜禽舍、复合聚苯板组装式畜禽舍、被动式太阳能猪舍等多种建筑形式。另外有一些新形式的畜禽舍，如联栋式畜禽舍，优点是减少畜禽场占地面积，缓解人畜争地的矛盾，降低畜禽场建设投资等。现在，畜禽舍建筑结构采用热镀锌钢材料、无焊口装配式工艺，将温室技术与养殖技术有机结合，研制出了一系列标准化的装配式畜禽舍，在降低建造成本和运行费用的同时，通过进行环境控制，实现优质、高效和低耗生产。

总之，畜禽舍的形式是不断发展变化的，新材料、新技术不断应用于畜禽舍，使畜禽舍建筑越来越符合家畜、家禽对环境条件的要求。

六、畜禽舍样式的选择

畜禽舍样式的选择主要是根据当地的气候条件、畜禽种类及饲养阶段确定，在我国畜禽舍选择开放式较多，密闭式较少。一般热带气候区域选用完全开放式畜禽舍，寒带气候区域选择有窗开放式畜禽舍，牛以防暑为主，幼畜以防寒为主。畜禽舍样式选择可参考表2-1。

表2－1 中国畜禽舍建筑气候分区

气候区域	1月平均气温(℃)	7月平均气温(℃)	平均湿度(%)	建筑要求	畜禽舍种类
Ⅰ区	－30～－10	5～26	—	防寒、保温、供暖	有窗式或密闭式
Ⅱ区	－10～－5	17～29	50～70	冬季保温、夏季通风	有窗式、密闭式或半开放式
Ⅲ区	－2～11	27～30	70～87	夏季降温、通风防潮	有窗式、半开放式或敞棚式
Ⅳ区	10以上	27以上	75～80	夏季防暑降温、通风、隔热遮阳	有窗式、半开放式或敞棚式
Ⅴ区	5以上	18～28	70～80	冬暖夏凉	有窗式、半开放式或敞棚式
Ⅵ区	5～20	6～18	60	防寒	有窗式或密闭式
Ⅶ区	－6～29	6～26	30～55	防寒	有窗式或密闭式

第二节 畜禽舍地面与外围护结构

畜禽舍地面和外围护结构共同组成的舍内小环境，是畜禽生活的主要空间。舍内环境与畜禽生产密切相关。环境调控有赖于这个空间，空间密闭，便于调控环境，有利于畜禽生产；空间开放，舍内小环境不便调控，畜禽的生产会受到较大的外部环境的影响。外围护空间的组成部分还包括基础和地基、墙、屋顶和天棚、门和窗及其他结构和配料等部分。

一、地面

定义地面也叫地坪，指单层房舍的地表构造部分，多层房舍的水平分隔层称为楼面，有些家畜直接在畜禽舍地面上生活（包括躺卧休息、睡眠、排泄），所以畜禽舍地面也叫畜床。畜禽舍地面质量好坏，不仅可影响舍内小气候与卫生状况，还会影响畜体及产品（奶、毛）的清洁，甚至影响家畜的健康及生产力。

畜禽舍地面的基本要求：①坚实、致密、平坦、有弹性、不硬、不滑。②有利于消毒排污。③保温、不冷、不渗水、不潮湿。④经济适用。当前畜禽舍建筑中，很难有一种材料能满足上述诸要求，因此与畜禽舍地面有关的家畜肢蹄病、乳腺炎及感冒等疾病比较难以克服。常用地面的特性评定如表2－2。

表 2-2 几种常用畜禽舍地面的评定计分方法

地面种类	坚实性	不透水性	不导热性	柔软程度	不滑程度	可消毒程度	总分
夯实土地面	1	1	3	5	4	1	15
夯实黏土地面	1	2	3	5	4	1	16
黏土碎土地面	2	3	2	4	4	1	16
石地面	4	4	1	2	3	3	17
砖地面	4	4	3	3	4	3	21
混凝土地面	5	5	1	2	2	5	20
木地面	3	4	5	4	3	3	22
沥青地面	5	5	2	3	5	5	25
炉渣地面	5	5	4	4	5	5	28

畜禽舍一般采用混凝土地面，它除了保温性能差外，其他性能均较好。土地面、三合土地面、砖地面、木地面等，保温性能虽好于混凝土地面，但不坚固，易吸水，不便于清洗、消毒。沥青混凝土地面保温隔热较好，其他性能也较理想，但因含有危害畜禽健康的有毒有害物质，现已禁止在畜禽舍内使用。图 2-6是几种地面的一般做法。

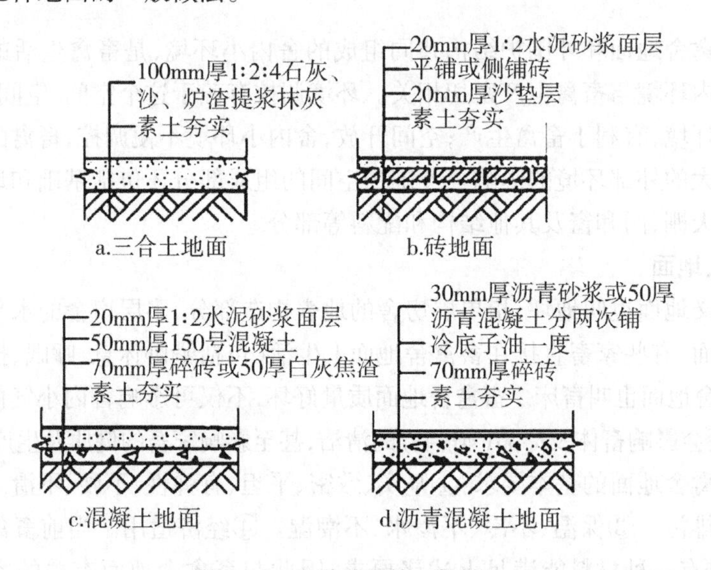

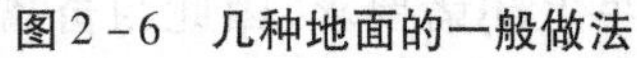
图 2-6 几种地面的一般做法

地面的温热状况对畜禽舍小气候的影响很大。如果在选用材料及结构上能有保证,当家畜躺在地面(畜床)上时,热能可被地面蓄积起来,而不至传导散失,在家畜站起后大部分热能放散至舍内空气中。这不仅有利地面保温,而且有利舍温调节。有材料证明:奶牛在24h内有50%的时间躺在牛床上,中间起立12~14次,整个牛群起立后,舍温可升高1~2℃。

地面的防水、隔潮性能对地面本身的导热性和舍内小气候状况、卫生状况的影响也很大。地面隔潮防水不好是地面潮湿、畜禽舍空气湿度大的原因之一。地面透水,畜尿、粪水及洗涤水会渗入地面下土层,使地面导热能力增强,从而导致畜体躺卧时失热增多,同时微生物容易繁殖,污水腐败分解也易使空气污染。

地面平坦、有弹性且不滑,在畜牧生产上是一项重要的环境卫生学要求。地面太硬,不仅家畜躺卧时感到不舒适,且对家畜四肢(尤其拴养时)有害,易引起膝关节水肿,家畜也易疲劳。地面太滑,家畜易摔倒,以致挫伤、骨折、母畜流产。地面不平,如卵石地面,容易伤害家畜蹄、腱,也易积水,且不便清扫、消毒。地面向排尿沟应有适当坡度,以保证洗涤水及尿水顺利排走。牛、马舍地面的适宜相对坡度为1%~1.5%,猪舍为3%~4%。坡度过大会造成家畜四肢、腱、韧带负重不匀,而对拴养家畜会致后肢负担过重,造成母畜子宫脱垂与流产。

因此,要克服上述矛盾,修建符合要求的畜禽舍地面必须从下列三方面考虑:①畜禽舍不同部位采用不同材料的地面,如畜床部采用三合土、木板,而在通道采用混凝土。②采用特殊的构造,即地面的不同层次用不同材料,取长补短,达到良好的效果。③铺设厩垫,在畜床部位铺设橡皮或塑料厩垫可用于改善地面状况,并收到良好效果。铺木板、铺垫草也可视为厩垫。

二、基础和地基

基础和地基是为畜禽舍上部结构服务的,共同保证畜禽舍坚固、耐久和安全。因此,要求其必须具备足够的强度和稳定性,防止畜禽舍因沉降(下沉)过大和产生不均匀沉降而引起裂缝和倾斜。

1. 基础

基础是畜禽舍地面以下承受畜禽舍的各种荷载并将其传给地基的构件。它的作用是将畜禽舍本身重量及舍内固定在地面和墙上的设备、屋顶积雪等全部荷载传给地基。墙和整个畜禽舍的坚固与稳定状况取决于基础,故基础应具备坚固、耐久、抗机械作用能力及防潮、抗震、抗冻能力。如条形基础一般

由垫层、大放脚(墙以下的加宽部分)和基础墙组成。砖基础每层放脚一般宽出60mm。

基础受潮是引起墙壁潮湿及舍内湿度大的原因之一,故应注意基础防潮、防水。基础的防潮层设在基础墙的顶部,舍内地坪以下60mm。基础应尽量避免埋置在地下水中。加强基础的保温对改善畜禽舍环境有重要意义。

(1)影响基础埋深的因素　影响基础埋深的主要因素有很多,主要有以下几点:

1)地基土层构造的影响　在接近地表面的土层内,常带有大量植物根茎的腐殖质或垃圾等,不宜选作地基。基础底面应尽量选在常年未经扰动而且坚实平坦的土层或岩石上(俗称老土层)。

2)地下水位的影响　由于地下水位的上升和下降会影响建筑物的沉降,一般情况下为避免地下水位的变化影响地基承载力和减少基础施工的困难,应将基础埋在最高地下水位以上。在地下水位较高的地区,宜将基础埋在当地的最低地下水位以下200mm。图2－7a表示了基础埋深与地下水位的关系。

3)冰冻深度的影响　冻结土与非冻结土的分界线称为冰冻线。冻结土的厚度即冰冻线至地表的垂直距离称为冰冻深度。各地气候不同,低温持续时间不同,冰冻深度也不相同。如哈尔滨地区为2m,北京地区为0.8～1.0m,武汉地区基本上无冻结土。

地基土冻结和解冻的过程会对建筑物产生不良影响。冻胀时,将使建筑物向上拱起;解冻后,基础又下沉,使建筑物反复变形甚至破坏。一般要求基础埋置在冰冻线以下200mm。图2－7b表示了基础埋深与冰冻线的关系。

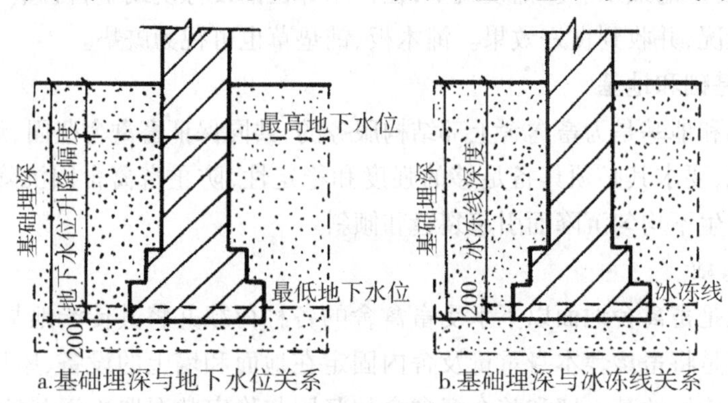

图2－7　基础埋深与地下水位和冰冻线的关系(单位:mm)

4）相邻建筑物基础的影响　为保证原有建筑物的安全和正常使用，新建建筑物的基础不宜深于原有建筑物的基础。当新建基础深于原有基础时，两基础之间的水平距离一般应控制在两基础底面高差的1～2倍。图2－8表示了基础埋深与相邻基础的关系。

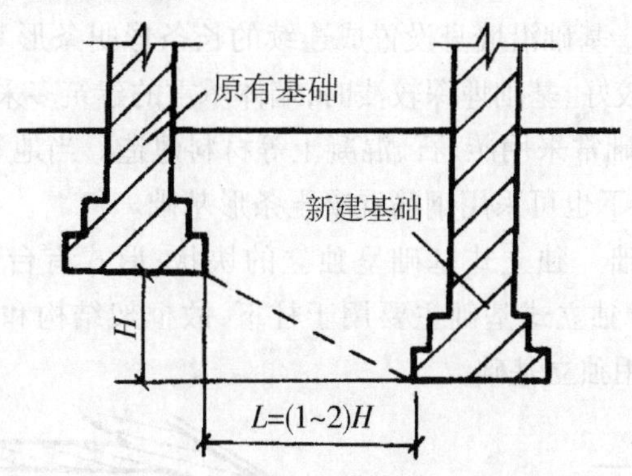

图2－8　基础埋深与相邻基础的关系

（2）常用的基础形式

1）砖基础　主要用普通黏土砖砌筑，具有造价低、制作方便的优点，但取土烧砖不利于保护土地资源，目前一些地区已禁止采用黏土砖，可发展各种工业废渣砖和砌块来代替。由于砖的强度和耐久性较差，所以砖基础多用于地基土质好、地下水位较低的多层砖混结构建筑。

2）灰土和三合土基础　为了节约材料，在地下水位较低的地区，常在砖基础下做灰土或三合土垫层。灰土基础是由粉状的石灰与松散的粉土按3∶7或4∶6的体积比加适量水拌和而成，三合土是指石灰、沙、骨料（碎砖、碎石或矿渣）按1∶3∶6或1∶2∶4体积比加水拌和夯实而成。三合土基础在我国南方地区应用广泛，适用于4层以下建筑。由于灰土和三合土的抗冻性、耐水性很差，故灰土基础和三合土基础应埋在地下水位以上，顶面应在冰冻线以下。灰土基础的主要优点是经济、实用，适用于地下水位低、地基条件较好的地区。

3）毛石基础　由石材和砂浆砌筑而成，石材抗压强度高，抗冻、耐水和耐腐蚀性都较好，砂浆也是耐水材料，所以毛石基础常用于受地下水侵蚀和冰冻作用的多层民用建筑适用于盛产石头的山区。

4）混凝土基础　具有坚固耐久、可塑性强、耐腐蚀、耐水、刚性角较大等特点，可用于地下水位较高和有冰冻作用的地方。

(3)常用的基础构造形式

确定基础的构造形式应考虑上部结构形式、荷载大小及地基土质情况。一般情况下,上部结构形式直接影响基础的形式。但当上部荷载增大且地基承载能力有变化时,基础形式也随之变化。常见基础形式有以下2种:

1)条形基础　基础沿墙身设置成连续的长条形叫条形基础,也叫带形基础。当地基条件较好、基础埋深较浅时,墙体承重的建筑多采用条形基础。如图2-9。条形基础常采用砖、石、混凝土等材料建造。当地基承载力较小,荷载较大时,承重墙下也可采用钢筋混凝土条形基础。

2)独立式基础　独立式基础呈独立的块状,形式有台阶形、锥形、杯形等。如图2-10。独立式基础主要用于柱下,故框架结构和单层排架及门架结构的建筑常采用独立基础。

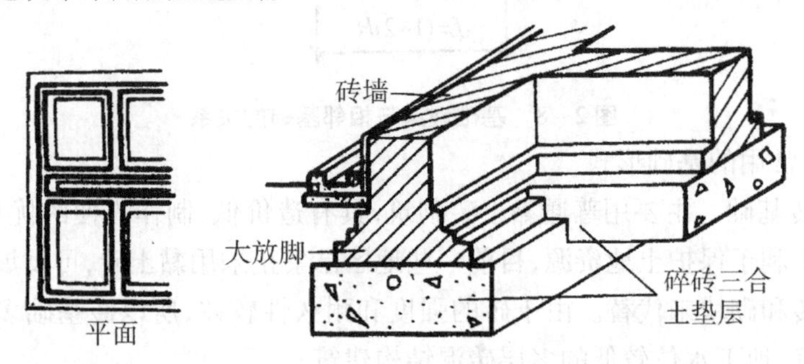

图2-9　条形基础

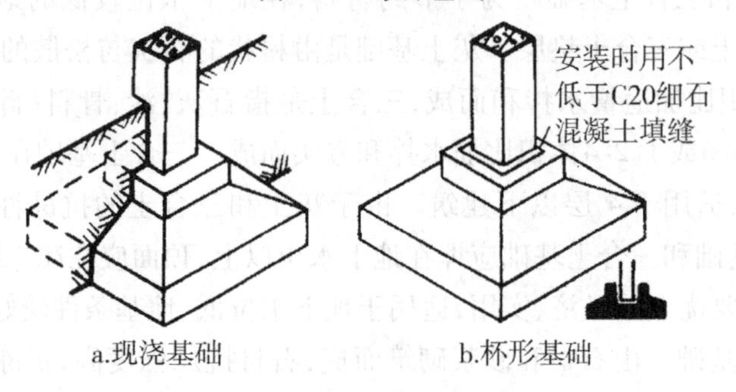

图2-10　独立式基础

2. 地基

地基是基础下面承受荷载的土层,有天然地基和人工地基之分。

总荷载较小的简易畜禽舍或小型畜禽舍可直接建在天然地基上,可作畜禽舍天然地基的土层必须具备足够的承重能力,足够的厚度,且组成一致、压

缩性(下沉度)小而匀(不超过 2 ~ 3cm)、抗冲刷力强、膨胀性小、地下水位在 2m 以下,且无侵蚀作用。

常用的天然地基有沙砾、碎石、岩性土层等,有足够厚度且不受地下水冲刷的沙质土层是良好的天然地基。黏土、黄土含水多时压缩性很大,且冬季膨胀性也大,如不能保证干燥,不适于做天然地基。富含植物有机质的土层、填土也不适用。

土层在施工前经过人工处理加固的称为人工地基,畜禽舍一般应尽量选用天然地基,为了选准地基,在建筑畜禽舍之前,应确切地掌握有关土层的组成情况、厚度及地下水位等资料,只有这样,才能保证选择的正确性。

三、墙

1. 定义

墙是基础以上露出地面的、将畜禽舍与外部空间隔开的外围护结构,是畜禽舍的主要结构。以砖墙为例,墙的重量占畜禽舍建筑物总重量的 40% ~ 65%,造价占总造价的 30% ~40%,冬季通过墙散失的热量占整个畜禽舍总散失热量的 35% ~40%。墙一般还负有承载屋顶重量的作用。舍内的湿度、通风、采光也要通过墙上的窗户来调节,因此,墙对畜禽舍内温湿状况的保持和畜禽舍稳定性起着重要作用。墙体及其附属结构如图 2 –11 所示。

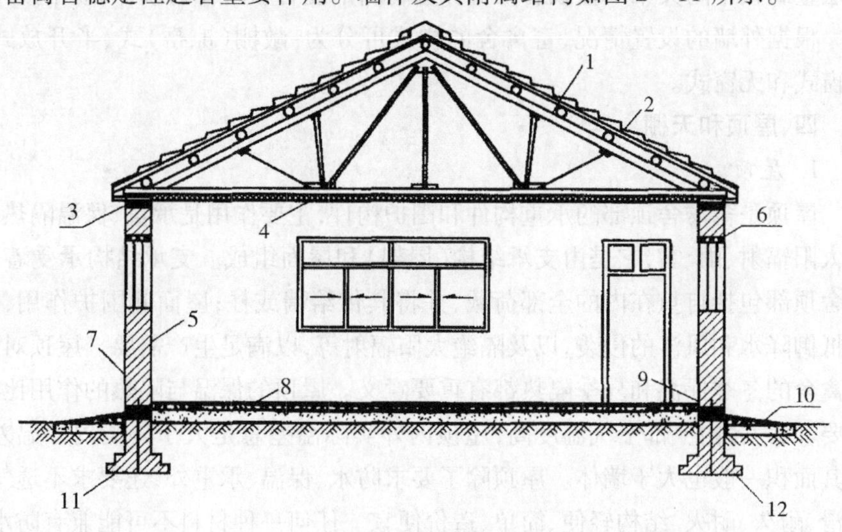

图 2 –11　墙体及其附属结构

1. 屋架　2. 屋面　3. 圈梁　4. 吊顶　5. 墙裙　6. 钢筋砖过梁
7. 勒角　8. 地面　9. 踢脚　10. 散水　11. 地基　12. 基础

2. 分类

墙有不同的功能,起承受屋顶荷载的墙称为承重墙,起分隔舍内房间的墙称为隔断墙(或隔墙),直接与外界接触的墙统称外墙,不与外界接触的墙为内墙。外墙的两长墙叫纵墙或主墙,两短墙叫端墙或山墙。

由于各种墙的功能不同,故在设计与施工中的要求也不同。墙体必须具备坚固、耐久、抗震、耐水、防火、抗冻、结构简单、便于清扫和消毒等特点,同时应有良好的保温与隔热性能。墙体的保温、隔热能力取决于所采用的建筑材料的特性与厚度。尽可能选用隔热性能好的材料,保证最好的隔热效果,是最有利的经济措施。受潮不仅可使墙的导热加快,造成舍内潮湿,而且会影响墙体寿命,所以必须对墙采取严格的防潮、防水措施。

防潮措施有:①用防水好且耐久的材料做外抹面以保护墙面不受雨雪的侵蚀;②沿外墙四周做好散水或排水沟;③墙内表面一般用白灰水泥砂浆粉刷,墙裙高1.0~1.5m;④生活办公用房踢脚高0.15m、散水宽0.6~0.8m、坡度2%、勒脚高约0.5m等。这些措施对于加强墙的坚固性,防止水汽渗入墙体,提高墙的保温性均有重要意义。

常用的墙体材料主要有砖、石、土、混凝土等。在畜禽舍建筑中,也有采用双层金属板中间夹聚苯板或岩棉等保温材料的复合板块作为墙体,效果较好。

根据外墙的设置情况,畜禽舍的样式可分为:敞棚(凉亭)式、半开放式、有窗式和无窗式。

四、屋顶和天棚

1. 屋顶

屋顶是畜禽舍顶部的承重构件和围护构件,主要作用是承重、保温隔热和防太阳辐射、雨、雪,它是由支承结构(屋架)和屋面组成。支承结构承受着畜禽舍顶部包括自重在内的全部荷载,并将其传给墙或柱;屋面起围护作用,可以抵御降水和风沙的侵袭,以及隔绝太阳辐射等,以满足生产需要。屋顶对于畜禽舍的冬季保温和夏季隔热都有重要意义。屋顶的保温与隔热的作用比墙重要,因为舍内上部空气温度高,屋顶内外实际温差总是大于外墙内外温差,而其面积一般也大于墙体。屋顶除了要求防水、保温、承重外,还要求不透气、光滑、耐久、耐火、结构轻便、简单、造价便宜。任何一种材料不可能兼有防水、保温、承重三种功能,所以正确选择屋顶、处理好三方面的关系,对于保证畜禽舍环境的控制极为重要。

屋顶形式种类繁多,在畜禽舍建筑中常用的有以下几种(图2-12):

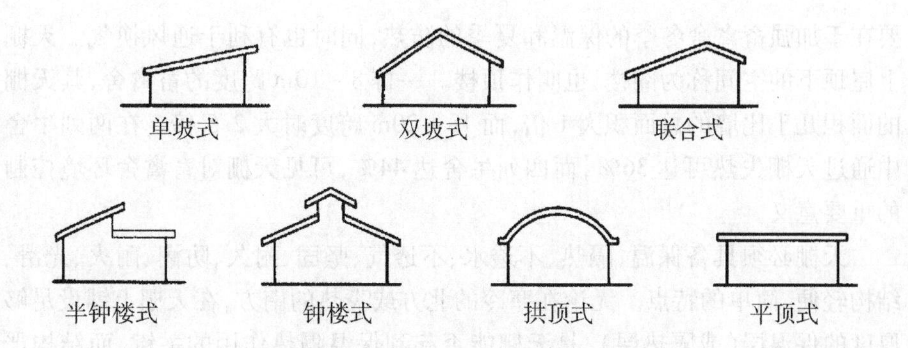

图 2－12　不同屋顶形式的畜禽舍样式

(1)单坡式屋顶　屋顶只有一个坡向,跨度较小,结构简单。造价低廉,可就地取材。因前面敞开无坡,采光充分,舍内阳光充足、干燥。缺点是净高较低不便于工人在舍内操作,前面易刮进风雪。故只适用于单列舍和较小规模的畜群。

(2)双坡式屋顶　这是最基本的畜禽舍屋顶形式,目前我国使用最为广泛。这种形式的屋顶可适用于较大跨度的畜禽舍和各种规模的不同畜群,同时有利保温和通风,且易于修建,比较经济。

(3)联合式屋顶　这种屋顶在前缘增加一个短椽,起挡风避雨作用,适用于跨度较小的畜禽舍。与单坡式屋顶畜禽舍相比,采光略差,但保温能力大大提高。

(4)钟楼式和半钟楼式屋顶　这是在双坡式屋顶上增设双侧或单侧天窗的屋顶形式,以加强通风和采光,这种屋顶多在跨度较大的畜禽舍采用。其屋架结构复杂,用料特别是木料投资较大,造价较高,这种屋顶适用于气候炎热或温暖地区及耐寒怕热家畜的畜禽舍,如奶牛舍。

(5)拱顶式屋顶　这是一种省木料、省钢材的屋顶,一般适用于跨度较小的畜禽舍。它有单曲拱与双曲拱之分,后者比较坚固。这类屋顶造价较低,但屋顶保温隔热效果差,在环境温度高达30℃以上时,舍内闷热,畜禽焦躁不安。

(6)平顶式屋顶　随着建材工业的发展,平屋顶的使用逐渐增多。其优点是可充分利用屋顶平台,节省木材,缺点是防水问题比较难解决。

此外,还有哥特式、锯齿式、折板式等形式的屋顶,这些在畜禽舍建筑上很少选用。

2. 天棚

又名顶棚、天花板,是将畜禽舍与屋顶下空间隔开的结构。天棚的功能主

要在于加强畜禽舍冬季的保温和夏季的防热，同时也有利于通风换气。天棚上屋顶下的空间称为阁楼，也叫作顶楼。一栋8~10m跨度的畜禽舍，其天棚的面积几乎比墙的总面积大1倍，而18~20m跨度时大2.5倍。在两列牛舍中通过天棚失热可达36%，而四列牛舍达44%，可见天棚对畜禽舍环境控制的重要意义。

天棚必须具备保温、隔热、不透水、不透气、坚固、耐久、防潮、耐火、光滑、结构轻便、简单的特点。无论在寒冷的北方或炎热的南方，在天棚上铺设足够厚度的保温层（或隔热层），是天棚能否起到保温隔热作用的关键，而结构严密（不透水、不透气）是保温隔热的重要保证。可是，这两个问题在实践中往往被人忽视。

常用的天棚材料有胶合板、矿棉吸音板等，在农村常常可见到草泥、芦苇、草席等简易天棚。畜禽舍内的高度通常以净高表示。净高指舍内地面至天棚的高，无天棚时指室内地面至屋架下弦的高，也叫柁下高。在寒冷地区，适当降低净高有利保温；而在炎热地区，加大净高则是加强通风、缓和高温影响的有力措施。

五、门和窗

门和窗均属非承重的建筑配件。门主要作用是交通和分隔房间，有时兼有采光和通风作用；窗的主要作用是采光和通风，同时还具有分隔和围护作用。

1. 门（畜禽舍门）

有外门与内门之分，舍内分间的门和畜禽舍附属建筑通向舍内的门叫内门，畜禽舍通向舍外的门叫外门。

畜禽舍内专供人出入的门一般高度为2.0~2.4m，宽度0.9~1.0m；供人、畜、手推车出入的门一般高2.0~2.4m，宽1.4~2.0m；供牛自动饲喂车通过的门高度和宽度均3.2~4.0m。供家畜出入的圈栏门取决于隔栏高度，宽度一般为：猪0.6~0.8m；牛、马1.2~1.5m；羊小群饲养为0.8~1.2m，大群饲养为2.5~3.0m；鸡为0.25~0.30m。门的位置可根据畜禽舍的长度和跨度确定，一般设在两端墙和纵墙上，若畜禽舍在纵墙上设门，最好设在向阳背风的一侧。

在寒冷地区为加强门的保温，通常设门斗以防冷空气直接侵入，并可缓和舍内热能的外流。门斗的深度应不小于2m，宽度应比门大出1.0~1.2m。

畜禽舍门应向外开，门上不应有尖锐突出物，不应有门槛、台阶。但为了防止雨雪水淌入舍内，畜禽舍地面应高出舍外20～30cm。舍内外以坡道相联系。

2. 窗（畜禽舍窗户）

有木窗、钢窗、塑钢窗和铝合金窗，形式多为塑钢推拉窗，也可用外开平开窗、悬窗。由于窗户多设在墙或屋顶上，是墙与屋顶失热的重要部分，因此窗的面积、位置、形状和数量等，应根据不同的气候条件和家畜的要求，合理进行设计。考虑到采光、通风与保温的矛盾，在寒冷地区窗的设置必须统筹兼顾。一般原则是：在保证采光系数要求的前提下尽量少设窗户，以能保证夏季通风为宜。有的畜禽舍采用一种导热系数小的透明、半透明的材料做屋顶或屋顶的一部分（如阳光板），这就解决了采光与保温的矛盾，但这种结构的使用还有待深入研究。在畜禽舍建筑中也有采用密闭畜禽舍，即无窗畜禽舍，目的是为了更有效地控制畜禽舍环境，但前提是必须保证可靠的人工照明和可靠的通风换气系统，要有充足可靠的电源。

依靠窗通风的有窗舍，最好使用小单扇180°立旋窗，一者防止了因风向偏离畜禽舍长轴时，外开窗对通风的遮挡，二者窗扇本身即为导风板，减少了舍内涡风区，提高了通风效果。

六、其他结构和配件

1. 过梁和圈梁

过梁是设在门窗洞口上的构件，起承受洞口以上构件重量的作用，有砖拱、木板、钢筋和钢筋混凝土过梁。圈梁是加强房舍整体稳定性的构件，设在墙顶部或地基上。畜禽舍一般不高，圈梁可设于墙顶部（檐下），沿内外墙交圈制作，采用钢筋砖圈梁和钢筋混凝土圈梁。一般地说，砖过梁高度为24cm，钢筋砖过梁和钢筋砖圈梁高度为30～42cm，钢筋混凝土圈梁高度为18～24cm。过梁和圈梁的宽度一般与墙厚相等。

2. 吊顶

吊顶为屋顶底部的附加构件，一般用于坡屋顶，起保温、隔热、利于通风、提高舍内照度、缩小舍内空间、便于清洗消毒等作用。根据使用材料的不同，在畜禽舍中可采用纤维板吊顶、苇箔抹灰吊顶、玻璃钢吊顶、矿棉吸声板吊顶等。

第三节　畜禽舍的建筑设计

畜禽舍的建筑尺寸和建筑设计关系着畜禽生产中空间使用的便利程度、畜禽舍的造价水平、畜禽栏舍及设备的空间摆放、给水配电的设计和雨水及舍

内废、污水的组织排放,好的结构及建筑尺寸把握,可以有效地降低畜禽舍的使用成本和运行、维护成本。畜禽舍长度、宽度及高度设计,首先要考虑畜禽生产的一些基本参数。

一、影响畜禽舍建筑尺寸的参数

1. 畜群大小及占栏(笼)面积标准(饲养密度)

猪的饲养密度因猪的用途、年龄、猪舍形式以及饲养工艺等而异,参看表2-3。

表2-3 国内猪场猪栏常用面积

猪别		猪栏面积(m^2/头)	每圈饲养数(头)	饲槽长度(cm/头)	饲槽宽度(cm)
种公猪		6~8	1	50	35~45
母猪	空怀及孕前期	2~3	4	35~40	35~40
	怀孕后期	4~6	1~2	40~50	35~40
	带仔	5~8	1	40~50	30~40
后备公母猪		1.5~2	2~4	30~35	30~35
育成猪		0.7~0.9	10左右	30~35	30~35
育肥猪		1~1.2	10左右	35~40	35~40

奶牛在散放饲养时,成年母牛每头占舍内面积5~6m^2。拴系饲养时,牛床的尺寸如表2-4。

表2-4 牛床的尺寸

牛别	长(m)	宽(m)
种公牛	2.2	1.5
成年母牛	1.7~1.9	1.2
6月龄以上青年牛	1.4~1.5	0.8~1.0
临产母牛	2.2	1.5
产房	3.0	2.0
0~2月龄犊牛	1.3~1.5	1.1~1.2
役牛和育肥牛	1.7~1.9	1.1~1.25

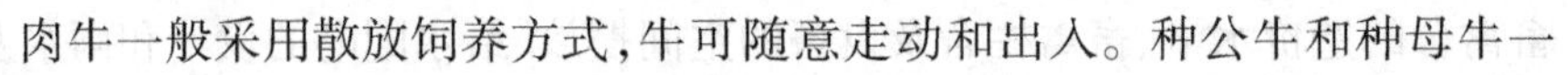

肉牛一般采用散放饲养方式,牛可随意走动和出入。种公牛和种母牛一

般仍拴系饲养。

肉用繁殖母牛若在产犊间产犊，产犊间可按每12头母牛一个栏位设计。

肉牛用的饲槽与饮水器设计参数为：

饲槽采食面(cm^2/头)：限食时，成母牛60～76，育肥牛56～71，犊牛46～56；自由采食时，粗饲料槽15～20，精饲料槽10～15。

饮水器：自动饮水器每50～75头一个。

马的饲养密度因其用途与经济价值的不同而有所差别。马的圈养方式通常分个体单间饲养和拴系饲养两种，其密度参数列表2－5。

表2－5　马厩建筑与设备参数

项目		参数(m)
单圈面积	2岁以内马驹	3×3
	成年母马，骟马	3.7×3.7
	公马	4.3×4.3
拴系马厩面积	2岁以内马驹	1.5×2.7
	成年母马	1.5×(2.7～3.7)
	公马	
天棚高	马	2.4
	马及骑乘者	3.7
走廊宽度		2.4以上
门	单马间	1.2×2.4
	马厩走廊大门(马加骑乘者)	3.7×3.7

羊的饲养密度与羊舍建筑参数见表2－6。

表2－6　羊舍建筑及设备参数

		公羊(80～136kg)	母羊(68～91kg)	带羔母羊(羔羊2.3～14kg)		育肥羔羊(14～50kg)
羊舍地面(m^2/只)	实地面	1.9～2.8	1.10～1.50	1.4～1.9	0.14～0.19	0.74～0.93
	漏缝地板	1.3～1.9	0.74～0.93	0.93～1.1(羔羊补饲用)		0.37～0.46
露天场地面(m^2/只)	土地面	2.3～3.7	2.3～3.7	2.9～4.6		1.9～2.6
	铺砌地面	1.5	1.5	1.9		0.93

续表

		公羊（80～136kg）	母羊（68～91kg）	带羔母羊（羔羊2.3～14kg）	育肥羔羊（14～50kg）
饲槽长度（mm/只）	限食	305	406～508	406～508 羔羊,51/只	228～308
	自由采食	152	102～152	152～203	25～50
饮水器（只/m）	水槽	6	45～75	45～75	75～120
	自动饮水器	30	120～150	120～150	150～225

注:①产羔率超过170%,每只羊占地面积增加0.46m²。②每只羊占饲槽长度取决于羊体大小,有无角、品种、妊娠阶段、每天喂饲次数及饲料质量。③在寒冷地区应考虑防冻。

家禽由于品种、体型及饲养管理方式的不同,饲养密度差异很大。故在确定密度时应灵活应用,切忌生搬硬套,表2-7的数据可供参考。

表2-7 禽舍及设备参数

项目		参数		
蛋鸡		轻型种		重型种
地面面积（m²/只）	地面平养	0.12～0.23		0.14～0.24
	笼养	0.02～0.07		0.03～0.09
饲槽（mm/只）		75		100
饮水槽（mm/只）		19		25
产蛋箱（只/个）		4～5		4～5
肉仔鸡及后备母鸡		0～4周龄	4～10周龄	10～20周龄
地面面积（m²/只）	开放舍	0.05	0.08	0.19
	环控舍	0.05	0.07	0.12
饲槽（mm/只）	25	50	100	
饮水槽（mm/只）	5	10	25	
火鸡		种火鸡		生长火鸡
地面面积（m²/只）	开放舍	0.7～0.9		0.6
	环控舍	0.5～0.7		0.4
栖架（mm/只）		300～375		300～375
产蛋箱（只/个）		20～25		
饲槽（mm/只）		100		100
饮水器（只/个）		100		100

2. 采食和饮水宽度标准

各类畜禽的采食宽度，参看表 2－8。

表 2－8　各类畜禽的采食宽度

畜禽类别及饲养方式			采食宽度(cm/头)
牛	拴系饲养	3～6 月龄犊牛	30～50
		青年牛	60～100
		泌乳牛	110～125
	散放饲养	成年奶牛	50～60
猪	20～30kg		18～22
	30～50kg		22～27
	50～100kg		27～35
	群饲，自动饲槽，自由采食		10
	成年母猪		35～40
	成年公猪		35～45
蛋鸡	0～4 周龄		2.5
	5～10 周龄		5
	11～20 周龄		7.5～10
	20 周龄以上		12～14
肉鸡	0～3 周龄		3
	4～8 周龄		8
	9～16 周龄		12
	17～22 周龄		15
	产蛋母鸡		15

确定了畜禽采食宽度，可进而根据每圈饲养头数，计算出每圈的宽度。

3. 通道设置

标准畜禽舍沿长轴纵向布置畜栏时，纵向管理通道可参考表 2－9 确定宽度。

表2-9 畜禽舍纵向通道宽度

舍别	用途	使用工具及操作特点	宽度(cm)
牛舍	饲喂	用手工或推车饲喂精饲料、粗饲料、青饲料	120~140
	清粪及管理	手推车清粪,放奶桶。放洗奶房的水桶等	140~180
猪舍	饲喂	手推车喂料	100~120
	清粪及管理	清粪(幼猪舍窄,成年猪舍宽)、助产等	100~150
鸡舍	饲喂、捡蛋	用特制推车送料,用通用车盘捡蛋	笼养 80~90
	清粪、管理		平养 100~120

较长的双列式或多列式畜禽舍,每隔30~40m沿跨度方向设横向通道,其宽度一般为1.5m,马舍、牛舍为1.8~2.0m。

4. 畜禽舍的高度标准

畜禽舍高度的确定,主要取决于自然采光和通风的要求,同时考虑当地气候条件和畜禽舍的跨度。寒冷地区,畜禽舍的柁下(檐下)高度一般以2.2~2.47m为宜,跨度9.0m以上的畜禽舍可适当加高。炎热地区为有利通风,畜禽舍不宜过低,一般以2.7~3.3m为适宜。

畜禽舍门的设计根据畜禽舍的种类、门的用途等决定其尺寸。专供人出入的门,一般高2.0~2.4m,宽0.9~1.0m;人、畜共用的门,一般高2.0~2.4m,宽1.2~2.0m。供家畜出入的圈栏门,高度取决于隔栏的高度,宽度一般为:猪0.6~0.8m,牛、马1.2~1.5m,鸡0.25~0.30m。

畜禽舍窗的高低、大小、形状等,按畜禽舍的采光、通风设计要求决定。

畜禽舍内的地面应比舍外地面高30cm,场地低洼时提高到45~60cm。畜禽舍供畜、车出入的大门,门前不设台阶而设15%以下的坡道。畜床应向排水沟呈2%~3%坡度,地面(包括通道)亦应有0.5%~1.0%坡度。

饲槽、水槽、饮水器及畜栏高度,因畜种品种、年龄而不同。鸡的饲槽和水槽的上缘高度与鸡背同高;猪、牛的饲槽和水槽底可与地面同高或稍高于地面;猪饮水器距地面高度,仔猪10~15cm,育成猪25~35cm,育肥猪30~40cm,成年猪45~55cm,成年公猪50~60cm,如饮水器与地面水平成45°~60°,则距地面高10~15cm,可供各种年龄的猪使用。平养成年鸡舍隔栏高度不低于2.5m;猪栏高度:哺乳仔猪0.4~0.5m,育成猪0.6~0.8m,育肥猪0.8~1.0m,空怀母猪1.0~1.1m,孕后期及哺乳母猪0.8~1.0m,公猪1.1~1.3m,

成年母牛舍隔栏高 1.3～1.5m。

二、圈栏的排列方式

根据圈栏和走道的不同组合,按圈栏的列数可分为大圈式、单列式、双列式和多列式等几种形式。随着规模化养殖的发展,适应畜禽舍环境控制和"全进全出"的养殖工艺要求,单元式畜禽舍开始出现并不断完善。

1. 大圈式圈栏

整栋房子就是一个大圈,不设置专门的走道,舍内面积利用率高。管理畜禽时,饲养人员要进入大圈内,操作不便,不利于防疫和机械化、信息化养殖。

2. 单列式圈栏

一般圈栏在舍内南侧排成一列(图 2－13),猪舍内北侧设走道或不设走道。具有通风和采光良好、舍内空气清新、能防潮、建筑跨度简单等优点;北侧设有走道,更有利于保温防寒,且可以在舍外南侧设运动场。但建筑利用率较低,一般中小型猪场建筑、公猪舍建筑以及小型牛场多采用此种形式。跨度比较小的种鸡舍也采用这种建筑,不带运动场。

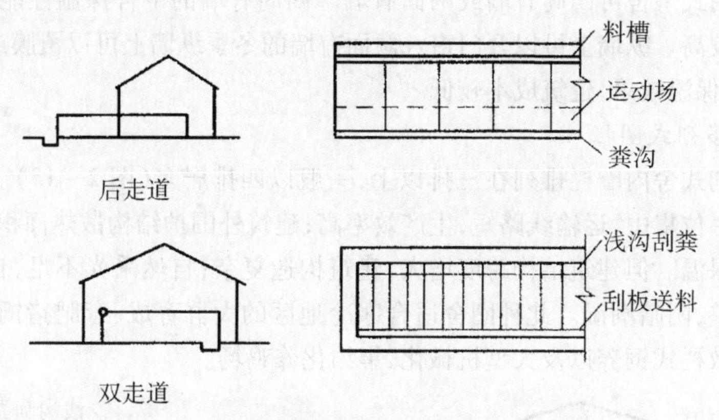

图 2－13　单列式圈栏

3. 双列式圈栏

双列式在舍内将圈栏排成两列,中间设一个通道,一般舍外不设运动场(图 2－14)。其优点是利于管理,便于实现机械化饲养,建筑利用率高;缺点是采光、防潮不如单列圈舍,北侧圈栏比较阴冷。育成、育肥猪舍一般采用此种形式,牛舍也多采用此种方式。

有对头式和对尾式两种。对头式,中间为物料通道,两侧为饲槽,可以同时上草料,便于饲喂、清粪。对尾式,中间为走道,两面侧为粪尿沟,饲槽设在靠墙侧。这种形式的圈栏便于清粪,但饲喂不方便。

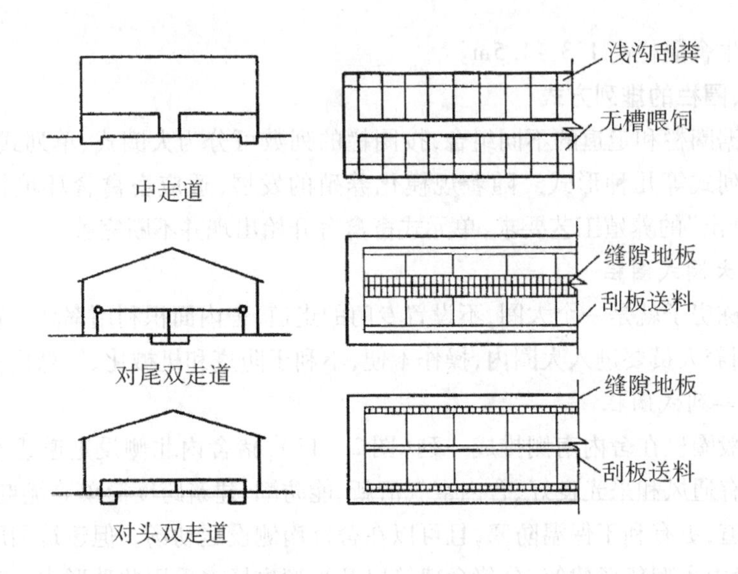

图 2－14 双列式圈栏

双列式牛舍可四周有墙或两面有墙。四周有墙的牛舍保温性能好，但建筑成本较高。纵墙上可以开门窗。两面有墙的冬季纵墙上可以覆膜或设置卷帘，增加保温效果，建筑成本较低。

4. 多列式圈栏

多列式舍内圈栏排列在三排以上，一般以四排居多（图 2－15）。多列式猪舍的栏位集中，运输线路短，生产效率高；建筑外围护结构散热面积少，有利于冬季保温。但建筑结构跨度增大，建筑构造复杂；自然采光不足，自然通风效果较差，阴暗潮湿。此种圈舍适合寒冷地区的大群育成、育肥猪饲养，大型奶牛场散栏式饲养以及大型机械化、集约化养鸡场。

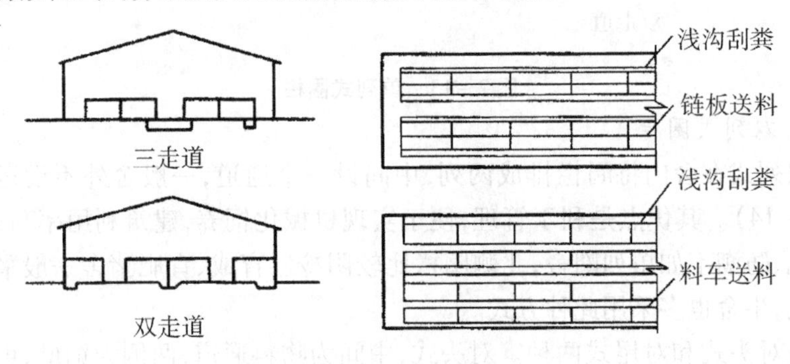

图 2－15 多列式圈栏

5. 单元组合式畜禽舍

将一定数目的分娩栏或保育栏为一组，设置1个单元；每栋舍的内部通过隔墙分成若干单元，单元之间相对封闭，各个单元在南侧依此排列，北侧设一条走廊，可进入每个单元。每个单元内部按单列式、双列式或多列式圈栏布置，头对头或尾对尾（图2-16）。栏位集中，单元布置，小空间环境易控制，便于消毒和防疫，有利于畜禽的规模化集约化生产，生产效率高。但此种建筑跨度大，构造复杂，设备较多，机械负压通风，一般要设置吊顶和检修空间，施工复杂，单位面积造价高。多用于产仔舍和保育舍，现在也有用于育肥舍。

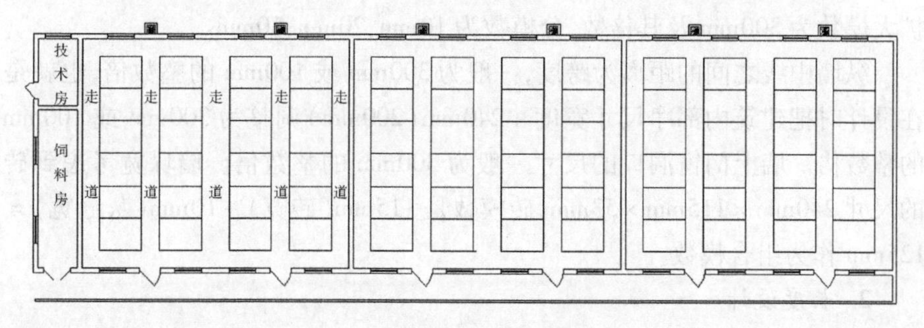

图2-16　单元组合式畜禽舍

三、平面组合尺寸

1. 宽度设计

畜禽舍宽度主要和走道及饲养区的组合有关，受通风方式限制，同时还受建筑模式的影响。

一般来说建筑内部净尺寸宽度 $B=N\times$ 走道宽度 $+M\times$ 饲养区宽度。

N——走道条数。

M——饲养区列数。

走道的宽度一般要考虑饲喂方式，不同的饲喂方式，需要的过道是不一样的，为了降低建设成本，尽量压缩过道的宽度。不管是采用料线方式还是要采用推车方式抑或两者都存在的情况，过道的最小宽度以能过推车为准，因为要考虑畜禽场停电的情况，采用料线，停电后还是要用推车应急，所以推车通过的最小宽度不能压缩。如果有料线存在，最小宽度是扣减完料线、水线支架占用尺寸的最小净宽度。一般最小净宽度取0.6～1.2m。

饲养区的宽度受定型产品限制，一旦选定型号，长宽尺寸就可以确定。根据设备摆放方式就可以确定饲养区的宽度了。

横向通风还是纵向通风，是自然通风还是机械通风，是负压通风还是正压

通风也影响宽度的设计。通风效果好,运行成本低,是畜禽场设计时要考虑的事情,通常情况下,优先考虑自然通风,辅以机械通风,必须采用机械通风时优先采用负压通风,其次选用正压通风,也可以联合通风。自然通风的情况下,宽度在6m以内效果最好,最宽不超过9m。机械通风时,跨度可达18m以上。

通过计算建筑内部净尺寸宽度得出的数据还要和建筑模式以及砖模数相结合。我国为了实现建筑制品定型化、工厂化,简化配件的规格尺寸,提高通用性和互换性,使建筑物及其各部分的尺寸统一协调,提高施工质量和效率,降低建设成本,制定了基本模数和扩大模数及分模数。基本模数为100mm,扩大模数为300mm及其倍数,分模数为10mm,20mm,50mm。

纵墙中线之间的距离为跨度,一般为300mm或100mm的整数倍,也就是在设计时把建筑内部净尺寸宽度+240mm(200mm)调整为300mm或100mm的整数倍。墙上门窗洞口的尺寸一般为300mm的整数倍。墙垛宽考虑到砖的尺寸240mm×115mm×53mm,砖模数是115mm(砖宽)+10mm(灰缝宽)=125mm作为组合模数。

2. 长度设计

长度确定要考虑饲养规模、选用的饲喂设备和清粪设备的布置要求及其使用效率、场区的地形条件和总体布局。通常情况下,舍内净长度和养殖规模的关系如下:

$L = N \times$ 纵向单列长 $+ M \times$ 横向走道宽度 + 门口预留长度 L_1 + 管理室宽 L_2

N——纵向单列数。

M——横向走道条数。

L_1——一般取4.0~5.0m,两侧山墙边预留的宽度。一般风机、湿帘前面都要留出2~3m的空间,作过道或者缓冲空间,防止距离风机湿帘太近,畜禽生产性能受太大的影响。比如禽掉毛、猪牛羊感冒等。

L_2——一般取3~4m。

横向走道宽度可参看表2-10。

机械设备效率也是制约长度的一个因素,料线经济长度120~180m,最大可达240m,纵向通风一般60m左右经济性最高,超过80m效果就下降。笼养鸡舍纵向长度越大,分摊建设成本越低,养殖效率越高,经济性越好。刮粪板最大刮粪行程一般在150m,经济的刮粪行程在60~100m。

综合考虑各种因素及建筑模式后,外横墙中线之间的间距一般为300mm的整数倍。经济分析后最佳长度一般取60~80m。在此基础上考虑屋架间

距，一般屋架间距取3.6～6.0m。屋架间距的整数倍就是外横墙中线之间长度。

3. 高度设计

畜禽舍高度一般考虑舍内设施高度、清粪方式、通风方式、保温隔热要求等。一般炎热地区畜禽舍高度要大，有利于采光、通风、降温；寒冷地区畜禽舍高度要低，有利于保暖。但高度会影响土建投资和运行成本，高度越大，土建成本越高。高度一般取2.8～5.0m。采用叠层式蛋鸡笼的畜禽舍高度可达到7～8m。

第四节　畜禽舍的环境控制设计

一、温度控制

畜禽舍空气温度状况取决于舍内热量的来源和散失情况。畜禽舍内空气的热量主要来源于畜体、太阳辐射、流入的空气、供暖设备、粪肥和垫草发酵等；畜禽舍内空气散热的主要途径是外围护结构传热、通风失热、舍内水分蒸发耗热等。无供暖和降温设备的畜禽舍，其气温的变化受外界气温的制约。凉棚式、开放式和半开放式畜禽舍的气温及其变化与舍外无显著差别。密闭式（有窗或无窗）畜禽舍的气温取决于舍外气温、畜禽舍外围结构的保温隔热性能、通风量、容纳数量的情况等。一天之中，白天温度高、波动大，夜间温度低、较稳定。舍内温度水平分布，一般是畜禽舍中央较高，靠近门窗和外墙处较低；其垂直分布，一般是畜禽舍顶部和安置畜禽的地方较高，中间较低。畜禽舍外围护结构的保温隔热性能愈好，舍内温度分布愈均匀，以垂直温度梯度不大于0.5～1.0℃/m，外墙内表面温度与舍内平均气温差不超过3.0℃，或当空气湿度较大时不超过1.5～2.0℃为宜。一般地说，家畜的适宜环境温度为：乳牛10～15℃，成年猪15～21℃，蛋鸡13～24℃。当环境温度超过以下范围时，家畜生产力明显下降：乳牛－5～27℃，猪0～28℃，蛋鸡5～30℃。

畜禽适宜温度的具体范围，取决于类别、品种、年龄、生理阶段、饲料条件等许多因素。在这样的温度下，畜禽不生病，死淘率低、生长快，经济效益好。表2－10所列的是一部分试验材料所推荐的数据，可作为参考。表中的“最适温度”是最理想的温度。一般畜禽舍要维持这样的温度是困难的，所以都以“适宜温度”为标准。

表 2-10 畜禽所要求的适宜温度

类别	体重(kg)	适宜温度(℃)	最适温度(℃)
怀孕母猪		11~15	
分娩母猪		15~20	17
带仔母猪		15~17	
初生仔猪		27~32	29
哺乳仔猪	4~23	20~24	
后备猪	23~57	17~20	
育肥猪	55~100	15~17	
乳用母牛		5~21	10~15
乳用犊牛		10~24	17
肉牛		5~21	10~15
小阉牛		5~21	10~15
成年马		7~24	13
马驹		24~27	
母绵羊		7~24	13
初生羔羊		24~27	
哺乳羔羊		5~21	10~15
蛋用母鸡		10~24	13~20
肉用仔鸡		21~27	24

封闭舍空气中的热量,小部分由舍外空气带来,大部分则产自舍内畜体放散的热量。据测定,在适宜温度下,100 头体重 500kg、平均日产奶 20kg 的成年母牛,每小时放散可感热 116.68MJ;一栋容纳 2 万只产蛋鸡的舍内,每小时放散可感热总量 621.6MJ。此外,人的活动、机械的运转、各种生产过程的进行也都产生一定的热量。这些热量能使舍内温度大幅度上升。白天畜禽多处于活动状态,生产过程较集中,产生的热量多;夜晚则相反,产生的热量相对较少。

冬季,封闭舍内的实际温度状况主要取决于外围护结构的保温能力。这是因为畜禽呼气及其散发的热总是向上流动,愈接近顶棚空气温度愈高,而畜禽躺卧的地方温度最低。在没有天棚的情况下,通过屋面散失的热量就更多。

因此，正确选择、设计天棚与屋面的形式、建筑材料和结构，对于封闭舍的保温具有重要意义。墙壁是外围护结构的重要组成部分，通过它也向外散失大量热量。散失热量的多少，取决于建筑材料、结构、厚度和门窗的情况。地面散失的热量，也占畜禽舍总散失热量的12%～15%。因此，对于地面的材料和结构等应给予足够的重视。有人试验，在混凝土地面上铺一层25cm厚的刨花，可使由地面散失的热量减少1/3；铺25cm厚的秸秆，可减少59%；用木板代替混凝土地面，其效果相当于提高地面温度12℃。

在同一舍内，空气温度并不均匀。例如某保温情况较好的笼养式育雏室里，一、二、三、四层的实际温度分别为29.5℃、30.2℃、30.4℃、31.4℃，上下差异不大，且很有规律。如果屋顶和天棚保温能力很差，热量很快向上散发出去，就有可能出现相反情况，即屋顶和天棚附近的温度较低，地面附近反而较高。例如，某保温情况较差的笼养式蛋鸡舍内，一、二、三层鸡笼的平均温度由下向上递减，分别为19.0～23.9℃、17.0～21.9℃、15.8～19.9℃。

如果在加强了畜禽舍外围护结构的保温能力后，舍内温度仍然达不到实际要求，可实行人工采暖。

封闭式畜禽舍的防暑能力，主要取决于畜禽舍的外围护结构的隔热能力和通风情况。如果外围护结构隔热不良，就会使舍外空气中的热量容易传入舍内；通风不良，就会造成舍内蓄积的热量散不出去，因而舍内温度急剧升高。为了提高封闭舍的防暑能力，可以采取如下措施：在畜禽舍的设计、施工和管理上，尽量提高外围护结构的隔热能力；降低饲养密度，减少舍内产热量；加强通风，最大限度地把舍内热量排出去，如果自然通风不能满足要求，可以实行机械通风；当外界气温超过32℃时，只依靠加强通风效果不大，必须采取其他措施。

根据畜禽生理特点、地区气候差异及温度控制要求，在畜禽舍设计中温度控制措施就显得很重要了，需要采取以下几个措施：

1. 围护结构采用热阻大的材料

畜禽舍围护结构屋顶、墙体、地面、门窗这些部位都影响着舍内传热散热。要选择适当的建筑材料，使围护结构总热阻值达到基本要求，这是畜禽舍保温隔热的根本措施。为了技术可行、经济合理，在建筑热工设计中，一般根据冬季低限热阻来确定围护结构的构造方案。所谓冬季低限热阻值是指保证围护结构内表面温度不低于允许值的总热阻，以“R_0^d”表示，单位为$m^2 \cdot K/W$。在我国工业与民用建筑设计规范中，对相对湿度大于60%，而且不允许内表面

结露的房间,墙的内表面温度要求在冬季不得低于舍内的露点温度 t_1。对于屋顶,由于舍内空气受热上升,屋顶失热比等面积的墙要多,潮湿空气更容易在屋顶凝结,故要求屋顶内表面温度比舍内露点温度高 1℃。畜禽舍的湿度一般比较大,其内表面温度也应按此规定执行。

设计人员根据工艺设计中提出的畜禽对舍温要求的最低生产界限和舍内相对湿度标准,作为舍内计算温度和湿度的依据,并提出墙和屋顶内表面温度 τ_n 的最低允许值[墙 $\tau_n > t_1$,屋顶 $\tau_n > (t_1 + 1)$],由设计部门按此要求进行设计。

在选择墙和屋顶的构造方案时,尽量选择导热系数小的材料。如选用空心砖代替普通红砖,墙的热阻值可提高 41%,而用加气混凝土块,则可提高 6 倍。现在一些新型保温材料已经应用在畜禽舍建筑上,如中间夹聚苯板的双层彩钢复合板、透明的阳光板、钢板内喷聚乙烯发泡等,设计时可结合当地的材料和习惯做法确定。

目前畜禽场常用的围护结构如表 2－11 所示。

表 2－11 围护结构常用选材及做法

部位	做法
墙体 1	120mm 砖墙＋100mm 厚聚苯板＋0.5mm 厚压型钢板
墙体 2	120mm 砖墙＋100mm 厚聚苯板＋玻璃纤维网格布＋菱镁浆抹面
墙体 3	240mm 实心砖墙内外抹面
墙体 4	240mm 多孔砖墙内外抹面
彩钢苯板复合屋顶	0.4mm 厚压型钢板＋100mm 厚聚苯板＋0.5mm 厚压型钢板
彩钢玻璃丝棉毡屋顶	0.4mm 厚压型钢板＋50mm 玻璃丝棉毡＋0.5mm 厚压型钢板
彩钢岩棉屋顶	0.4mm 厚压型钢板＋50mm 岩棉＋0.5mm 厚压型钢板
塑钢窗	60mm 系列或 80mm 系列
塑钢门	60mm 系列或 80mm 系列塑钢型材
地面	水泥地面、立砖铺地面或木地面

塑钢窗如果选择单层玻璃,冬季可在外墙再加一层塑料膜,增加保温效果。地面可铺垫草,减少热量的散失。

2. 夏季通风遮阳、冬季保暖

屋顶设置通风屋顶、无动力风帽、天窗,墙上设置畜禽进出通道以及门窗,在夏季由于舍内外的温差,自然通风以降低温度。冬季关闭,防寒保暖。

通风屋顶。通风屋顶是将屋顶做成双层，靠中间空气层的气流流动将顶层传入的热量带走，阻止热量传入舍内，如图 2－17 所示。在以防暑为主的地区可以采用通风屋顶，夏热冬冷的地区，为避免冬季降温可以采用双坡吊顶，在两山墙上设通风口（加百叶窗或铁丝网防鸟兽进入），夏季通风防暑，冬季关闭百叶窗保温，隔热效果如表 2－12 所示。

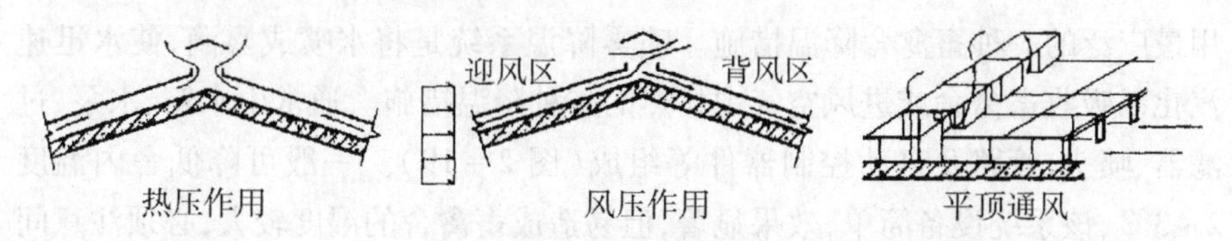

图 2－17　通风屋顶

表 2－12　实体屋顶和通风屋顶隔热效果的比较

屋顶做法		舍外气温（℃）		综合温度（℃）		结构热阻（$\sum R$）（m²·g/W）	热惰性指标（$\sum D$）	总衰减度（v_0）	总延迟时间（ξ）（h）	内表面温度（℃）	
		最高	平均	最高	平均					最高	平均
实体结构	25mm 黏土方砖 20mm 水泥砂浆 100mm 钢筋混凝土板	34.0	29.5	62.9	38.1	0.135	1.44	3.7	4	37.6	30.8
通风屋顶	25mm 黏土方砖 180mm 厚通风空气间层 100mm 钢筋混凝土板	34.0	29.5	62.9	38.1	0.11	1.22	16.8	4	26.2	24.7

建筑遮阳。一切可以遮断太阳辐射的设施与措施统称为遮阳。太阳辐射不仅来自太阳的直射，而且来自散射和反射。畜禽舍建筑遮阳是采用加长屋顶出檐、设置水平或垂直的混凝土遮阳板。试验证明，通过遮阳可在不同方向的外围护结构上使传入舍内的热量减少 17%～35%。

在炎热夏季，以上措施不能满足家畜的要求时，为避免或缓和因热应激而引起的健康状况的异常和生产力下降，可采取必要的防暑设备与设施，以增加通风换气量，促进对流、蒸发散热或直接用制冷设备降低畜禽舍空气或畜体的温度。采用淋浴、喷雾和蒸发垫（湿帘）等设备的蒸发降温在干热地区效果好，而在高温高湿热地区效果降低。目前用于畜禽舍的蒸发冷却方法主要有

湿垫－风机降温系统和喷雾降温系统两种。湿垫－风机降温系统由湿垫、风机、循环小路与控制装置等组成(图2－18)。其降温原理为,由纸质或多孔材料制成的湿垫经水淋湿后形成大量的湿润表面,通过强制通风的作用,湿垫与进风热空气进行湿热交换,达到降温的目的,一般可使舍内温度降低3～7℃。湿垫－风机降温系统设备简单,成本低廉,降温冷负荷大,运行经济,是目前应用最广泛的一种畜禽舍降温措施。喷雾降温系统是将水喷成雾滴,使水迅速汽化以吸收畜禽舍或进风空气中显热的一种降温措施。通常由水箱、水泵、过滤器、喷头、管路及自动控制器件等组成(图2－19)。一般可降低舍内温度2～3℃,该系统设备简单,效果显著,但易造成畜禽舍的湿度较大,必须注意间歇操作。此外,利用冷风机、空气能地源热泵技术以及空调技术也能把舍内温度降下来。

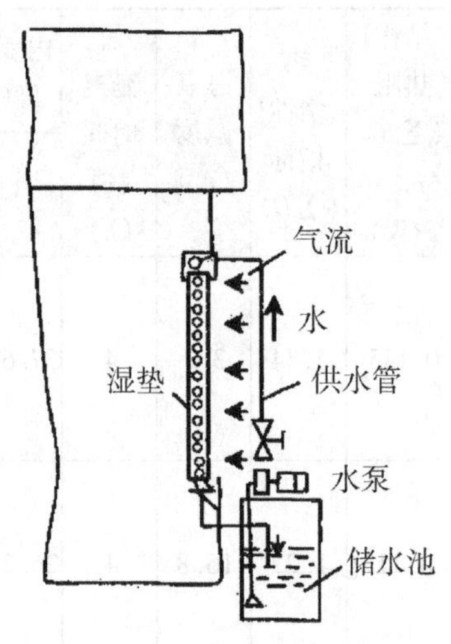

图2－18　湿垫－风机降温系统

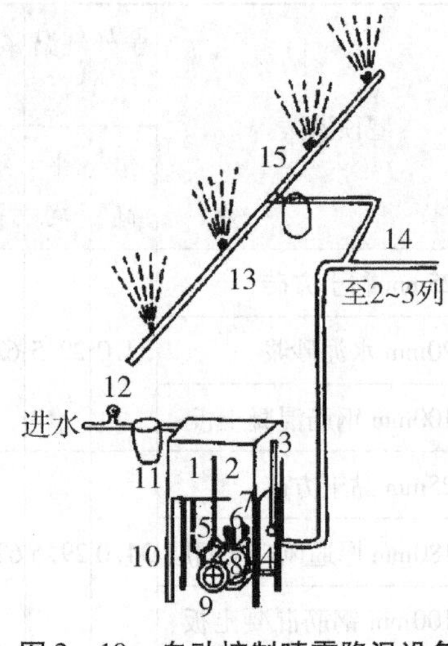

图2－19　自动控制喷雾降温设备

1. 水箱　2. 回水管　3. 溢水管　4. 出水阀
5. 阀门　6. 压力表　7. 压力阀　8. 电动机
9. 水泵　10. 水箱架　11. 过滤器　12. 进水阀
13. 喷头　14、15 水管

开放式畜禽舍冬季装设薄膜卷帘也可起到保温防寒的作用。采取各种防寒措施仍不能达到舍温的要求时,需采取供暖措施。畜禽舍供暖分集中供暖和局部供暖。集中供暖由一个集中的热源(锅炉房或其他热源),将热水、蒸汽或预热后的空气,通过管道输送到舍内或舍内的散热器(暖气片等)。局部采暖则由火炉(包括火墙、地龙等)、电热器、保温伞、红外线灯等就地产生热

能，供给畜禽舍的局部环境。采用何种供暖方式应根据畜禽要求和供暖设备投资、运转费用等综合考虑。在我国，初生仔猪和雏鸡舍多采用局部供暖：在仔猪栏铺设红外电热板或仔猪栏上方悬挂红外线保温伞；在雏鸡舍用火炉、电热育雏笼、保温伞等设备供暖。利用红外线照射仔猪，一般一窝一盏（125W）；采用保温伞育雏，一般每 800～1 000 只雏一个。在母猪分娩舍，由于母仔热区差异太大，采用红外线照射仔猪比较合理，既可保证仔猪所需较高的温度，又不影响母猪。红外线灯的功率、悬挂高度和距离不同，温度也不同（在仔猪保温箱内，箱长 110cm，宽 70cm，高 90cm）。如采用畜床下敷设电阻丝或热水管采暖则称为热垫。其做法为在水泥地面下 5.0～7.5cm 深处铺水管，水管间距一般为 46cm（因热能向水管四周扩散的距离为 23cm）。为防止热能散失，水管下一定要铺设隔热层（一般铺一层 2.5cm 厚的聚氨酯）和做防潮层。近几年，通风供暖设备的研制有了新的进展，暖风机、热风炉在寒冷地区已经推广，有效地解决了冬季通风与保温的矛盾。

3. 园区绿化

绿化不仅起遮阳作用，还具有缓和太阳辐射、降低环境温度的意义。绿化的降温作用有以下三点：一是通过植物的蒸腾作用和光合作用，吸收太阳辐射热以降低气温。树林的树叶面积是树林种植面积的 75 倍，草地上草叶面积是草地面积的 25～35 倍，这些比绿化面积大几十倍的叶面积通过蒸腾作用和光合作用，大量吸收太阳辐射热，从而可显著降低空气温度。二是通过遮阳以降低辐射。草地上的草可遮挡 80% 的太阳光，茂盛的树木能挡住 50%～90% 的太阳辐射热，故可使建筑物和地表面温度降低。绿化了的地面比未绿化地面的辐射热低 4～15 倍。三是通过植物根部所保持的水分，也可从地面吸收大量热能而降温。

由于绿化的上述降温作用，使空气“冷却”，同时使地表面温度降低，从而使辐射到外墙、屋面和门、窗的热量减少，并通过树木遮阳挡住阳光透入舍内，降低了舍内气温。

此外，绿化还有减少空气中尘埃和微生物、减弱噪声等作用。绿化遮阳可以种植树干高、树冠大的乔木，为窗口和屋顶遮阳；也可以搭架种植爬蔓植物，在南墙窗口和屋顶上方形成绿荫棚。爬蔓植物宜穴栽，穴距不宜太小，垂直攀爬的茎叶，需注意修剪，以免生长过密，影响畜禽舍通风。

二、湿度控制

畜禽舍空气中的水汽主要来源于畜体排出的水汽（占 70%～75%），流入

畜禽舍的空气携带的水汽(占10%~15%),舍内潮湿表面和暴露水面蒸发的水汽(占10%~25%)。其散失的途径主要是通过畜禽舍通风排湿和外围护结构传湿。凉棚式、开放式和半开放式畜禽舍的空气湿度及变化规律与舍外空气基本一致,在安置家畜和有水汽蒸发来源地方绝对湿度较高。密闭式畜禽舍的空气湿度常比舍外高很多,在温度适中时,绝对湿度的变动在5~9 g/m^3,有时可达15g/m^3,相对湿度变动在50%~95%,畜禽舍内绝对湿度的日变化与舍内气温的变化一致,而相对湿度的日变化与舍内气温的日变化相反。畜禽舍内水汽的垂直分布与温度的垂直分布一致,其水平分布是不规则的。家畜的适宜相对湿度为60%~70%,不宜低于50%和超过80%。

畜禽舍湿度是影响畜禽生长的一个重要环境指标,在生产中常用相对湿度来衡量。相对湿度是指空气中实际水汽压与同温度下饱和水汽压之比,用百分率来表示。

畜禽舍空气中水分的主要来源有三个:一是随舍外空气进入舍内,进入的数量决定于舍外空气湿度的高低;二是由畜禽自身排出,畜禽可通过呼吸和皮肤不断向外散发水分;三是由地面、潮湿的垫草、墙壁、水槽及设备表面的蒸发产生的水汽。

湿度对畜禽的影响总是与环境温度紧密联系在一起的,当气温处于适宜范围时,舍内空气湿度对畜禽的生产性能影响不太显著;在高温环境下,机体主要靠蒸发散热,如此时舍内湿度较大,则畜禽蒸发散热难以实现,便会加剧高温环境对畜禽生产性能的影响;在低温环境中,如处高湿情况下,由于潮湿空气导热性大,体表热阻减少,畜禽失热增加,容易引起感冒、肺炎等多种疾病。

此外,潮湿的环境还会助长微生物的生长和繁殖,使畜禽皮肤病、呼吸道、消化道疾病增加。反之,低温环境,也容易使畜禽水分蒸发过大,皮肤及外露黏膜干裂,呼吸道疾病增加。畜禽适宜的相对湿度为60%~70%,生产中可允许扩大到50%~80%。各类畜禽适宜的相对湿度列于表2-13。湿度控制主要是根据畜禽舍环境的需要进行除湿或加湿处理。

1. 除湿的主要方法

除湿的主要方法有:采用干清粪工艺、通风换气、加温除湿和冷凝除湿等4种。干清粪工艺是粪便产生后即分流,干粪由机械或人工清扫和收集,尿及冲洗水则从下水道流出,分别进行处理。耗水量少,产生的污水量少,地面水分蒸发的少,舍内湿度小,是降低湿度的根本方法。

通风换气引入新空气，排出舍内空气，通过舍内空气的置换，舍内湿度显著降低。通风换气是降低畜禽舍空气湿度的最有效方法。

表 2－13　畜禽适宜的相对湿度参数

类别	牛	绵羊	猪	马	禽
适宜相对湿度(％)	50～75	50～75	60～85	50～75	50～75

加温降湿是基于在一定的室外气象条件下，舍内相对湿度与室温成负相关的原理实现的，在严寒的冬季采用加温措施，适当提高畜禽舍温度也能有效地降低舍内湿度。

冷凝装置除湿主要利用冷热空气在不同的界面上接触产生冷凝而进行降湿，目前在畜禽舍常用热交换器或除湿装置（图 2－20），利用舍内外的温度差使舍内高湿空气在热交换器的膜面上结露达到除湿的目的。

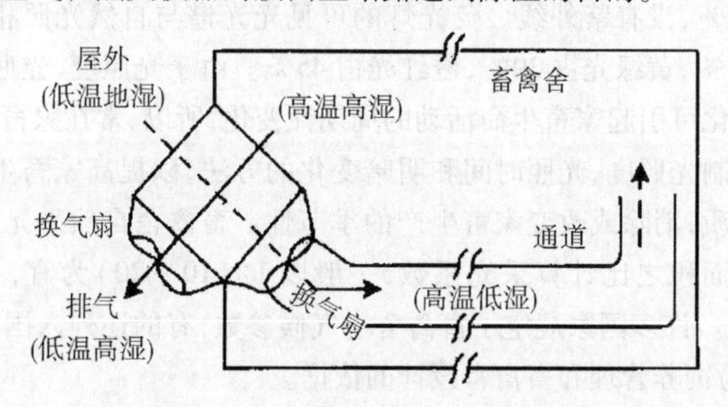

图 2－20　除湿用热交换型换气装置

2. 加湿主要方法

当畜禽舍内的空气相对湿度低于 40％时，常需要增加湿度。加湿的主要方法有：①喷水加湿，通过将水喷洒到地面，增加舍内湿度。②喷雾加湿，采用低压喷雾系统，将喷头相间排列于畜禽舍进行喷雾加湿，或将喷头置于畜禽舍两端的负压间，用风机将雾化的湿空气送入舍内加湿。③湿垫－风机加湿降温系统。④加湿器加湿，运用蒸汽蒸发或超声波原理对畜禽舍局部或整体进行加湿，这种装置易实现湿度的精确控制，但成本较高。畜禽舍可根据不同情况加以选用。

三、采光控制

舍内光照可分自然光照和人工光照。除无窗畜禽舍必须用人工光照外，其他形式的畜禽舍均为自然光照，或以自然光照为主，人工光照为辅。采用自然光照的畜禽舍，舍内光照和光照时间，取决于地理纬度、季节、时间、天气情

况、畜禽舍周围的地形地物等和畜禽舍的式样、朝向、门窗的大小、形式、数量和位置以及透光材料的种类和清洁程度,畜禽舍的跨度及内部设备布置情况。非密闭式畜禽舍的光照度较大,密闭有窗式舍内的光照远比舍外低,其照度的分布情况也因上述诸因素的影响而各不相同。跨度越大,畜禽舍中央照度越小。舍内设备情况也明显影响照度的分布,面窗一侧光照较强,背窗一侧较差。门窗透光材料对畜禽舍内光照影响也很大,如窗扇无玻璃时,窗台上散射光照度为 4 550lx,装上玻璃后为 4 000lx,玻璃不洁净时,则降至 2 000lx 以下。鸡舍外有棚架绿化遮阴,将使舍内照度降低。采用人工光照的畜禽舍,舍内的光照及其分布取决于光源的发光材料、光源的清洁程度及舍内设备的安置情况、墙和顶棚的颜色等。人工光源的光谱组成与阳光不同,白炽灯光谱中红外线占 60% ~90%,可见光占 10% ~40%,其中蓝紫光占 11%,黄绿光占 29%,橙红光占 60%,没有紫外线。荧光灯的可见光光谱与自然光照相对较接近,蓝紫光占 16%,黄绿光占 39%,橙红光占 45%。由于光照度、光照持续时间、明暗更替变化可引起家畜生命活动的周期性变化,所以,常在家畜生产实践中采用人工控制光照度、光照时间和明暗变化的方法,以提高家畜生产力、繁殖力和产品品质,消除或改变家畜生产的季节性。畜禽舍自然采光以透光面积与舍内地面面积之比计算采光系数,一般以 1:(10 ~20)为宜,人工光照以 5 ~30lx为宜。许多国家规定了畜禽舍小气候参数,有的还列入国家标准颁布执行,以作为饲养管理和畜禽舍设计的依据。

1. 畜禽舍光照对畜禽生长的影响

光照不仅对畜禽健康和生产力有重要影响,而且还直接影响人的工作条件和工作效率。各种畜禽在其系统发育过程中,对自然界光照度、光照时间和明暗变化规律(光周期)长期适应,形成了各自的生物节律,同时对其行为习性、新陈代谢、生长发育、繁殖、泌乳等均形成一定的制约作用。畜禽的活动、睡眠、季节性发情、换羽等都依光周期而呈现一定的规律性。光照度和时间不足,明暗变化规律紊乱,会严重影响畜禽的生命活动、生长发育、繁殖机能等,导致生产力下降;光照过强,光照过长,则会使畜禽活动过多,营养消耗增加,饲料转化率降低,还会造成恶癖(如鸡啄肛、啄羽等),影响其生产性能。

合理的光照控制应根据畜禽的生理规律和生产的需要进行光照度、光照时间、明暗变化和均匀性等方面的调控,以适应或改变畜禽的生物节律,达到提高畜禽生产力、降低饲料消耗、增进畜禽健康的目的。一些发达国家均制定了畜禽舍的采光和照明标准,作为畜禽舍设计和饲养管理的依据。

2. 畜禽舍的光照方式

光照方式主要有自然光照和人工光照两种,开放式、半开放式及有窗式畜禽舍均采用自然光照,必要时辅以人工光照。自然光照节省能源,但光照度、光照时间、明暗变化和光照均匀程度等均随季节、时间、天气状况的变化而改变,并受地理纬度、畜禽舍朝向、间距、跨度及周围遮挡物的影响,还受窗户面积、位置及透光材料等因素的影响。自然光照难以按畜禽要求进行控制。人工光照是利用人工光源使畜禽舍获得畜禽生产所需光照的技术,通过控制舍内的光照度、照明时间、明暗变化规律等措施,以达到调节畜禽生长和性发育的节律、消除生产力波动、避免外界有害因素干扰的目的。人工光照主要用于密闭式无窗畜禽舍,但在有窗式、开放式畜禽舍也常用人工光照进行补光。人工光照采用白炽灯和荧光灯为光源,多用于家禽,家畜使用较少,有时仅用于补充自然光的不足。密闭式无窗畜禽舍采用人工光照时,应避免自然光的透入,风机口需设活动百叶窗或铁皮弯管,进风口设遮光罩。内设 2 ~ 3 层折光板并全部涂黑,使自然光经 2 ~ 3 次折射再进入舍内,密闭式无窗舍自然光漏入强度应控制在 0. 2lx 以下。

3. 畜禽舍的光照控制

光照控制主要是控制其光照度和光照时间。光照度的控制需根据不同畜禽品种、年龄而改变,表 2 – 14 给出了畜禽舍适宜的光照度。光照度的控制可采用灯具槽间分组布局,分别设开关,全部或部分开灯进行控制,也可用可调压器调节灯光的强度控制光照度。光照时间的控制主要用于养禽业,通过光照时数的调节控制其生长发育和产蛋率。目前常用的方法有:

表 2 – 14　畜禽舍适宜的光照度

畜禽舍类别	奶牛舍、育成牛舍	育肥牛舍	犊牛舍、产仔舍	猪舍	羊舍	雏鸡舍(周龄)	成鸡舍、蛋鸡舍
光照度(lx)	50 ~ 70	20 ~ 30	75 ~ 100	30 ~ 50	80 ~ 100	20 ~ 25	5 ~ 10

(1)渐减渐增法　在育成期逐渐减少每天的光照时数,这样做可适当推迟母鸡开产期,有利于生产发育,可提高成年后的产蛋率、增加蛋重。在产蛋后期则逐渐增加每天的光照时数,以使产蛋率持续上升或保持在较高水平。直到每天光照时数达到 16 ~ 17h 后,保持稳定不变。

(2)恒定法　育成期内每天的光照时数固定不变,产蛋期则逐渐延长,达到每天 16 ~ 17h 后,保持恒定不变。

无论采用何种光照制度，都必须进行畜禽舍的定时光照控制，一般采用自动定时光控器来实现。目前常用的主要有机械式和电子式光控器两种类型。机械式自动定时光控器，由带钟表机构的弹簧原动机、程序滚筒和微动开关等组成，由弹簧原动机带动程序滚筒转动，一昼夜照明电路的开闭由程序滚筒的形状控制，当光照制度变化时可更换相应的滚筒。电子式光控器由石英开关钟、光敏传感器、控制线路板、继电器等部分组成。控制电路由测量电桥、比较器、驱动器和执行继电器等组成，工作原理如图 2－21。由石英开关钟实现定时控制，并由测量电桥中的一臂——光敏传感器进行光照度的调节。这种装置走时准确、调节方便、灵敏度高。

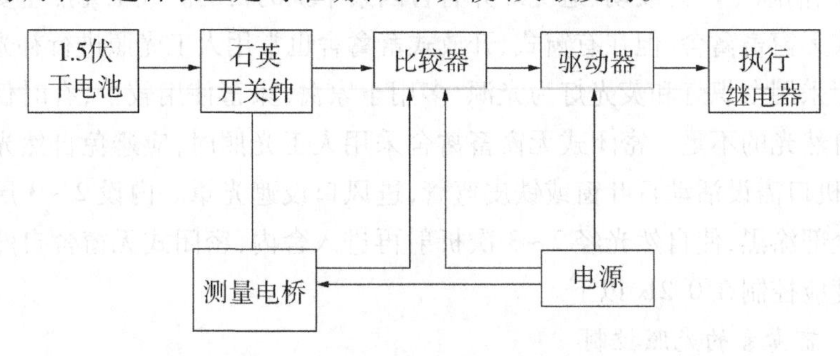

图 2－21　自动定时光控器原理框图

目前，一些发达国家的畜禽舍均制定了较完善的光照控制标准。由于中国畜禽环境控制技术的研究起步较晚，畜禽舍光照制度还主要沿用国外的标准，缺乏自己的光照控制标准。在光照控制设备上，中国曾先后研制过机械自动定时光照器和 ZDG－1 型自动定时光控制等装置，可实现对畜禽舍的间歇光照控制和定时光照控制，但绝大部分畜禽舍还主要以人工来调节光照时间。因此，迫切需要进行中国畜禽光照控制标准的制定和自动调控系统的研制。

四、通风控制

在自然通风情况下，畜禽舍内空气的流动是由于舍内温度分布不均、舍内外存在温差、外界空气的流动等因素造成的。其方向和速度取决于温度分布状况和温差大小、外界风向和风速、自然通风设备设置情况、围护结构的严密程度、门窗的大小形状和位置、畜禽舍内部设备的布置以及饲养管理操作规程等。舍内气流的变化和分布是不规则的。一般地说，非密闭式畜禽舍的气流方向和速度受外界气流影响很大，受舍内因素影响较小。在密闭式畜禽舍内，由于温度垂直分布不均，形成上升气流，而由门窗、进风口和

缝隙流入的空气,起初沿水平方向运动,然后向下流动。由于舍内各种设备的阻挡和人畜的活动,可使气流发生涡动,气流速度的变化和分布一般是在门窗进风口处变化大;畜禽舍中部变化小;白天变化大,夜间变化小。在建筑合理的密闭式有窗畜禽舍内,距地板0.5m高处的气流速度,冬季变动在0.1 ~0.3m/s,夏季打开门窗时可达3m/s。机械通风畜禽舍的气流方向、速度及分布状况,主要取决于风机的功率和数量,进排风口的大小、形状及位置或进排风管的尺寸、形状和制作材料等。在任何季节都需保持畜禽舍的适当通风,但在冬季应控制通风量,畜体周围的风速不应超过0.2m/s,并注意防止冷空气直接吹向畜体。

1. 通风换气的作用

畜禽舍通风换气是畜禽舍环境控制的一个重要手段。通风换气是以机械为动力或自然作用促进空气流动,增加畜禽舍内外的空气交换,改善舍内小气候的一种环境控制措施。适当的通风换气在任何季节都是必要的,其主要作用有:①输入室外新鲜空气,排除舍内污浊空气,改善环境卫生。②在冬季低温寒冷情况下,排除舍内多余的水汽,保持适宜的舍内相对湿度。③在夏季高温情况下,排除舍内多余热量,缓和高温对畜禽的不良影响。

2. 通风换气的影响因素

畜禽舍通风换气效果取决于通风换气量、气流速度和气流分布状况等,其中通风换气量是畜禽舍通风控制的主要指标。

畜禽舍通风量的确定随季节及舍内环境要求的不同而变化。冬季主要是为了排除舍内多余的水汽和有害气体,并尽可能减少热量损失,可按最小风量进行控制;夏季通风的重点是在节能前提下尽可能多地排除舍内余热,在畜禽周围产生一定的气流,促进畜禽的蒸发散热,一般按最大通风量进行设计。

冬季畜禽舍通风量的确定主要以排除多余水汽为目标,当畜禽舍通风量足以排除畜禽呼吸和体表散发的水汽时,一般也能同时满足通风换气的其他功能,如排除有害气体等。

3. 通风换气的方式

畜禽舍通风换气方式主要有自然通风和机械通风两种。自然通风是通过热压和风压的作用,驱使空气流动而形成的通风换气方式。由于不需要消耗动力而能获得可观的通风换气量,对于跨度较小的畜禽舍,采用自然通风经常是经济有效的。但是自然通风受季节变化、天气状况及畜禽舍构造等因素影响较大,且不易进行调控,仅用于温暖地区的开放式和半开放式畜禽舍中。要

获得良好的环境控制效果,必须采用机械通风方式。与自然通风相比,机械通风可以更有效地控制舍内的温度、湿度以及气流运动等,因而在密闭式畜禽舍中主要采用机械通风方式。目前机械通风主要有三种形式,即负压通风、正压通风和联合通风。负压通风是利用风机将畜禽舍内的污浊空气强制排到舍外,使舍内空气的压力小于舍外大气压力,舍外空气因而通过进气口流入舍内,形成舍内外的空气交换。负压通风系统比较简单,投资较少,管理方便,是目前畜禽舍中应用最广泛的一种形式。根据通风机安装的位置,负压通风又可分为屋顶排风、侧墙排风和横向排风(图 2-22);正压通风是利用风机将新鲜空气强制送入舍内,使舍内压力大于外界大气压,迫使舍内污浊空气经排气口流出舍外,从而形成舍内外的空气交换。正压通风便于对进入畜禽舍的空气进行加热、冷却和过滤等预处理,能有效地保证舍内的适宜环境状态,空气分布也比较均匀。但这种方式造价高,运行复杂,管理费用较大,一般用于种畜禽舍、幼畜禽舍及冬季通风舍较多。根据风机安装的位置,正压通风又可分为侧壁送风和屋顶送风(图 2-23);联合通风是一种同时采用机械送风和机械排风的联合形式,常用于条件要求较高、上述两种形式不能单独满足的情况。它的功能可靠,但投资费用较高,一般用于孵化厅和幼畜禽舍等场所。

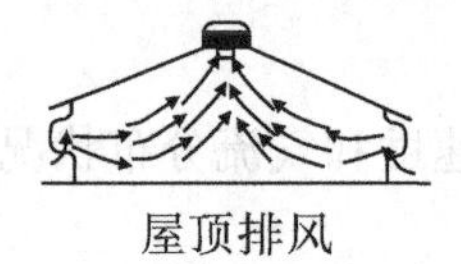
屋顶排风

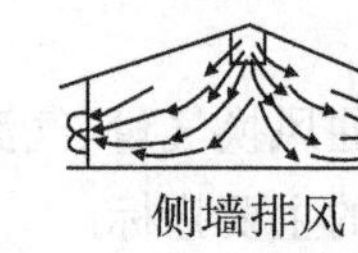
侧墙排风

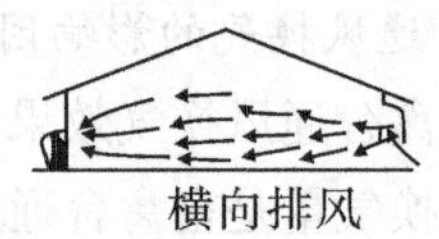
横向排风

图 2-22　负压通风形式示意图

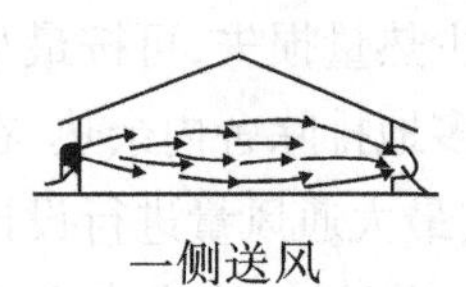
一侧送风

两侧送风

屋顶送风

图 2-23　正压通风形式示意

通风控制主要是根据季节和天气变化及昼夜温度的差异,调节控制通风量的大小。目前调控方法主要有 3 种:一是增减风机开启数量,二是采用可调压风机,三是采用变速风机。3 种方式均可通过热感应装置进行自动调控或采用继电器来控制风机的启闭,以实现对畜禽舍通风量的控制。

通风控制技术的研究一直是国内外畜禽环境工程研究领域的热门课题。近 30 多年来,中国畜牧工程研究人员经过不断努力,在畜禽舍通风控制方面取得了不少突破性进展和研究成果。在通风量的设计计算方面,中

国学者将周期性不稳定传热理论引入畜禽舍围护结构的传热计算中来，并根据热湿平衡原理提出了稳态条件下畜禽舍夏季最大通风量和冬季最小通风量的计算模型；在气流组织方面，用数值方法和实验方法，分别对横向负压式通风舍、纵向负压式通风舍及正压管道式均匀送风舍的气流分布进行了分析研究，尤其是纵向通风舍的气流分布规律的研究已对中国畜禽舍的通风改造产生重大影响；在通风控制设备方面，20 世纪 80 年代中期，在引进、消化和吸收国外先进技术的基础上，成功地研制出国产农用低压大流量轴流风机系列产品；在通风系统的自动控制技术方面，近年来，也取得了长足的进步，可实现对通风系统的自动调控，畜禽舍空调系统也已经在规模化养殖场得到推广。但由于起步较晚，中国的畜禽舍通风控制技术在定型化、标准化和自动化方面与发达国家尚存在较大差距，迫切需要进行进一步的研究和完善工作。

第五节　畜禽舍的水电设计

一、给水设计

1. 给水系统

由取水、净水、输配水三部分组成，包括水源、水处理设施与设备、引入管、给水管网、配水装置与附件、增（减）压和储水设备以及给水局部处理设施。大部分畜禽场的建设位置均远离城镇，不能利用城镇给水系统，所以都需要独立的水源，一般是自已打井和建设水泵房、水处理车间、储水池、水塔、水箱、设置气压给水设备或变频调速供水设备、敷设输配水管道等。

畜禽舍的配水终端一般为水槽或各种饮水器。水槽饮水设备投资少，可用于集中式给水，也可用于分散式给水，但水槽饮水易造成周围潮湿，不卫生（特别是猪用水槽），需经常刷洗消毒。笼养鸡常用常流水槽和饮水器。饮水器有乳头式（多用于猪、笼养鸡和兔）、鸭嘴式（多用于猪）、杯式（多用于仔猪、牛和羊）、塔式（用于平养或网养鸡）。各种饮水器一般需采用集中式给水，水压较大时须在舍内设水箱减压。畜用饮水器应设置在粪尿沟、漏缝地板或排粪区，以防畜床潮湿。寒冷地区的无供暖畜禽舍，为防止冻裂给水管道，给水管应在地下铺设，并设回水阀和回水井，夜间回水防冻；供暖畜禽舍或气候温暖地区，舍内给水管应在地上敷设明管，便于维修。

浮子连通管式饮水器很好地解决了饮水卫生和畜禽舍潮湿问题，无条

件采用集中式给水的小型牧场和专业户，建议试用浮子连通管式饮水器。它是由贮水箱、浮子水箱、连通水管和饮水器组成，浮子水箱在贮水箱下，容量根据舍内家畜一次饮水量和饮水次数决定。

场区的给水系统水压不足，不能满足给水系统对水压的要求时，常采用水泵增高水压来满足给水系统对水压的需求。用水量不均匀时要设置储水池。一般场区都要设置高位水箱或水塔保证给水系统水压、储水和调节水量。水塔或水箱的有效容积在有水泵联动提升进水时，可按不小于最大小时用水量的50%计算。气压给水设备和变频调速给水设备在养殖场中运用也较多，效率高，耗能低，运行稳定，自动化程度高，但造价高，要求电源稳定可靠。

2. 用水量估算

畜禽场用水包括生活用水、生产用水及消防和灌溉等其他用水。

（1）生活用水　指平均每一职工每日所消耗的水，包括饮用、洗衣、洗澡及卫生用水，其水质要求较高，要满足各项标准。用水量因生活水平、卫生设备、季节与气候等而不同，一般可按每人每日40～60L计算。

（2）生产用水　包括畜禽饮用、饲料调制、畜体清洁、饲槽与用具刷洗、畜禽舍清扫等所消耗的水。各种畜禽的需水量参见表2－15、表2－16。采用水冲清粪系统时清粪耗水量大，一般按生产用水120%计算。新建场不提倡水冲清粪方式。

表2－15　各种畜禽的每日需水量[L/(d·头)]

畜禽类别		需水量	畜禽类别		需水量
牛	泌乳牛	80～100	羊	成年绵羊	10
	公牛及后备牛	40～60		羔羊	3
	犊牛	20～30	马	成年母马	45～60
	肉牛	45		种公马	70
猪	哺乳母猪	30～60		1.5岁以下马驹	45
	公猪、空怀及妊娠母猪	20～30	鸡、火鸡*		1
	断奶仔猪	5	鸭、鹅*		1.25
	育成育肥猪	10～15	兔		3

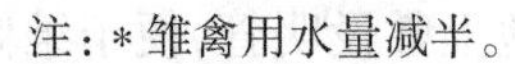
注：*雏禽用水量减半。

表 2-16　放牧家畜需水量[L/(d·头)]

家畜种类	在场旁草地放牧	在草原上放牧	
		夏季	冬季
牛	30~60	30~60	25~35
羊	3~8	2.5~6	1~3
马	30~60	25~50	20~35
驼	60~80	50	40

(3)其他用水　其他用水包括消防、灌溉、不可预见等用水。消防用水是一种突发用水,可利用畜禽场内外的江、河、湖、塘等水面,也可停止其他用水,保证消防用水。绿地灌溉用水可以利用经过处理后的污水,在管道计算时也可不考虑。不可预见用水包括给水系统损失、新建项目用水等,可按总用水量的10%~15%考虑。

(4)总水量估算　总用水量为上述用水量总和,但用水量并非是均衡的,在每个季度、每天的各个时间内都有变化。夏季用水量远比冬季多,上班后清洁畜禽舍与畜体时用水量骤增,夜间用水量很少。因此,为了充分地保证用水,在计算畜禽场用水量及设计给水设施时,必须按单位时间内最大用水量来计算。

3. 水质标准

水质标准中目前尚无畜用标准,可以按《生活饮用水卫生标准》(GB 5749—2006)执行。或者参照《无公害食品　畜禽饮用水水质》(NY 5027—2008)执行。表2-17为畜禽饮用水水质安全指标。

表 2-17　畜禽饮用水水质安全指标

项目		标准值	
		畜	禽
感官性状及一般化学指标	色度	≤30°	
	浑浊度	≤20°	
	臭和味	不得有异臭、异味	
	总硬度(以 $CaCO_3$ 计),mg/L	≤1 500	
	pH	5.5~9.0	6.5~8.5
	溶解性总固体,mg/L	≤4 000	≤2 000
	硫酸盐(以 SO_4^{2-} 计),mg/L	≤500	≤250

续表

项目		标准值	
		畜	禽
细菌学指标	总大肠菌群,MPN/100mL	成年畜100,幼畜和禽10	
毒理学指标	氟化物(以F^-计),mg/L	≤2.0	≤2.0
	氰化物,mg/L	≤0.20	≤0.05
	砷,mg/L	≤0.20	≤0.20
	汞,mg/L	≤0.01	≤0.001
	铅,mg/L	≤0.10	≤0.10
	铬(六价),mg/L	≤0.10	≤0.05
	镉,mg/L	≤0.05	≤0.01
	硝酸盐(以N计),mg/L	≤10.0	≤3.0

4. 管网布置

因规模较小,畜禽场管网布置可以采用树枝状管网。干管布置方向应与给水的主要方向一致,以最短距离向用水量最大的畜禽舍供水;管线长度尽量短,减少造价;管线布置时充分利用地形,利用重力自流;管网尽量沿道路布置。

给水管道的布置应包括整个场区的给水干管以及各栋舍的支管及接入管。定线的原则是,首先按场区的干道布置给水干管网,然后在各栋舍和生活区布置支管和接入管。管道与道路中心线或主要建筑物的周边呈平行敷设,尽量减少与其他管道的交叉。给水管道与建筑物基础的水平净距,管径100~150mm时,不宜小于1.5m;管径50~75mm时,不宜小于1.0m(表2-18)。

表2-18 给水管与其他管线及建构筑物之间的最小净距(m)

建(构)筑物或管线名称	给水管线	
	最小水平净距	最小垂直净距
建筑物	D≤200mm 1.0	
	D>200mm 3.0	
污水、雨水排水管	D≤200mm 1.0	0.40
	D>200mm 1.5	

续表

建(构)筑物或管线名称	给水管线	
	最小水平净距	最小垂直净距
给水管		0.15
燃气管	0.5	0.15
热力管	1.5	0.15
电力电缆	0.5	0.15
电信电缆	1.0	直埋 0.50 管沟 0.15
乔(灌)木中心	1.5	
通信照明地上杆柱 <10kV	0.5	
道路侧石边缘	1.5	

5. 管材及配件选择

给水管一般选择球墨铸铁管、钢管、内涂塑或内衬塑镀锌钢管、PB 管、PVC – C 管、PPR 管、UPVC 管等管材,内壁光滑不结垢,耐腐蚀、力学性能好,水流阻力小,价格低,选择较多。场区干管可选择管径 100 ~ 200mm,通往各栋畜禽舍的管子可选择管径 25 ~ 50mm,配水点一般选择管径 15mm 或管径 20mm 即可。塑料管一般热熔连接,钢管一般采用螺丝连接。

进入各栋舍的管材上要留阀门,可选截止阀或球阀,每个用水点都要设置阀门,以便根据取水需要开闭阀门。在水塔或水箱出水口处设置止回阀,防止水流倒流。在管线最高处设置放气阀,在管网最低处设置泄水阀,便于管路检修使用。

给水管道与污水管道交叉时,给水管应敷设在污水管上面,且不应有接口重叠;当给水管道敷设在污水管下面时,给水管的接口离污水管的水平净距不宜小于 1.0m。

给水管道的埋设深度,应根据冰冻深度、地面荷载、管材强度以及与其他管道交叉等因素确定。金属管道管顶覆土厚度不宜小于 0.7m。为保证非金属管道不被外部荷载破坏,管顶覆土厚度不宜小于 1.0m。布置在畜禽舍生产区的给水支管和接入管如无较大外部荷载时,管顶覆土厚度可减少,但对硬聚氯乙烯管管径≤50mm 时,管顶最小覆土厚度为 0.5m;管径 >50mm,管顶最小覆土厚度为 0.7m。

二、排水设计

排水系统的主要任务是接收场区内的污废水及屋面、地面雨水，并经相应处理后排至城镇排水系统或水体。

1. 畜禽场排水体制的选择

排水体制的选择应参照城镇排水体制、环境保护要求等因素进行综合比较，确定采用分流制或是合流制。分流制，是指污水管道和雨水管道分别采用不同管道系统的排水方式；合流制是指同一管渠内接纳污水和雨水的排水方式。

分流制排水系统中，雨水由雨水管渠系统收集，就近排入水体或雨水管渠系统；污水则由污水管道系统收集，输送到污水处理池或污水处理厂进行处理后排放。畜禽场的粪污量大而极容易对周边环境造成污染，需要专门的设施、设备与工艺来处理与利用，投资大、负担重，因此应尽量减少粪污产生与排放。在源头上主要采用干清粪等工艺，而在排放过程中应采用分流排放方式，即雨水和生产、生活污水分别采用两个独立系统。生产与生活污水采用暗埋管渠，将污水集中排到场区的粪污处理站；专设雨水排水管渠，不要将雨水排入需要专门处理的粪污系统中。

2. 排水系统的组成

(1)管道系统　包括集流场区的各种污废水和雨水管道及管道系统上的附属构筑物。管道包括接出管、小区支管、小区干管；管道系统上的附属构筑物种类较多，主要包括：检查井、雨水口、溢流井、跌水井等。

(2)污废水处理设备构筑物　场区排水系统污废水处理构筑：在与城镇排水连接处有化粪池，在食堂排出管处有隔油池，在锅炉排污管处有降温池等简单处理的构筑物。

(3)排水泵站　如果小区地势低洼，排水困难，应视具体情况设置排水泵站。

3. 排水分类

包括雨水、雪水、生活污水、生产污水(家畜粪污和清洗废水)。

4. 排水量估算

雨水量估算根据当地降雨强度、汇水面积、径流系数计算，具体参见城乡规划中的排水工程估算法。畜禽场的生活污水主要是来自职工的食堂和浴厕，其流量不大，一般不需计算，管道可采用最小管径200mm。畜禽场最大的污水量是生产过程中的生产污水，生产污水量因饲养畜禽种类、饲养工艺与模式、生产管理水平、地区气候条件等差异而不同。其估算是以在不同饲养工艺

模式下，单位规模的畜禽饲养量在一个生长生产周期内所产生的各种生产污水量为基础定额，乘以饲养规模和生产批数，再考虑地区气候因素加以调整。

家畜每天排出的粪尿数量很大，而且日常管理所产生的污水也很多。据统计，每头家畜一天的粪尿量与其体重之比，牛为7% ~9%，猪为5% ~9%，鸡为10%；生产1kg牛奶所排出的污水约为12kg，生产1kg猪肉所排出的污水约为25kg。各种家畜粪尿量见表2－19，污水排放量见表2－20。因此，合理地设置畜禽舍排水系统，及时地清除这些污物与污水，是防止舍内潮湿、保持良好的空气卫生状况和畜体卫生的重要措施。

表2－19 几种主要畜禽的粪尿产量(鲜量)

种类	体重(kg)	每头(只)每日排泄量(kg)			平均每头(只)每年排泄量(t)		
		粪量	尿量	粪尿合计	粪量	尿量	粪尿合计
泌乳牛	500~600	30~50	15~25	45~75	14.6	7.3	21.9
成年牛	400~600	20~35	10~17	30~52	10.6	4.9	15.5
成牛	200~300	10~20	5~10	15~30	5.5	2.7	8.2
犊牛	100~200	3~7	2~5	5~12	1.8	1.3	3.1
种公猪	200~300	2.0~3.0	4.0~7.0	6.0~10.0	0.9	2.0	2.9
空怀、妊娠母猪	160~300	2.1~2.8	4.0~7.0	6.1~9.8	0.9	2.0	2.9
哺乳母猪	—	2.5~4.2	4.0~7.0	6.5~11.2	1.2	2.0	3.2
培育仔猪	30	1.1~1.6	1.0~3.0	2.1~4.6	0.5	0.7	1.2
育成猪	60	1.9~2.7	2.0~5.0	3.9~7.7	0.8	1.3	2.1
育肥猪	90	2.3~3.2	3.0~7.0	5.3~10.2	1.0	1.8	2.8
产蛋鸡	1.4~1.8	0.14~0.16			55kg		
肉用仔鸡	0.04~2.8	0.13			到10周龄9.0kg		

表2－20 家畜污水排放量

家畜种类	污水排放量[L/(头·d)]
成年牛	15~20
青年牛	7~9
犊牛	4~6
种公牛	5~9

续表

家畜种类	污水排放量[L/(头·d)]
带仔母猪	8~14
后备猪	2.5~4
育肥猪	3~9

畜禽舍的排水设施一般与清粪方式相配套,清粪方式不同,每日的排污量相差很大。根据家畜种类和饲养管理,清粪方式可分为人工清粪、机械清粪、水冲清粪和水泡清粪等。一个年出栏万头规模的猪场,水冲清粪方式排污水量为150~200m³/d,水泡清粪方式为100~120m³/d,人工清粪方式为50~60m³/d。因此,畜禽舍的排水系统应根据清粪方式而设计。

5. 排水管道的布置与敷设

排水管道布置应根据小区总体规划、道路和建筑的布置、地形标高、污水雨水流向等按管线短、埋深小、尽量自流排出的原则确定。场内排水系统,多设置在各种道路的两旁及家畜运动场的周边。采用斜坡式排水管沟,以尽量减少污物积存及被人畜损坏。为了整个场区的环境卫生和防疫需要,生产污水一般应采用暗埋管沟排放。

(1)污水管道的布置与敷设　排水管道宜沿道路和建筑物的周边呈平行布置,路线最短,减少转弯,并尽量减少相互间及与其他管线、道路间的交叉。检查井间的管段应为直线;管道与道路交叉时,应尽量垂直于路的中心线;干管应靠近主要排水建筑物,并布置在连接支管较多的一侧;管道应尽量布置在道路外侧的花坛或草地的下面。不允许布置在乔、灌木的下面;应尽量远离饮用水给水管道。

场区内污水管道布置的程序一般按干管、支管、接入管的顺序进行,布置干管时应考虑支管接入位置,布置支管时应考虑接入管的接入位置。

敷设污水管道,要注意在安装和检修管道时,不应互相影响;管道损坏时,管内污水不得冲刷或侵蚀建筑物以及构筑物的基础和污染生活饮用水管道;管道不得因机械振动而被破坏,也不得因气温低而使管内水流冰冻;污水管道及合流制管道与给水管道交叉时,应敷设在给水管道下面。

污水管材应根据污水性质、成分、温度、地下水侵蚀性,外部荷载、土壤情况和施工条件等因素,因地制宜就地取材。一般情况下,重力流排水管宜选用埋地塑料管、混凝土或钢筋混凝土管;排至场区污水处理装置的排水管宜采用塑料排水管;穿越管沟、道路等特殊地段或承压的管段可采用钢管或球墨铸铁

管,若采用塑料管应外加金属套管(套管直径较塑料管外径大200mm);当排水温度大于40℃时应采用金属排水管;输送腐蚀性污水的管道可采用塑料管。

暗埋管沟排水系统如果超过200m,中间应增设沉淀井,以免污物淤塞,影响排水。沉淀井不应设在运动场中或交通频繁的干道附近。沉淀井距供水水源至少应有200m的间距。暗埋管沟应埋在冻土层以下,以免因受冻而阻塞。

(2)小区雨水管道系统的布置　雨水管渠系统设计的基本要求是通畅、及时地排走场区内的暴雨径流量。根据场区规划要求,在平面布置上尽量利用自然地形坡度,以最短的距离靠重力流排入水体或场外雨水管道。雨水中也有些场地中的零星粪污,有条件也宜采用暗埋管沟,雨水管道应平行道路敷设且布置在花草地带下,以免积水时影响交通或维修管道时破坏路面。

雨水口是收集地面雨水的构筑物,场区内雨水不能及时排出或低洼处形成积水往往是由于雨水口布置不当造成的。场区内雨水口的布置一般根据地形、建筑物和道路布置情况确定。在道路交汇处、畜禽舍出入口附近、畜禽舍雨水落管附近以及建筑物前后空地和绿地的低洼处设置雨水口。雨水口沿道路布置间距一般为20~40m,雨水口连接管长度不超过25m。

如采用方形明沟排水时,其最深处不应超过30cm,沟底应有1%~2%的坡度,上口宽30~60cm。

(3)污水管道设计的几个参数

1)设计充满度　在设计流量下,污水在管道中的水深(h)和管道直径(D)的比值称为设计充满度(或水深比)。当$h/D=1$时称为满流,当$h/D<1$时称为非满流。污水管道应按非满流计算,其最大充满度按表2-21确定。

表2-21　场区排水管道最小管径、最小设计坡度和最大设计充满度

<table>
<tr><th colspan="2">排水管道类别</th><th>管材</th><th>最小管径(mm)</th><th>最小设计坡度</th><th>最大设计充满度</th></tr>
<tr><td rowspan="6">污水管</td><td rowspan="2">接户管</td><td>埋地塑料管</td><td>160</td><td>0.005</td><td rowspan="2">0.50</td></tr>
<tr><td>混凝土</td><td>150</td><td>0.007</td></tr>
<tr><td rowspan="2">支管</td><td>埋地塑料管</td><td>160</td><td>0.005</td><td rowspan="4">0.55</td></tr>
<tr><td>混凝土</td><td>200</td><td>0.004</td></tr>
<tr><td rowspan="2">干管</td><td>埋地塑料管</td><td>200</td><td>0.003</td></tr>
<tr><td>混凝土</td><td>300</td><td>0.004</td></tr>
</table>

续表

<table>
<tr><th colspan="2">排水管道类别</th><th>管材</th><th>最小管径(mm)</th><th>最小设计坡度</th><th>最大设计充满度</th></tr>
<tr><td rowspan="3">合流</td><td>接户管</td><td rowspan="2">埋地塑料管</td><td rowspan="2">200</td><td rowspan="2">0.003</td><td rowspan="3">1</td></tr>
<tr><td>支管</td></tr>
<tr><td>干管</td><td>混凝土</td><td>300</td><td>0.003</td></tr>
</table>

2)设计流速　与设计流量、设计充满度相应的水流平均流速叫作设计流速;保证管道内不致发生淤积的流速叫作最小允许流速(或叫作自清流速);保证管道不被冲刷损坏的流速叫作最大允许流速。金属管最大流速为10 m/s,非金属管最大流速为5m/s,污水管道在设计充满度下其最小设计流速为0.6m/s。

3)最小设计坡度和最小管径　相应于最小设计流速的坡度叫作最小设计坡度,即保证管道不发生淤积时的坡度。最小设计坡度不仅和流速有关,而且还与水力半径有关。

最小管径是从运行管理的角度考虑提出的。因为管径过小容易堵塞,小口径管道清通又困难,为了养护管理方便,做出了最小管径规定。如果按设计流量计算得出的管径小于最小管径,则采用最小管径的管道。

从管道内的水力性能分析,在小流量时增大管径并不有利。相同流量时,增大管径使流速减小,充满度降低,故最小管径规定应合适。根据上海等地的运行经验表明:污水管采用150mm的管径,按0.4%坡度敷设,堵塞概率反而增加。故场区污水管道接入管的最小管径应为150mm,相应的最小坡度为0.007。

4)污水管道的埋设深度　有两个意义:覆土厚度——指管道外壁顶部到地面的垂直距离;埋设深度——指管道内壁底部到地面的深度。

为了降低造价,缩短施工工期,管道埋设深度越小越好。但是覆土厚度应该有一个最小的限值,否则就不能满足技术上的要求。这个最小限值称为最小覆土厚度。

场区污水干管埋设在车行道下,管顶的覆土厚度不应小于0.7m,如果小于0.7m,应有防止管道受压损坏的措施。生产区内的污水支管和接入管一般埋设在道路或绿地下,管道的覆土厚度可酌情减少,但也不宜小于0.3m。污水管道的埋深还应考虑各栋畜禽舍的污水排出管能否顺利接入。在寒冷地区污水管的埋深还应考虑冰冻的影响,具体要求同场区室外排水管道设计。

(4)雨水管渠水力计算的设计数据

1)设计充满度　雨水中主要含有泥沙等无机物质,不同于污水的性质,并且暴雨径流量大,相应设计重现期的暴雨强度的降雨历时不会很长,放管道设计充满度按满流计算,即 $h/D=1$。

2)设计流速　为避免雨水所挟带泥沙沉积和堵塞管道,要求满流时管内最小流速大于或等于0.75m/s,明渠内最小流速应大于或等于0.40m/s。

3)最小设计坡度和最小管径　可按表2-22选取。

表2-22　雨水管道的最小管径和横管的最小坡度

管别	最小管径(mm)	横管最小设计坡度	
		铸铁管、钢管	塑料管
接入管	200(225)	0.005	0.003
支干管	300(315)	0.003	0.001 5
雨水口连接管	200(225)	0.01	0.01

注:表中铸铁管管径为公称直径,括号内数据为塑料管外径。

4)场区雨水利用　为了节约水资源,可将雨水收集后经混凝、沉淀、过滤等处理后予以直接利用,用作生活杂用水如冲厕、洗车、绿化、水景补水等,或将径流引入场区中水调蓄构筑物。在旱季,设备常处于闲置状态,其可行性和经济性略差,但对于严重缺水地区是可行的。

雨水利用的另一种方法,是雨水的间接利用,它是指将雨水适当处理后回灌至地下含水层或将径流经土壤渗透净化后涵养地下水。土壤渗透是最简单可行的雨水利用方式。

6. 畜禽场常用的两种排水方式

(1)人工或机械清粪方式的排水　当粪便与垫料混合或粪尿分离,呈半干状态时,常用人力小推车、地上轨道车、单轨吊罐、牵引刮板、电动或机动铲车等清粪。畜禽舍污水排出系统一般由排尿沟、沉淀池、地下排水管及污水池组成。液态物经排水系统流入粪水池储存,而固形物则借助人或机械直接用运载工具运至堆放场。

1)排尿沟　排尿沟用于接受畜禽舍地面流来的粪尿及污水,一般设在畜栏的后端,紧靠清粪道。排尿沟必须不透水,且能保证尿水顺利排走。排尿沟的形式一般为方形或半圆形。马舍宜用半圆形排尿沟,马蹄踏入时不易受伤。沟宽一般为20cm,深8~12cm。种马在单栏内饲养时,一般不设排尿沟。猪

舍及犊牛舍用半圆形或方形排尿沟均可,沟宽 15 ~30cm,深 10cm。乳牛舍宜用方形排尿沟,也可用双重尿沟,如图 2 - 24 所示,牛舍排尿沟宽一般 40 ~ 80cm,明沟沟深不宜超过 25cm,因为沟深容易造成牛蹄部的损伤。排尿沟向沉淀池处要有 1.0% ~1.5% 的坡度。排尿沟应尽量建成明沟,利于清扫消毒。

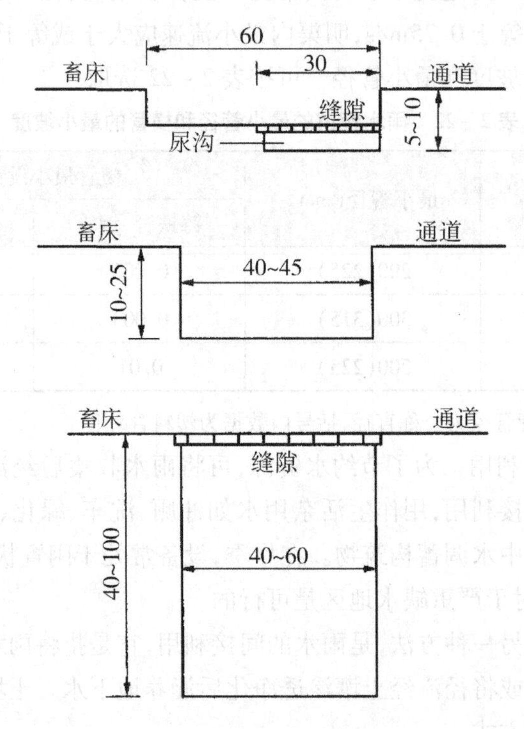

图 2 - 24　方形排尿沟　(单位:cm)

2)沉淀池　在排尿沟与地下排水管的连接处要设一个低于排尿沟底的池子,以便使固体物质沉淀,防止管道堵塞,因此称为沉淀池(图 2 -25)。为了防止粪草落入堵塞,沉淀池上面应盖铁箅子。排尿沟一般每隔 20 ~30m 设 1 个沉淀池,沟底以 1% ~2% 的坡度向沉淀池倾斜。舍内污水经沉淀池的地下排水管流向粪水池。

3)地下排水管　地下排水口与排水沟(管)呈垂直方向,排水口应比沉淀池底高 50 ~60cm,用于将沉淀池内经沉淀后的污水导入畜禽舍外的污水池中。因此地下排水管需向粪水池有 3% ~5% 的坡度。如果畜禽舍外墙至污水池的距离超过 5m,应在舍外设检查井,以便发生堵塞时疏导。在寒冷地区,对地下排出管的舍外部分及检查井需采取防冻措施,以免污水在其内结冰。

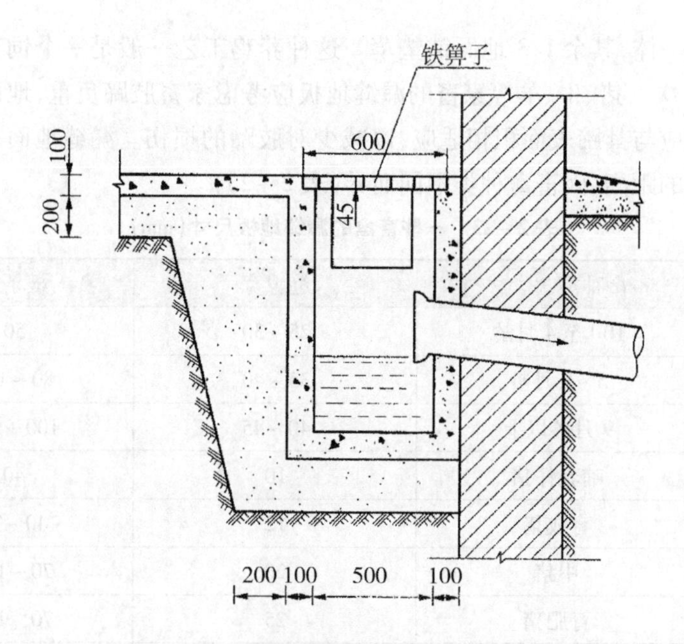

图 2-25 沉淀池与排水管 （单位:cm）

4）污水池 应设在舍外地势较低的地方,且应在运动场相反的一侧。距畜禽舍外墙不小于5m。粪水池一定要离开饮水井100m以外。需用不透水耐腐蚀的材料做成,以防污水渗入土壤造成污染。

（2）水冲或水泡清粪方式的排水 在采用漏缝地板地面时,家畜的粪便和污水混合,粪水一同排出舍外,流入化粪池,定期或不定期用污水泵抽入罐车运走。该法由漏缝地板、粪沟、粪水清除设施和粪水池组成。

1）漏缝地板 即舍内地面做成缝状、孔状或网状。粪尿落到地面上,液体物从缝隙流入地面下的粪沟,固形的粪便被家畜踩入沟内,少量残粪用人工略加冲洗清理。隔一定时间清粪一次,简化清粪过程,减轻清粪时的劳动强度。

漏缝地板可用木板、硬质塑料、钢筋混凝土或金属等材料制成。在美国,木制漏缝地面占50%,混凝土的占32%,金属的占18%。但木制漏缝地板很不卫生,且易于破损,使用年限不长;金属漏缝地面易遭腐蚀、生锈;混凝土漏缝地面经久耐用,便于清洗消毒,比较合适;塑料漏缝地面比金属漏缝地面抗腐蚀,易清洗,各种性能均较理想,只是造价高。

鸡舍漏缝地板大多占鸡舍地面面积的2/3,漏缝地板距舍内地平50~60cm,可用木条或竹条制作,缝宽2.5cm,板条宽40cm,制成多个单体,然后排

列组合成一体,其余1/3地面铺垫草。这种养鸡工艺一般是一个饲养周期清粪(料)一次。猪、牛、羊等家畜的漏缝地板应考虑家畜肢蹄负重,地面缝隙和板条宽度应与其蹄表面积相适应,以减少对肢蹄的损伤。漏缝地面板条宽度和缝隙间的距离,因畜禽种类不同而异(表2-23)。

表2-23　一些畜禽的漏缝地板尺寸(mm)

畜禽种类		缝隙宽	板条宽
牛	10d至4月龄	25~30	50
	5~8月龄	35~40	80~100
	9月龄以上	40~45	100~150
猪	哺乳仔猪	10	40
	育成猪	12	40~70
	中猪	20	70~100
	育肥猪	25	70~100
	种猪	25	70~100
绵羊	羔羊	15~25	80~120
	育肥羊	20~25	100~120
	母羊	25	100~120
鸡	种鸡	25	40

2)粪沟　位于漏缝地面下方,与漏缝地面宽度相近的盛粪设施。一般宽0.8~2m,其深度为0.7~0.8m,向粪水池方向的坡度为0.5%~1.0%。也可采用水泥盖板侧缝形式,即在地下粪沟上盖以混凝土预制平板,盖板稍高于粪沟边缘的地面,因而与粪沟边缘形成侧缝,家畜排的粪便,用水冲入粪沟。

3)粪水清除设施　漏缝地板清粪方式一般采用水冲或水泡和刮粪板清粪。水冲或水泡清粪如图2-26所示,靠家畜把粪便踩踏下去,落入粪沟,在粪沟的一端设自动翻水箱,水箱水满时利用重心失衡自动翻转,水的冲力将粪水冲至粪水池中。在粪沟一端的底部设挡水坎,使粪沟内保持有一定深度的水(约15cm),漏下的粪便被浸泡变稀,随水溢过沟坎,流入粪水池;或粪沟里设活塞,当将活塞拔起时,稀粪流入粪水池,称水泡清粪。这种方法不需特殊设备,省工省时,简便易行,清粪效果较好。但用水量较大,使粪水的储存、处理和利用复杂化,也容易造成环境污染,应慎重选用。刮板清粪使用牵引式清

粪机,拉拽位于粪尿沟内的刮板运行,将粪尿刮向畜禽舍一端的横向排粪沟,该工艺减少了用水量和粪尿总量,便于后期粪尿处理。但刮板、牵引机、牵拉钢丝绳易被粪尿严重腐蚀,缩短使用寿命,耗电较多,噪声也较大,维修不便。

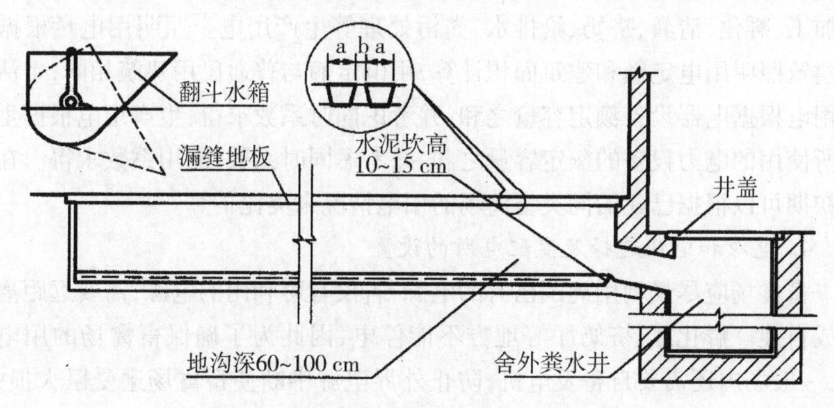

图 2-26　漏缝地板排水系统的一般模式

4)粪水池　分地下式、半地下式及地上式 3 种形式。不管哪种形式都必须防止渗漏,以免污染地下水源。此外实行水冲清粪不仅必须用污水泵,同时还需用专用罐车运载。而一旦有传染病或寄生虫病发生,如此大量的粪水无害化处理将成为一个难题。

许多国家环境保护法规规定,畜禽场粪水不经无害化处理不允许任意排放施用,而粪水处理费用庞大。一些土地面积比较大的国家,常将粪水储存 7 ~ 9 个月,粪水自然发酵,有害微生物被杀灭,到农田施肥季节,将储存的粪水加以利用,做到农牧良性循环。我国人均土地面积比较小,畜禽生产最好采用干清粪工艺,使畜禽场的废弃物减量化、无害化、资源化。

三、电力设计

1. 基本要求

电力是经济、方便、清洁的能源,电力工程是畜禽场不可缺少的基础设施。随着经济和技术的发展,信息在经济与社会各领域中的作用越来越重要,电讯工程也成为现代畜禽场的必需设施。电力与电讯工程规划就是需要经济、安全、稳定、可靠的供配电系统和快捷、顺畅的通信系统,保证畜禽场正常生产运营和与外界市场的紧密联系。

2. 供电系统

畜禽场的供电系统由电源、输电线路、配电线路、用电设备构成。规划主要内容包括用电负荷估算、电源与电压选择、变配电所的容量与设置、输配电

线路布置。

3. 用电量估算

畜禽场用电负荷包括办公、职工宿舍、食堂等辅助建筑和场区照明以及饲料加工、孵化、清粪、挤奶、给排水、粪污处理等生产用电。照明用电量根据各类建筑照明用电定额和建筑面积计算,用电定额与普通民用建筑相同;生活电器用电根据电器设备额定容量之和,并考虑同时系数求得;生产用电根据生产中所使用的电力设备的额定容量之和,并考虑同时系数、需用系数求得。在规划初期可以根据已建的同类畜禽场的用电情况来类比估算。

4. 电源和电压选择及变配电所的设置

畜禽场应尽量利用周围已有的电源,若没有可利用的电源,需要远距离引入或自建。孵化厅、挤奶厅等地方不能停电,因此为了确保畜禽场的用电安全,一般场内还需要自备发电机,防止外界电源中断使畜禽场遭受巨大损失。畜禽场的使用电压一般为220V或380V,变电所或变压器的位置应尽量居于用电负荷中心,最大服务半径要小于500m。

5. 输配电线路布置

10kV供电系统宜采用环网方式,220V或380V配电系统,宜采用放射式、树干式或是二者相结合的方式。宜留有发展的备用回路,重要的集中负荷宜由变电所设专线供电。供电系统的设计,应采用TT、TN－S、TN－C－S接地方式,并进行总等电位联结。每幢舍的总电源进线断路器,应能同时断开相线和中性线,应具有剩余电流动作保护功能。路灯的供电电源,宜由专用变压器或专用回路供电。供配电系统应考虑三相用电负荷平衡。每栋舍应设电源检修断路器一个。只有单相用电设备的畜禽舍,其计算负荷电流小于等于40A时应单相供电,计算负荷电流大于40A时应三相供电。当畜禽舍采用单相供电时,进舍的微型断路器应采用两极;当采用三相供电时,进舍的微型断路器应采用三极,且应设置自复式过、欠电压保护器。采用树干式或分区树干式系统,向各栋舍配电箱供电;采用放射式或与树干式相结合的系统,由区配电小间或配电箱向本区各栋舍分配电箱配电。

舍内配电线路布线可采用金属导管或塑料导管。暗敷的金属导管管壁厚度不应小于1.5mm,暗敷的塑料导管管壁厚度不应小于2.0mm。潮湿地区的畜禽舍及畜禽舍内的潮湿场所,配电线路布线宜采用管壁厚度不小于2.0mm的塑料导管或金属导管。明敷的金属导管应做防腐、防潮处理。

当沿同一路径敷设的舍外电缆小于或等于6根时,宜采用铠装电缆直接埋地敷设。在寒冷地区,电缆宜埋设于冻土层以下。当沿同一路径敷设的舍外电缆为7~12根时,宜采用电缆排管敷设方式;当沿同一路径敷设的舍外电缆数量为13~18根时,宜采用电缆沟敷设方式。电缆与畜禽舍建筑平行敷设时,电缆应埋设在畜禽舍建筑的散水坡外。电缆进出畜禽舍建筑时,应避开出入口处,所穿保护管应在畜禽舍建筑散水坡外,且距离不应小于200mm,管口应实施阻水堵塞,并宜在距畜禽舍建筑外墙3~5m处设电缆井。各类地下管线之间的最小水平和交叉净距,应分别符合表2-25和表2-26的规定。

表2-24　各类地下管线之间最小水平净距(m)

管线名称	给水管			排水管	燃气管		热力管	电力电缆	弱电管道
	D_1	D_2	D_3		P_1	P_2			
电力电缆	0.5	0.5	1.0	1.5	2.0	0.25	0.5		
弱电管道	0.5	1.0	1.5	1.0	1.0	2.0	1.0	0.5	0.5

表2-25　各类地下管线之间最小交叉净距(m)

管线名称	给水管	排水管	燃气管	热力管	电力电缆	弱电管道
电力电缆	0.5	0.5	0.5	0.5	0.5	0.5
弱电管道	0.15	0.15	0.30	0.25	0.50	0.25

注:①D为给水管直径,$D_1 \leqslant 300\text{mm}$,$300\text{mm} < D_2 \leqslant 500\text{mm}$,$D_3 > 500\text{mm}$。②$P$为燃气压力,$P_1 \leqslant 300\text{kPa}$,$300\text{kPa} < P_2 \leqslant 500\text{kPa}$。

照明与电力应分成不同的配电系统。电缆或架空进线,进线处应设有电源箱,电源箱内应设置总开关,电源箱宜放在舍内,设在舍外时要选舍外型电源箱。对于用电负荷较大或较重要时,应设置低压配电室,从配电室以放射式配电,各层或分配电箱的配电,宜采用树干式或放射与树干混合方式。

导体截面的选择,应符合下列要求:①按敷设方式、环境条件确定的导体截面其导体载流量不应小于计算电流。②线路电压损失不应超过允许值。③导体应满足动稳定与热稳定的要求。④导体最小截面应满足机械强度的要求,固定敷设的导线最小芯线截面应符合表2-26的规定。

表 2-26 绝缘导线最小允许截面

用途及敷设方式	线芯的最小截面(mm^2)		
	铜芯软线	铜线	铝线
照明用灯头线			
(1)屋内	0.4	1.0	2.5
(2)屋外	1.0	1.0	2.5
移动式用电设备			
(1)生活用	0.75	—	—
(2)生产用	1.0	—	—
架设在绝缘支持件上的绝缘			
导线其支持点间距			
(1)2m 及以下,屋内	—	1.0	2.5
(2)2m 及以下,屋外	—	1.5	2.5
(3)6m 及以下	—	2.5	4
(4)15m 及以下	—	4	6
(5)25m 及以下	—	6	10
穿管敷设的绝缘导线	1.0	1.0	2.5
塑料护套线沿墙明敷	—	1.0	2.5

刚性塑料导管(槽)布线宜用于室内场所和有酸碱腐蚀性介质的场所,但在高温和易受机械损伤的场所不宜采用明敷设。建筑物顶棚内,可采用难燃型刚性塑料导管(槽)布线。暗敷于墙内或混凝土内的刚性塑料导管,应选用中型以上管材。电线、电缆在塑料导管(槽)内不得有接头,分支接头应在接线盒内进行。刚性塑料导管明敷时,其固定点间距不应大于表 2-27 所列数值。

表 2-27 刚性塑料导管明敷时固定点最大间距

公称直径(mm)	20 及以下	25~40	50 及以上
最大间距(m)	1.0	1.5	2.0

刚性塑料导管暗敷或埋地敷设时,引出地(楼)面不低于 0.3m 的一段管路,应采取防止机械损伤的措施。刚性塑料导管布线当管路较长或转弯较多时,宜适当加装拉线盒(箱)或加大管径。沿建筑的表面或支架敷设的刚性塑

料导管(槽),宜在线路直线段部分每隔30m加装伸缩接头或其他温度补偿装置。刚性塑料导管(槽)在穿过建筑物变形缝时,应装设补偿装置。塑料线导管(槽)布线,在线路连接、转角、分支及终端处应采用相应附件。电缆与电缆或其他设施相互间容许的最小距离见表2-28。

表2-28　电缆与电缆或其他设施相互间容许最小距离(m)

<table>
<tr><th colspan="2">电缆直埋敷设时的配置情况</th><th>平行</th><th>交叉</th></tr>
<tr><td colspan="2">控制电缆之间</td><td>—</td><td>0.50(0.25)</td></tr>
<tr><td rowspan="2">电力电缆之间或与控制电缆之间</td><td>10kV及以下电力电缆</td><td>0.10</td><td>0.50(0.25)</td></tr>
<tr><td>10kV以上电力电缆</td><td>0.25(0.10)</td><td>0.50(0.25)</td></tr>
<tr><td colspan="2">不同部门使用的电缆</td><td>0.50(0.10)</td><td>0.50(0.25)</td></tr>
<tr><td rowspan="3">电缆与地下管沟</td><td>热力管沟</td><td>2.00</td><td>0.50(0.25)</td></tr>
<tr><td>油管或易燃气管道</td><td>1.00</td><td>0.50(0.25)</td></tr>
<tr><td>其他管道</td><td>0.50</td><td>0.50(0.25)</td></tr>
<tr><td colspan="2">电缆与建筑物基础</td><td>0.60(0.30)</td><td>—</td></tr>
<tr><td colspan="2">电缆与公路边</td><td>1.00(0.50)</td><td>—</td></tr>
<tr><td colspan="2">电缆与排水沟</td><td>1.00(0.50)</td><td>—</td></tr>
<tr><td colspan="2">电缆与树木的主干</td><td>0.70</td><td>—</td></tr>
<tr><td colspan="2">电缆与1kV以下架空线电杆</td><td>1.00(0.50)</td><td>—</td></tr>
<tr><td colspan="2">电缆与1kV以上架空线杆塔基础</td><td>4.00(2.00)</td><td>—</td></tr>
</table>

注:①表中所列净距,应自各种设施(包括防护外层)的外缘算起。②路灯电缆与道路灌木丛平行距离不限。③表中括号内数字是指局部地段电缆穿管,加隔板保护或加隔热层保护后允许的最小净距。

第三章　畜禽场的道路

畜禽场道路包括与外部联系的场外主干道交通道路和场区内部道路。场外主干道担负着全场的货物、产品和人员的运输,其路面最小宽度应能保证两辆中型运输车辆的顺利错车。场内道路是联系饲养工艺过程及场外交通运输的线路,是实现正常生产和组织人流、货流的重要组成部分,其功能不仅是运输,同时也具有卫生防疫作用,因此道路规划设计要求在各种气候条件下能保证通车,防止扬尘,要满足分流与分工、联系简捷、路面质量、路面宽度、绿化防疫等要求。

第一节　道路分类和组成

一、道路分类

1. 根据道路荷载能力分类

根据道路的荷载能力不同，可分为主干道、次干道、辅助道、引道和人行道，见表3－1。

表3－1　畜禽场道路分类

类型	适应范围	路宽（m）
主干道	用于主要出入口及车流频繁地段	4.5～6.0
次干道	用于生产舍与舍之间的交通运输	3～4.5
辅助道	用于生产辅助区的变电站、水泵房、水塔；生产区的污染道、消防道等	3.0
引道	建（构）筑物出入口；与主、次干道，辅助道相连接的道路	3.0
人行道	仅供工作人员或自行车行走	2.0

（1）主干道　主要道路承担着畜禽场的主要运输任务，与场外交通道路相连接。根据畜禽场性质和规模不同，通向场外的主要道路有1～4条。如供人员进场和生活物资进入的通道，能直接通往生产管理区和生活区；专门进饲料的通道，直接通往饲料加工仓库；畜禽装车外运的专用通道；运输粪污出场的专用通道等。主要道路应能保证两辆中型运输车辆的顺利错车，路面宽度为6.0～8.0m，拐弯半径不小于8m。

（2）次干道　次要道路平行或垂直连接主要道路，可通往畜禽舍、饲料库、储粪场等，宽度一般为3.5～5.5m。

（3）辅助道　主要为通往生产辅助区的变配电站、水泵房，生产区的污染道、消防道等，一般宽度在3.0～4.0m。

（4）引道　主要通往出入口，连接主次道，服务局部区域交通，以服务功能为主。

（5）人行道　各建筑物的人行便道，可通行手推车，宽度一般为1.5～3.5m。

2. 根据道路卫生防疫要求分类

（1）净道　净道即清洁道，主要用于人员出入、运送饲料、产品和进行生产联系等，场内粪污、垃圾和病死畜禽运输不能进入净道。清洁道一般是场区

的主干道，路面的最小宽度要保证饲料运输车辆的通行，宽度一般为 3.5 ~ 6.0m，宜用沥青混凝土路面、水泥混凝土路面，也可用平整石块或条石路面。路面横坡 1.0% ~1.5%，纵坡 0.3% ~8.0% 为宜。

（2）污道　污道主要用于运送粪污、病死畜禽、废弃设备等，不允许与净道交叉混用。污道路面可同清洁道，也可用碎石或砾石路面、石灰渣土路面，宽度一般为 3.0 ~3.5m，路面横坡为 2.0% ~4.0%，纵坡 0.3% ~8.0% 为宜。与畜禽舍、饲料库、产品库、兽医建筑物、储粪场等连接的次要干道，宽度一般为 2.0 ~3.5m。

（3）专用通道　供畜禽产品装车外运的专用通道，一般末端和带有斜坡的装畜台相连。专用通道两侧一般都装有栏杆或砌筑有矮墙，栏杆和矮墙高度一般在 0.5 ~1.0m，以畜禽不能跳出为准，宽度以畜禽不能调头为准，一般取 0.8 ~1.0m。专用通道和畜禽舍出口相交处设置有带开关的闸门。

二、道路的组成

道路是设置在地表供各种车辆行驶的一种带状构筑物，主要由几何（或称线形）和结构两部分组成。

1. 线形组成

道路线形是指道路中线的空间几何形状和尺寸，这一空间线形投影到平、纵、横三个方向而分别绘制成反映其形状、位置和尺寸的图形，就是道路的平面图、纵断面图和横断面图。场区道路横断面可分为单幅路、两幅路及特殊形式的断面。场区道路横断面宜由机动车道、非机动车道、人行道、绿化带等组成，特殊断面还可包括路肩和排水沟等。

（1）机动车道　机动车道路面宽度应包括车行道宽度及两侧路缘带宽度，单幅路及三幅路采用中间分隔物或双黄线分隔对向交通时，机动车道路面宽度还应包括分隔物或双黄线的宽度。一条机动车道最小宽度不小于 3.5m。

（2）非机动车道　与机动车道合并设置的非机动车道，车道数单向不应小于 2 条，宽度不应小于 2.5m。非机动车专用道路面宽度应包括车道宽度及两侧路缘带宽度，单向不宜小于 3.5m，双向不宜小于 4.5m。一条非机动车道最小宽度自行车不得小于 1.0m，三轮车不得小于 2.0m。

（3）人行道　人行道宽度必须满足行人安全顺畅通过的要求。人行道最小宽度不低于 2m。

（4）绿化带　道路绿化是大地绿化的组成部分，也是道路组成不可缺少的部分，无论是道路总体规划、详细设计、修建施工，还是养护管理都是其中的一项重要内容。绿化带的宽度应符合现行行业标准的相关要求,最小宽度为1.5m。

2. 结构组成

场区内道路工程结构组成一般分为路基、垫层、基层和面层4个部分。和场外联系的主要道路的结构也可由路基、垫层、底基层、基层、联结层和面层6部分组成,如图3-1。

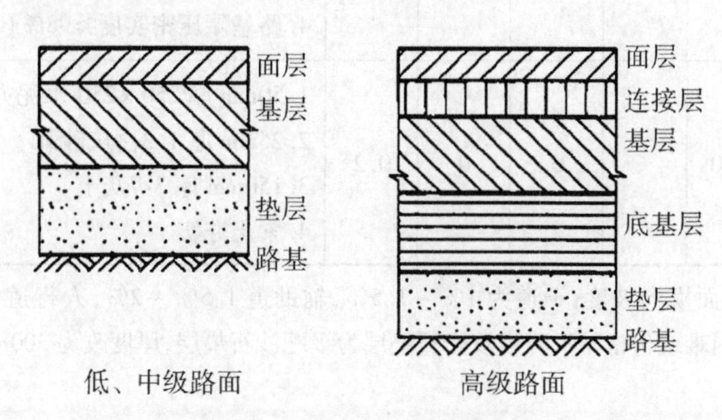

图3-1 道路的结构组成

三、道路的构造

场内道路构造应符合平坦坚固、宽度适当、坡度平缓、曲线段少、经济合理、节约能源的原则。其主要技术指标及做法见表3-2。

表3-2 主要技术指标及做法

道路名称	路面宽度(m)	路肩宽度(m)	最小转弯半径(m)	最大纵向坡度(%)	最小纵向坡度(%)	道路做法
主干道	4.5~6.0	1~1.5	9~12	6~8	0.2	1. 280mm厚C25混凝土面层 2. 20mm厚粗沙垫层 3. 200mm厚卵石灌M2.5混合砂浆 4. 路基碾压密实度≥98%(环刀取样)
次干道	3~4.5	1	9	8	0.2	同主干道
辅助道	3.0	1	9	8	0.2	1. 30mm厚沥青石屑面碾压 2. 60mm厚碎石 3. 200mm厚卵石灌M2.5混合砂浆 4. 路基碾压密实度≥98%(环刀取样)

续表

道路名称	路面宽度(m)	路肩宽度(m)	最小转弯半径(m)	最大纵向坡度(%)	最小纵向坡度(%)	道路做法
引道	3.0	0	0	8	0.2	1. 120mm 厚 C25 混凝土面层 2. 60 厚碎石 3. 200mm 厚卵石灌 M2.5 混合砂浆 4. 路基碾压密实度≥98%(环刀取样)
人行道	2.0		0	0	0.2	1. 50mm 厚 250×250 水泥方格砖 2. 25mm 厚 1∶3白灰砂浆 3. 150mm 厚 3∶7灰土 4. 素土夯实

注:①路面横向坡度:干道为 1% ~1.5%,辅助道 1.5% ~2%,人行道为 2% ~3%。②卵石取材困难或价格昂贵时可改卵石垫层为级配沙石垫层,厚度改为 300mm。

第二节 路 基

路基是行车部分的基础,由土、石按照一定尺寸、结构要求建筑成带状土工构筑物。路基必须密实、均匀,应具有足够的强度、稳定性、抗变形能力和耐久性,并应结合当地气候、水文和地质条件,采取防护措施。

一、路基的作用

路基作为道路工程的重要组成部分,是路面的基础,是路面的支撑结构物。同时,与路面共同承受交通荷载的作用。路基质量的好坏,必然反映到路面上来,如图 3-2 所示。

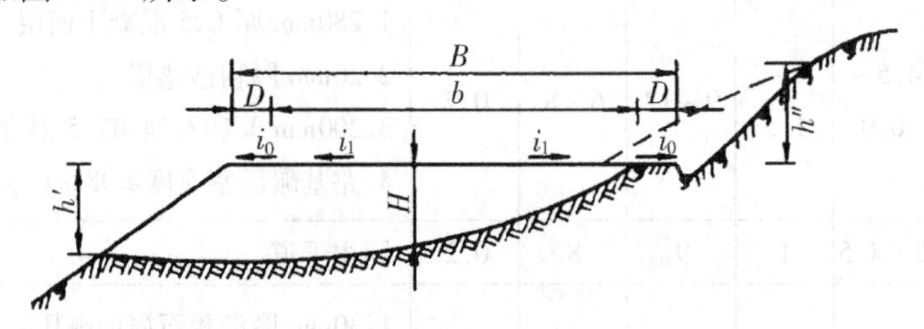

图 3-2 路基基本构造图

H. 路基填挖高度 *b*. 路面宽度 *B*. 路基宽度 *D*. 路肩宽度
i_1. 路面横坡 i_0. 路肩横坡 h'. 坡脚填高 h''. 坡顶挖深

路面损坏往往与路基排水不畅、压实度不够、温度低等因素有关。

高于原地面的填方路基称为路堤，低于原地面的挖方路基称为路堑，路面底面以下 80cm 范围内的路基部分称为路床。

二、路基的基本要求

路基是道路的基本结构物，一方面要保证汽车行驶的通畅与安全，另一方面要支持路面承受行车荷载的要求，因此应满足以下要求：

1. 路基结构物的整体必须具有足够的稳定性

在各种不利因素和荷载的作用下，不会产生破坏而导致交通阻塞和行车事故，这是保证行车的首要条件。

2. 路基必须具有足够的强度、刚度和水温稳定性

水温稳定性是指强度和刚度在自然因素的影响下的变化幅度。路基具有足够的强度、刚度和水温稳定性，就可以减轻路面的负担，从而减薄路面的厚度，改善路面使用状况。

三、路基形式

1. 填方路基

(1) 填土路基　填土路基宜选用级配较好的粗粒土做填料。用不同填料填筑路基时，应分层填筑，每一水平层均应采用同类填料。

(2) 填石路基　填石路基是指用不易风化的开山石料填筑的路基。易风化岩石及软质岩石用作填料时，边坡设计应按土质路基进行。

(3) 砌石路基　砌石路基是指用不易风化的开山石料外砌、内填而成的路基。砌石顶宽采用 0.8m，基底面以 20% 向内倾斜，砌石高度为 2～15m。砌石路基应每隔 15～20m 设伸缩缝一道。当基础地质条件变化时。应分段砌筑，并设沉降缝。当地基为整体岩石时，可将地基做成台阶形。

(4) 护肩路基　坚硬岩石地段陡山坡上的半填半挖路基，当填方不大，但边坡伸出较远不易修筑时，可修筑护肩。护肩应采用当地不易风化片石砌筑，高度一般不超过 2m，其内外坡均直立，基底面以 20% 坡度向内倾斜。

(5) 护脚路基　当山坡上的填方路基有沿斜坡下滑的倾向或为加固、收回填方坡脚时，可采用护脚路基。护脚由于砌片石砌筑，断面为梯形，顶宽不小于 1m，内外侧坡坡度可采用 1:(0.5～1):0.75，其高度不宜超过 5m。

2. 挖方路基

挖方路基分为土质挖方路基和石质挖方路基。

3. 半填半挖路基

在地面自然横坡度陡于1∶5的斜坡上修筑路堤时，路堤基底应挖台阶，台阶宽度不得小于1m，台阶底应有2%～4%向内倾斜的坡度。分期修建和改建道路加宽时，新旧路基填方边坡的衔接处，应开挖台阶，台阶宽度一般为2m。土质路基填挖衔接处应采取超挖回填措施。

第三节 路　面

一、路面结构

路面是由各种不同的材料，按一定厚度与宽度分层铺筑在路基顶面上的层状构造物。路面结构层次划分见图3－3。

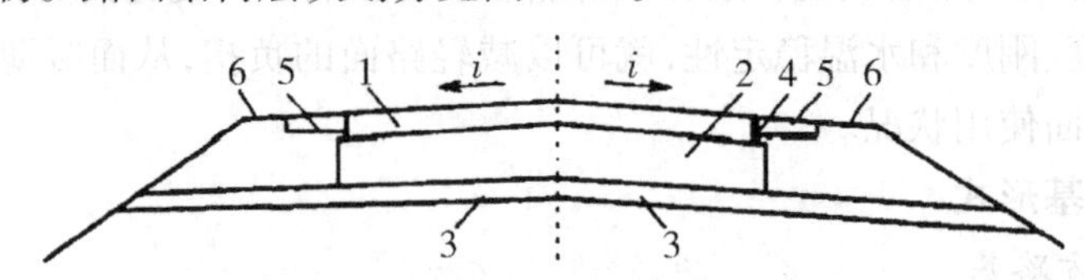

图3－3　路基结构层次划分示意图

i. 路拱横坡度　1. 面层　2. 基层　3. 垫层　4. 路缘石　5. 加固路肩　6. 土路肩

1. 面层

面层是直接承受行车荷载作用、大气降水和温度变化影响的路面结构层次。面层应满足结构强度、高温稳定性、低温抗裂性、抗疲劳、抗水损害及耐磨、平整、抗滑、低噪声等表面特性的要求。沥青路面面层可由一层或数层组成，表面层应根据使用要求设置抗滑耐磨、密实稳定的沥青层；中间层、下面层应根据道路等级、沥青层厚度、气候条件等选择适当的沥青结构。

2. 基层

基层是设置在面层之下，并与面层一起将车轮荷载的反复作用传递到底基层、垫层、土基等起主要承重作用的层次。基层应满足强度、扩散荷载的能力以及水稳定性和抗冻性的要求。在沥青路面基层下铺筑的次要承重层称为底基层。基层、底基层视道路等级或交通量的需要可设置一层或两层。当基层、底基层较厚需分两层施工时，可分别称为基层、下基层，或上底基层、下底基层。

3. 垫层

在路基土质较差、水温状况不好时，宜在基层（或底基层）之下设置垫层。

垫层应满足强度和水稳定性的要求。

面层、基层和垫层是路面结构的基本层次，为了保证车轮荷载的向下扩散和传递，下一层应比其上一层的每边宽出0.25m。

此外对于耐磨性差的面层，为延长其使用年限，改善行车条件，常在其上面用石砾或石屑等材料铺成2～3cm厚的磨耗层。为保证路面的平整度，有时在磨耗层上再用沙土材料铺成厚度不超过1cm的保护层。

二、坡度与路面排水

路拱指路面的横向断面做成中央高于两侧（直线路段）具有一定坡度的拱起形状，其作用是利于排水。路拱的基本形式有抛物线、屋顶线、折线或直线，为便于机械施工，一般采用直线形。道路横坡应根据路面宽度、路面类型、纵坡及气候条件确定，宜采用1.0%～2.0%，降水量大的地区宜采用1.5%～2.0%，严寒积雪地区、透水路面宜采用1.0%～1.5%，保护性路肩横坡度可比路面横坡度加大1.0%。路肩横向坡度一般应较路面横向坡度大1%。

各级道路，应根据当地降水与路面的具体情况设置必要的排水设施，及时将降水排出路面，保证行车安全。路面排水，一般由路拱坡度、路肩横坡和边沟排水组成。

三、路面的等级与分类

1. 路面等级

路面等级按面层材料的组成、结构强度、路面所能承担的交通任务和使用的品质划分为高级路面、次高级路面、中级路面和低级路面4个等级。

2. 路面类型

（1）路面基层的类型　按照现行规范，基层（包括底基层）可分为无机结合料稳定类和粒料类。无机结合料稳定类有：水泥稳定土、石灰稳定土、石灰工业废渣稳定土及综合稳定土；粒料类分级配型和嵌锁型，前者有级配碎石（砾石），后者有填隙碎石等。

1）水泥稳定土基层　在粉碎的或原来松散的土中，掺入足量的水泥和水，经拌和得到的混合料在压实养生后，当其抗压强度符合规定要求时，称为水泥稳定土，适用于各种交通类别的基层和底基层，但水泥土不应用作高级沥青路面、水泥混凝土路面的基层，只能作底基层。

2）石灰稳定土基层　在粉碎或原来松散的土中掺入足量的石灰和水，经拌和、压实及养生后得到的混合料，当其抗压强度符合规定要求时，称为石灰稳定土，适用于各级道路路面的底基层。

3)石灰工业废渣稳定土基层　一定数量的石灰和粉煤灰或石灰和煤渣与其他集料相配合,加入适量的水,经拌和、压实及养生后得到的混合料,当其抗压强度符合规定要求时,称为石灰工业废渣稳定土,简称石灰工业废渣,适用于各级道路的基层与底基层。

4)级配碎(砾)石基层　由各种大小不同粒径碎(砾)石组成的混合料,当其颗粒组成符合技术规范的密实级配的要求时,称其为级配碎(砾)石。级配碎石可用于各级道路的基层和底基层,可用作较薄沥青面层与半刚性基层之间的中间层。级配砾石可用各级道路的底基层。

5)填隙碎石基层　用单一尺寸的粗碎石做主骨料,形成嵌锁作用,用石屑填满碎石间的空隙,增加密实度和稳定性,这种结构称为填隙碎石,可用于各级道路的底基层和基层。

(2)路面面层类型　根据路面的力学特性,可把路面分为沥青路面、水泥混凝土路面和其他类型路面。

1)沥青路面　沥青路面是指在柔性基层、半刚性基层上,铺筑一定厚度的沥青混合料面层的路面结构。沥青面层分为沥青混合料、乳化沥青碎石、沥青贯入式、沥青表面处治4种类型。

沥青混合料可分为沥青混凝土混合料和沥青碎石混合料。沥青混凝土混合料是由适当比例的粗、细集料及填料组成的符合规定级配的矿料,与沥青拌和而制成的符合技术标准的沥青混合料,简称沥青混凝土,用其铺筑的路面称为沥青混凝土路面。而沥青碎石路面是由几种不同粒径大小的级配矿料,掺有少量矿粉或不加矿粉,用沥青作结合料,按一定比例配合,均匀拌和,经压实成形的路面。热拌热铺沥青混合料路面是指沥青与矿料在热态下拌和、热态下铺筑施工成形的沥青路面。热拌热铺沥青混合料适用于各种等级道路的沥青面层。沥青碎石混合料仅适用于过渡层及整平层。

当沥青碎石混合料采用乳化沥青作结合料时,即为乳化沥青碎石混合料。乳化沥青碎石混合料适用于各级道路沥青路面的联结层或整平层。乳化沥青碎石混合料路面的沥青面层宜采用双层式,单层式只宜在少雨干燥地区或半刚性基层上使用。

沥青贯入式路面是在初步压实的碎石(或轧制砾石)上,分层浇洒沥青、撒布嵌缝料,经压实而成的路面结构,厚度通常为4～8cm;当采用乳化沥青时称为乳化沥青贯入式路面,其厚度为4～5cm。

沥青表面处治是用沥青和集料按层铺法或拌和方法裹覆矿料,铺筑成厚度一般不大于3cm的一种薄层路面面层。

2)水泥混凝土路面　水泥混凝土路面指以水泥混凝土面板和基(垫)层组成的路面,亦称刚性路面。

3)其他类型路面　主要是指在柔性基层上用有一定塑性的细粒土稳定各种集料的中低级路面。

路面还可以按其面层材料分类,如水泥混凝土路面、黑色路面(指沥青与粒料构成的各种路面)、沙石路面、稳定土与工业废渣路面以及新材料路面等。

表3－3列出了各级路面所具有的面层类型及其所适用的道路等级。

表3－3　各级路面所具有的面层类型及其所适用的道路等级

道路类型	采用的路面等级	面层类型
场外主干道	中级路面	沥青路面
		水泥混凝土路面
		碎、砾石(泥结或级配)
		半整齐石块
		其他粒料
场内主干道、次干道	低级路面	沥青路面
		水泥混凝土路面
		碎、砾石(泥结或级配)
		粒料加固土
		其他当地材料加固或改善土

第四节　道路附属设施

按道路的性质和道路使用者的各种需要,在道路上需设置相应的公用设施。道路公用设施的种类很多,包括交通安全及管理设施和服务设施等。道路公用设施是保证行车安全、方便人民生活和保护环境的重要措施。

一、停车场

畜禽场办公区、饲料加工区和外界联系较为紧密,要有供各种社会车辆停放服务的静态交通设施停车场。

停车场宜设在其主要服务对象的同侧，以便使客流上下、货物集散时不穿越主要道路，减少对动态交通的干扰。

一般停车场出入口不得少于两个，且两个机动车出入口之间的净距不小于15m。停车场的出口与入口宜分开设置，单向行驶的出入口宽度不得小于5m，双向行驶的出入口宽度不得小于7m。

小型停车场只有一个出入口时，出入口宽度不得小于9m。

停车场出入口应有良好的可视条件，视距三角形范围内的障碍物应清除，以便能及时看清前面交通道路上的往来行人和车辆；同时，在道路与通道交汇处设置醒目的交通警告标志。

停车场内的交通线路必须明确，除注意组织单向行驶、尽可能避免出场车辆左转弯外，尚需借画线标志或用不同色彩漆绘来区分、指示通道与停车场地。

为了保证车辆在停放区内停入时不致发生自重分力引起滑溜，导致交通事故，因而要求停放场的最大纵坡与通道平行方向为1%，与通道垂直方向为3%。出入通道的最大纵坡为7%，一般以小于等于2%为宜。停放场及通道的最小纵坡以满足雨雪水及时排出及施工可能高程误差水平为原则，一般取0.4%～0.5%。

二、道路照明

道路照明是道路建设的重要内容，影响着道路安全和行驶流畅与舒适。道路照明应采用安全可靠、技术先进、经济合理、节能环保、维修方便的设施。机动车交通道路照明应以路面平均亮度（或路面平均照度）、路面亮度均匀度和纵向均匀度（或路面照度均匀度）、眩光限制、环境比和诱导性为评价指标。人行道路照明应以路面平均照度、路面最小照度和垂直照度为评价指标。曲线路段、平面交叉、停车场、坡道等特殊地点应比平直路段连续照明的亮度（照度）高、眩光限制严、诱导性好。

道路照明应根据所在地区的地理位置和季节变化合理确定开关灯时间，并应根据天空亮度变化进行必要修正。宜采用光控和时控相结合的智能控制方式，有条件时宜采用集中遥控系统。照明光源应选择高光效、长寿命、节能及环保的产品。

光源的选择应符合下列规定：主干路、次干路和支路应采用高压钠灯或小功率金属卤化物灯；人行道可采用小功率金属卤化物灯、细管径荧光灯或紧凑型荧光灯。道路照明不应采用自镇流高压汞灯和白炽灯。

三、道路交通管理设施

1. 交通标志

交通标志分为主标志和辅助标志两大类。主标志按其功能可分为警告标志、禁令标志、指示标志、指路标志、作业区标志、告示标志等。辅助标志是附设在主标志下面,对主标志起补充说明的标志,不得单独使用。

标志应传递清晰、明确、简洁的信息,以引起道路使用者的注意,并使其具有足够的发现、识读和反应时间。交通标志应设置在驾驶人员和行人易于见到,并能准确判断的醒目位置,一般安设在车辆行进方向道路的右侧或车行道上方;为保证视认性,同一地点需要设置 2 个以上标志时,可安装在一根立柱上,但最多不应超过 4 个;标志板在一根支柱上并设时,应按警告、禁令,指示的顺序,先上后下,先左后右地排列。

2. 交通标线

交通标线主要是路面标线,是以文字、图形、画线等在路面上漆绘,以表示车行道中心线,机动车、非机动车分隔线,各类导向线以及人行横道,车道渐变段,停车线等。此外,还有少数立面标记,如设置在立交桥洞侧墙或安全岛等壁面上的标记。

第五节　场区道路的规划布置

一、道路布置的基本要求

基本要求如下:①道路系统应与场区总平面布置、竖向设计、绿化等协调一致。场内道路一般与建筑物长轴平行或垂直布置。②道路布置应适应生产工艺流程,路线简洁,保证场内外运输畅通,各生产环节联系便捷。③满足畜禽生产特殊要求,生产区道路应分为净道和污道。净道可按次干道考虑,其主要任务是运送畜禽种苗、饲料及新进场设备;污道可按辅助道考虑,主要是运送粪便、淘汰畜禽、病死畜禽及淘汰设备。净道和污道应分别有出入口。净污分开,分流明确,尽可能互不交叉,兽医建筑物需有单独的道路。④管理区与外部相连道,可按主干道考虑。辅助区之间联系按辅助道考虑。⑤路面质量好,路基坚实、排水良好,雨天不积水,晴天不扬尘。

二、道路与相邻建(构)筑物关系

道路至相邻建筑物、构筑物最小距离见表 3-4。

表 3-4　场内道路至建(构)筑物最小距离

位置	相邻建(构)筑物名称	最小距离(m)
畜禽舍外墙	当建筑物面向道路一侧无出入口时	1.5
	当建筑物面向道路一侧有出入口时有单车引道	8.0
	当建筑物面向道路一侧有出入口时无单车引道	3.0
	消防车至建筑物外墙	5~25
围墙	当围墙有汽车出入口时,出入口附近	6.0
	当围墙无汽车出入口而路边有照明电杆	2.0
	当围墙无汽车出入口而路边无照明电杆	1.5
绿化	乔木(至树干中心线)	1~1.5
	灌木(至灌木丛边缘)	1.0
装卸台边缘	当汽车平行站台停放	3.0~3.5
	当汽车垂直站台停放	10.5~11.0

三、道路布置形式

由于净道、污道要分开不得交叉,所以畜禽场不能采用工厂那种环状布置形式。畜禽场一般采用枝状尽端式布置法,这种布置形式比较灵活,适用于山地或平缓地,可将各厩舍有机地联系起来。

1. 枝状布置

干为生产区的主送饲道,枝为通向各畜禽舍出入口的车道(引道),见图 3-4。

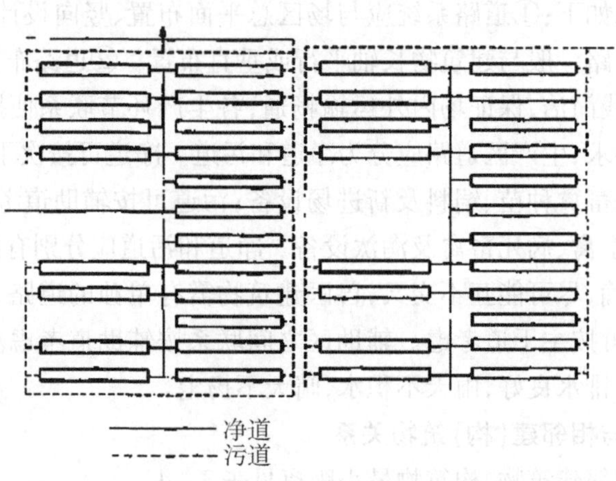

图 3-4　生产区道路布置示意图

2. 尽端设回车场

枝状布置时应在尽端设回车场,解决车的调头问题。回车场可根据场地地形选用下列回车场的形式,见图 3 – 5。

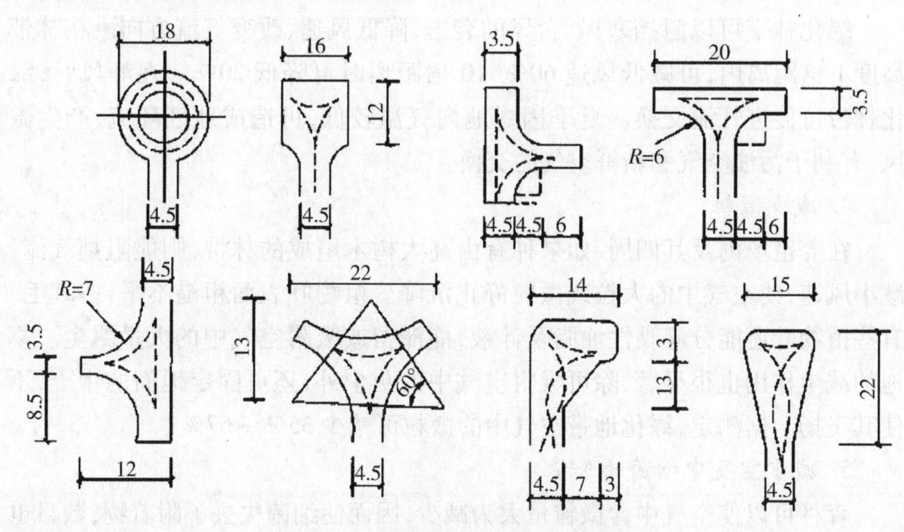

图 3 – 5　几种回车场形式(单位:m)

第六节　场内绿化

养殖场的绿化,不仅可以美化场区,还可改善环境,减少污染,在一定程度上起着保护环境的作用。

一、环境绿化的卫生学意义

1. 改善场区小气候

绿化可以明显改善养殖场的温、湿度和气流等状态。在夏季,通过树叶的遮阳、蒸腾等作用,能降低气温和增加空气中的湿度,据测定,树木和草地在夏季可分别遮挡太阳直接辐射的 50% ~90% 和 80%,绿化地带气温可降低 10% ~20%。在冬季,树木阻风,可减少冷空气的侵袭,可使场区风速降低 75% ~80%,有效范围达树高的 10 倍。

2. 净化空气

植物进行光合作用,可从空气中吸收二氧化碳并放出氧气。每公顷阔叶林,在生长季节,每天可以吸收约 1 000kg 二氧化碳,放出约 730kg 氧气。养殖场附近种的玉米、大豆、棉花或花生都会从大气中吸收氨而促进生长,使养

殖场污染大气的氨浓度下降。据调查，绿化后，有害气体至少有 25% 被阻留净化，煤烟中的二氧化硫被阻留 60% 左右，林带可降低恶臭 50%。

3. 调节气流与净化空气

绿化林带可以阻挡寒风、台风的袭击，降低风速、改变气流方向。在林带高度 1 倍距离内，可减低风速 60%，10 倍距离时可降低 20%。在静风时，绿化林带可促进气流交换。夏季因绿地内气温较低，可造成地区环流，产生微风，有利于污浊空气和新鲜空气的交换。

4. 减少微粒

在养殖场内及其四周，如果种有由高大树木组成的林带，则能阻挡气流，减小风速，使空气中的大粒或微粒静止沉降。植物叶表面粗糙不平，多茸毛，有些植物叶还能分泌黏性油脂及汁液，能滞留或吸附空气中的大量飘尘。草地的减尘作用也很显著，除可吸附空气中的灰尘外，还可固定地面的尘土，不使其飞扬。据测定，绿化地带空气中的微粒可减少 35% ~67%。

5. 减少空气中细菌的含量

森林可以使空气中含微粒量大为减少，因而使细菌失去了附着物，数目也相应减少。同时，某些树木的花、叶能分泌一种芳香物质，可以杀灭细菌、真菌等。绿化可使空气中的细菌总数减少 22% ~79%。

6. 减弱噪声

树木与植被等对噪声具有吸收和反射的作用，可以减弱噪声的强度，树叶的密度越大，则减音的效果也越显著。栽种树冠大的树木，可减弱畜禽鸣声，对周围居民不会造成明显的影响。有资料表明，养殖场防护林带可使噪声减弱 25%。

7. 防疫、防火作用

养殖场外周的防护林带和各区域之间的隔离林带，都可以防止人、畜任意往来，减少疫病传播的机会。由于树叶含有大量水分，并有很好的防风隔离作用，可以防止火势蔓延。故在养殖场中进行绿化，可以适当减少各建筑物的防火间距。

8. 在畜禽舍间距的空地，种植适宜的经济作物，增加经济效益

值得注意的是，由于绿化种树会遭致鸟类的栖集，鸟类飞入舍内对防疫不利，为此在敞棚式和有窗式厩舍应加设防鸟网。

二、绿化植物的选择

我国地域辽阔，自然条件差异很大，植物树木种类多种多样，可供环境保

护绿化树种除要适应当地的光热水土环境以外，还要具有抗污染、吸收有害气体等功能。现列举一些常见的绿化及绿篱树种供参考。

1. 树种

绿化树种除要适应当地的水土环境以外，尚应具有抗污染、吸收有害气体等功能，可供绿化的树种有槐树、梧桐、小叶白杨、毛白杨、加拿大白杨、钻天杨、旱柳、垂柳、榆树、榉树、朴树、泡桐、红杏、臭椿、合欢、刺槐、油松、桧柏、侧柏、雪松、樟树、大叶黄杨、榕树、桉树等。

2. 绿篱植物

常绿绿篱可用桧柏、侧柏、杜松、小叶黄杨等；落叶绿篱可用榆树、鼠李、水蜡、紫穗槐等；花篱可用连翘、太平花、榆叶梅、丁香、银带花、忍冬等；刺篱可用黄刺玫、红玫瑰、野蔷薇、花椒、山楂等；蔓篱则可用地棉、金银花、蔓生蔷薇和葡萄等。绿篱生长快，要经常整形，一般以高度 100 ~ 120cm、宽度 50 ~ 100cm 为宜。无论何种形式都要保证基部通风和足够的光照。

三、绿化布置

绿化布置需要在总平面设计中统一考虑。绿化布置时应考虑各种林木的功能，使之为保护和美化环境发挥作用。

1. 设置防护林带

以降低风速为目的防低温气流，防风沙对场区和畜禽舍的侵袭。在防御地带设 5 ~ 8m 宽乔灌木相结合林带。株距 1.5m，行距 1.5m，“品”字形栽种。可选枝条较稠密和抗风的树种，如槐、柏、松、小叶杨等。

2. 隔离绿化带

畜禽场的各分区之间、四周围墙应设隔离绿化带。林带 4 ~ 5m，选择高的疏枝树木以利通风。树木间行距 3 ~ 6m，株距 1 ~ 1.5m 为宜。乔木应修剪成无枝，树干高 5m，以防影响通风。选择疏枝树木以利通风，如柳、白杨、柿、银杏树等。

3. 行道树

以遮阳吸尘为主。与风平行道路可兼种冠大叶密乔木和灌木；与风垂直道路，宜种植枝条长而稀的树种，如合欢、白杨、槐树等。

4. 遮阴植物

畜禽舍运动场四周、畜禽舍之间，均应植树种草。畜禽舍之间的绿化，既要注意遮阴效果，又要注意不影响通风排污。可选种如柿、枣、核桃、泡桐等枝条长、树冠大而透风性好的树种。

此外,养殖场周围应栽植平行的 2 ~ 4 排树木,尤其是在冬季主风向侧应密植,并距场内主要建筑 40 ~ 50m 处为宜,其他方向为 30 ~ 40m。

第七节 畜禽场的大门设计

畜禽场大门的大小,形式取决于人流、物流的要求,设计时应力求适用、经济、大方。大门的宽度一般是 4 ~ 5m,应保证车辆进出和大门开启方便,为便于生产管理,可在大门旁边设置边门,或在大门上留人行小门。由于畜禽场防疫的需要,应在大门和边门处设置消毒池以及人员灯光消毒间,设置紫外线灯、消毒脚垫,洗手盆或喷雾消毒设施。对于大型畜禽场,在进入生产区之前还应设计专用的人员更衣、淋浴、消毒建筑。

第四章　畜禽场的排污设计

畜禽养殖过程中产生的污染物如粪尿、污水、恶臭等直接排入环境，会对土壤、水体、大气、人体健康等造成直接或间接的影响，进而影响到养殖业的发展。因此，畜禽场应采取合理的粪污收集、运输、储存方式，减少污染物的产生量，同时降低后续污染物处理的成本。

畜禽场排污系统的设置与畜禽饲养方式和清粪方式有很大关系。

第一节　畜禽场粪污收集

一、猪舍粪污收集方式与设施

养猪生产中主要采用水冲粪、水泡粪、干清粪等方式进行粪污清理、收集。

水冲粪是将猪排放的粪、尿和污水混合进入粪沟，每天数次放水冲洗，粪水顺粪沟流入粪便主干沟或附近的集污池内，用排污泵经管道输送到粪污处理区。水冲粪方式可保持猪舍内的环境清洁，劳动强度小，劳动效率高，但耗水量大，污染物浓度高，处理难度大，经固液分离出的固体部分养分含量低，肥料价值低。

水泡粪清粪工艺是在漏缝地板下设缝，粪尿、冲洗和饲养管理用水一并排入粪沟中，储存一定时间后，打开出口的闸门，将沟中粪污排出，流入粪便主干沟或经过虹吸管道，进入地下储粪池或用泵抽吸到地面储粪池(图4-1)。水泡粪工艺劳动强度小，劳动效率高，比水冲粪工艺节省用水，但由于粪便长时间在猪舍中停留，形成厌氧发酵，产生大量的有害气体，恶化舍内空气环境，危及动物和饲养人员的健康，需要配套相应的通风设施，经固液分离后的污水处理难度大，固体部分养分含量低。

图4-1　水泡粪工艺

为了达到养殖污染减排的目的，我国提倡采用干清粪方式，做到“干湿分离”，即粪尿一经产生便分流，干粪由机械或人工收集、清扫、运走，尿液及冲洗水则从排污管道流出，粪、尿分别进行处理。

1. 实心地面舍干清粪排污设计

对于育成育肥舍，通常多采用实心地面。实心地面舍一般依靠人力进行干清粪，粪尿污水自然流动进入排污沟并汇入总排污管道，最终进入集污池。

(1)舍内排污沟(图4－2) 单列式猪舍舍内排污沟设在畜床靠墙一侧，双列式猪舍排污沟可设置在靠墙两侧，也可设置在中央通道的下侧或两侧。猪床地面趋向于排污沟一侧，应有2%～3%的坡度，可使尿液污水很快流入排污沟内。排污沟可用水泥、石或砖结构砌成，要求内面光滑不透水。排污沟宽度35～40cm，深度15cm左右，底部形状有方形或半圆形。沟底部要平整，沿污水流动方向有1%～2%的坡度，通常两端沟底最浅，坡向中间。排污沟中间设一下水口，沟内尿液污水通过下水口进入地下排污管道排出舍外。栏外排污沟可建成明沟，利于清扫消毒，栏内排污沟应建成暗沟，或在沟上盖通长铁箅子、沟盖板等。

图4－2 舍内排污沟

(2)舍外排污沟 舍外排污沟(图4－3)一般设在猪舍外墙底部，水泥砌筑，宽10cm，深20cm，沿污水流动方向有3%～5%的坡度，排污沟与主粪沟或粪水池相接。舍内每个猪栏设1个洞，长35cm，高10cm，与外墙底的排污沟相连。舍外排污沟一般适用于中小猪场，在北方寒冷地区冬季舍外粪水易冻结，所以也不适用此种排污沟设计。舍外排污沟应用水泥盖板密封，防止雨水流入。

图4-3　舍外排污沟

2. 漏缝地板猪舍干清粪排污设计

(1)人工干清粪排污设计　对于猪栏采用漏缝地板、人工干清粪的猪舍，可在猪栏外面清粪通道一侧设置一条浅粪沟，粪沟通向舍外或在粪沟中部设下水口，与地下排污管道相连。猪栏下方承粪地面为斜面，斜面坡度为1%～2%(也可酌情加大坡度)，尿液自动流入粪沟，斜面上的猪粪进行人工清扫。

采用漏缝或半漏缝地板高床饲养的猪舍，可在高床下设承粪沟，承粪沟为浅"U"形，中央设漏尿口，尿液、污水经漏尿口排入地下排污管道，留在粪沟内的猪粪进行人工清扫，见图4-4。

图4-4　漏缝地板高床饲养排污沟

（2）机械干清粪排污设计　猪舍机械干清粪工艺中常用的清粪机械是往复式刮板清粪机，它通常由带刮粪板的滑架、传动装置、张紧机构和钢丝绳等构成。往复式刮粪板清粪机装在漏缝地板下面的粪沟中，粪沟的断面形状及尺寸要与滑架及刮板相适应（图4－5，图4－6）。粪沟中必须装排尿管，排尿管直径为0.1～0.2m，排尿管上要开一通长的缝，用于尿及冲洗栏的废水从长缝中流入排尿管，然后流向舍外的排污管道中，粪则留在粪沟内，由清粪机清入集粪坑。为避免缝隙被粪堵塞，刮粪板上焊有竖直钢板插入缝中，在刮粪的同时疏通该缝隙。

图4－5　猪舍往复式刮粪板清粪机

图4－6　螺旋推进清粪装置

3. 漏缝地板水泡粪排污设计

水泡粪工艺虽然不利于"干湿分离",但劳动强度小,劳动效率高,一些规模化养猪场常采用此种清粪工艺,收集的粪污后续进行固液分离。

根据所用设备的不同,水泡式清粪可分为截留阀式、沉淀闸门式和连续自流式3种。

(1)截留阀式　截留阀式清粪方式是在粪沟末端一个通向舍外的排污管道上安装一个截留阀,平时截留阀将排污口封死。猪粪在冲洗水及饮水器漏水等条件下稀释成粪液,在需要排出时,将截留阀打开,液态的粪便通过排污管道排至舍外的总排粪沟。

(2)沉淀闸门式　沉淀闸门式清粪是在纵向粪沟的末端与横向粪沟相连接处设有闸门,闸门严密关闭时,打开放水阀向粪沟内放水,直至水面深至50~100mm。猪排出的粪便通过其践踏和人工冲洗经漏缝地板落入粪沟,成为粪液。每隔一定时间打开阀门,同时放水冲洗,粪沟中的粪液便经横向粪沟流向总排粪沟中。

(3)连续自流式　这种清粪方式与沉淀闸门式基本相同,不同点仅在于纵向粪沟末端以挡板代替闸门。

(4)虹吸管道排污系统　有机构研发出了一套虹吸管道式水泡粪排污系统,此系统主要是在密闭环境中,结合了系统首、末端排气阀,利用虹吸原理,形成了负压,使粪污均匀分布在池底的排污口,从而有序排出。该工艺具体是这样实现的:粪污管道将猪舍漏缝地板下的粪池分成几个区段,每个区段粪池下安装一个接头,粪池接头处配备一个排粪塞,以保证液体粪污能存留在猪舍粪池中。当液态粪污未排放时,管道内充满了空气,当要排空粪池时,工人可将排粪塞子用钩子提起来,随着排污塞子的打开,粪污开始陆续从一个个小单元粪池向排污管道里排放并流入管道,管道内空气逐渐排出,排气阀自动打开,当管道内完全充满粪污时,管道内不再向外排气,排气阀关闭,从而利用真空原理在压力差的作用下使粪污流入管道并顺利排出。

二、鸡舍粪污收集方式与设施

常用的鸡舍清粪方式有两类:一类是经常性清粪,即每天定时清粪1~2次,所用设备有刮板式清粪机、传送带式清粪机和抽屉式清粪板;另一类是一次性清粪,即饲养一定时期(如数天、数月甚至一个饲养周期)清一次粪,由于时间间隔较长,要求鸡舍配备较强的通风设备,以保证鸡舍内有害气体的浓度不超标。常用的设备是拖拉机前悬挂式清粪铲,这类设备一般适用于高床笼

养鸡舍或散养鸡舍。

1. 阶梯式笼养和网上平养鸡舍清粪

鸡舍下面的粪槽与笼具和网床方向相同，通长设计，宽度略小。粪槽底部低于舍内地面 10～30cm，用人工和机械清粪均可。

人工清粪鸡舍每排支架下方皆有很浅的粪坑，为便于清粪，粪坑向外以弧度与舍内地坪相连，人工用刮板从支架下方将粪刮出，然后铲到粪车上，推送至粪场。

机械清粪时，可用刮板式清粪机。全行程式刮板清粪机适用于短粪沟。步进式刮板清粪机适用于长距离刮粪。为保证刮粪机正常运行，要求粪沟平直，沟底表面越平滑越好。可根据不同鸡舍形式组装成单列式、双列式和三列式。目前，已经应用的有传送带清粪机（图 4－7）。

图 4－7　鸡舍传送带式清粪机

2. 叠层式笼养鸡舍清粪

鸡舍鸡粪由笼间的承粪带承接，并由传送带将鸡粪送到鸡笼的一端，由刮粪板将鸡粪刮下，落入横向的粪沟由螺旋弹簧清粪机搬出鸡舍。叠层式输送带式清粪机见图 4－8。

3. 高床、半高床鸡舍清粪

下面粪坑的面积与鸡舍相同，高床笼养鸡舍粪坑高度在 1.5～1.8m，半高床笼养鸡舍粪坑高度在 1.0～1.3m。清粪在饲养结束后一次进行。

图 4－8　叠层式输送带式清粪机

三、牛舍粪污收集方式与设施

1. 牛舍内人工清粪

人工清粪一般适用于拴系舍饲牛舍。在牛床后端和清粪通道之间设排尿沟，牛床有适当的坡度向排尿沟倾斜。排尿沟的宽度一般为 32～35cm，可设为明沟，此时应考虑采用铁锹放进沟内进行清理，所以深度为 5～8cm。排尿沟也可设为暗沟，沟面上设漏尿圆孔或采用缝隙盖板。排尿沟底应有 1%～3% 的纵向排水坡度，沟内设下水口，尿液污水通过下水口进入地下排污管道排出舍外。

2. 牛舍内机械清粪

对封闭式(大跨度)牛舍，可采用刮粪板设备将粪便刮进粪沟或储粪池，再运到粪污处理场或用铲车直接装车运出。一般连杆刮板式适用于单列牛床，环形链刮板式适于双列牛床，双翼形刮粪板式(图 4－9)适于舍饲散栏饲养牛舍。

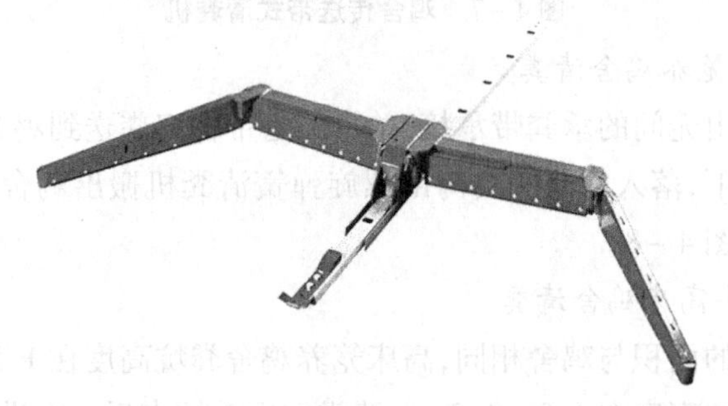
图 4－9　双翼形刮粪板式

3. 牛舍水泡粪工艺

对封闭式散养牛舍,可在牛床及牛通道区域设漏缝地板,让牛排出的粪尿直接漏进下面的粪沟,当有粪便不能漏下时,可采用刮粪板(图 4 -10)清粪。粪沟宽度根据漏缝地面的宽度而定,深度为 0.7 ~0.8m,粪沟倾向粪水池有一定坡度便于排水。

图 4 - 10 刮粪板

四、羊舍粪污收集方式与设施

1. 即时人工清粪

不设羊床,采用扫帚、小推车等简易工具将舍内粪污清扫运出,特点是投资少,劳动量大,只适用于小规模羊场。

2. 即时机械清粪

设漏缝式羊床,羊床下是粪槽,采用刮粪板将粪槽中粪便集中到一端,用粪车运走。此种清粪方式适用于较长的羊舍。

3. 高床集中清粪

设漏缝式羊床,床下 70 ~80cm 高,漏缝地板下设粪池,池底设一定坡度,尿液排出舍外,留下的粪污集中清理。

第二节 粪污储存设施

一、固态(半固态)粪污储存

固态(半固态)粪污储粪场应设在生产区下风向地势较低较偏僻处,与畜禽舍保持 100m 的间距,并应便于运往农田。其规模大小应根据饲养规模、每

头家畜每天的产粪量、储存的时间来设计。储粪场应为水泥地面,建堆积墙,地面应有坡度,设渗滤液收集沟,其上搭建雨棚。

二、液态(半液态)粪污储存

储存液态或半液态粪便的储粪池通常有地下、地上、半地下式3种。地下储粪池适用于建造处地势较低的情况,应防渗漏,池底可铺设防渗膜。地下储存池最好用混凝土砌成,周围要建造大于1.5m的围栏。地上储粪池适用于地势平坦场区,可用砖砌而成,用水泥抹面防渗。储粪池上应有防雨(雪)设施。

第三节　场内排水系统

畜禽场内的排水系统应做到“雨污分离”,建成独立的雨水径流收集排放系统,收集场区雨水地表径流和屋面雨水,防止雨水径流进入污水系统,减少畜禽污水产生量。尿污水、冲洗水应当进入污水收集系统,有利于降低污水处理的费用和难度。

一、屋面雨水收集

为了使屋面雨水和积雪迅速排除,不致造成屋面渗漏,就要设计好屋面排水系统。屋面排水系统分为无组织排水和有组织排水2种。

1. 无组织排水

无组织排水是指屋面排水不需经过人工设计,雨水从屋顶沿屋面坡度从挑檐自由流落到室外地面的排水方式,又称外檐自由落水。自由落水的屋面可以是单坡屋顶、双坡屋顶和四坡屋顶,雨水可从一面、两面或四面落到地面,挑檐必须挑出外墙面以防雨水顺墙面流淌而浸湿和污染墙面。无组织排水无须设计、构造简单、造价低、不易漏雨,但当雨量较大、房屋较高时,落地雨水会溅脏房屋勒脚。所以无组织排水一般适用于低层及雨水较少地区建筑。

2. 有组织排水

有组织排水就是将屋面雨水通过人工设计的排水系统,有组织地排至地面。有组织排水过程首先将屋面划分成若干个排水区,然后使每个排水区内的雨水按屋面的排水坡度有组织地排到檐沟中,经过雨水口排至雨水斗,再通过雨水管排到室外散水或明沟中,最后排往场区地下排水管网系统。

有组织排水适用于屋面复杂、汇水面大的建筑以及年降水量较大地区的建筑,当年降水量在900mm以上,房屋檐口高度又超过8m时,应采用有组织排水方式。

有组织排水通常采用檐沟排水、天沟排水和内排水。在屋檐下设置汇集屋面雨水的沟槽，雨水从屋面直接流向沟槽，沟槽纵向坡度0.5%～1.0%，通过雨水口排出屋面，称为檐沟排水。在面积大的屋面设置汇集屋面雨水的沟槽，将雨水排至建筑物的两侧，称为天沟排水。降落到屋面的雨水沿屋面径流，直接流入雨水管道，通过水落管，再由室内雨水管沟排入室外雨水收集系统，称为内排水。

(1)檐沟外排水系统　檐沟外排水系统由檐沟、雨水斗和排水立管组成，它采用重力流排水型雨水斗，雨水斗设置在檐沟内，雨水斗的间距按雨水斗的排水负荷和服务的屋面汇水面积确定，一般情况下，雨水斗的间距可采用18～24m。雨水管又称水落管，直径一般分为75mm、100mm、125mm、150mm和200mm 5种规格，一般常用100mm。工程中雨水管应牢固地固定在建筑物外墙或承重结构上，管材应采用排水塑料管，沿建筑长度方向的两侧，每隔15～20 m设水落管一根，其汇水面积不超过200m^2；寒冷地区，排水立管应布置在室内。

(2)天沟外排水系统　天沟外排水系统由天沟、雨水斗、排水立管及排出管组成。该系统属单斗压力流，应采用压力流型雨水斗，设于天沟末端。天沟应以建筑物伸缩缝或沉降缝为屋面分水线，在分水线两侧设置，其长度不宜超过50 m，天沟坡度不宜小于0.003，斗前天沟深度不宜小于100mm。天沟断面多为矩形和梯形，其端部应设溢流口。压力流排水系统宜采用内壁光滑的带内衬的承压排水铸铁管、承压塑料管和钢塑复合管等，其管材工作压力应大于建筑物净高度产生的静水压。用于压力流排水的塑料管，其管材抗环变形外压力应大于0.15MPa，且应固定在建筑物承重结构上。

(3)内排水系统的组成、布置与敷设　内排水系统由天沟、雨水斗、连接管、悬吊管、立管、排出管、埋地干管和检查井组成。重力流排水系统的多层建筑宜采用建筑排水塑料管，高层建筑和压力流雨水管道宜采用承压塑料管和金属管。

1)雨水斗　屋面排水系统应设置雨水斗。不同设计排水流态、排水特征的屋面雨水排水系统应选用相应的雨水斗。雨水斗的设置位置应根据屋面汇水情况并结合建筑结构承载、管系敷设等因素确定，雨水斗的设计排水负荷应根据各雨水斗的特性并结合屋面排水条件等情况确定。同时，应选用稳流性能好、泄水流量大、掺气量少、拦污能力强的雨水斗。常用的雨水斗规格为75mm、100mm、150 mm。柱球式雨水斗有整流格栅，起整流作用，避免排水过程中形成过大的旋涡而吸入大量的空气，迅速排除屋面雨水，同时拦截树叶等

杂物。檐沟和天沟采用柱球式雨水斗。在不能以伸缩缝或沉降缝为屋面雨水分水线时,应在缝的两侧各设一个雨水斗,防火墙的两侧应各设一个雨水斗。

另外,雨水斗应设在冬季易受室内温度影响的屋顶范围内,雨水斗与屋面连接处必须做好防水处理;接入同一悬吊管上的各雨水斗应设在同一标高屋上,接入多斗悬吊管的立管顶端不得设置雨水斗;雨水斗的出水管管径一般不小于 100 mm。

2)连接管　连接管是上部连接雨水斗,下部连接悬吊管的一段竖向短管,其管径与雨水斗相同。连接管应牢固地固定在梁、桁架等承重结构上,变形缝两侧雨水斗的连接管,在合并接入一根立管或悬吊管上时,应采用柔性接头。

3)悬吊管　悬吊管应沿墙、梁或柱间悬吊并与之固定,一根悬吊管可连接的雨水斗数量不宜超过 4 个,与立管的连接应采用两个 45°弯头或 90°斜三通;重力流雨水排水系统中长度大于 15m 的雨水悬吊管,应设检查口,其间距不宜大于 20m,且应布置在便于维修操作处。

4)立管　雨水排水立管承接经悬吊管或雨水斗流来的雨水,常沿墙柱明装,建筑有高低跨的悬吊管,宜单独接至各自立管,立管下端宜用两个 45°弯头接入排出管;一根立管连接的悬吊管不多于两根,其管径由计算确定,但不得小于悬吊管管径;建筑屋面各汇水范围内,雨水立管不宜少于两根。有埋地排出管的屋面雨水排出管系,立管底部应设清扫口。

5)埋地管　埋地管敷设于室内地下,承接雨水立管的雨水并排至室外,埋地管最小管径为 200mm,最大不超过 600mm,常用混凝土管或钢筋混凝土管。埋地管不得穿越设备基础及其他地下建筑物,埋设深度不得小于 0. 15m,封闭系统的埋地管应保证封闭严密不漏水;在敞开系统的埋地管起点检查井内,不得接入生产废水管道。

6)室内检查井　室内检查井主要用于疏通和衔接雨水排水管道。在埋地管转弯、变径、变坡、管道汇合连接处和长度超过 30m 的直线管段上均应设检查井,井深不小于 0. 7m,井内管顶平接,水流转角不得小于 135°;敞开系统的检查井内应做高出管顶 200mm 的高流槽;为避免检查井冒水,敞开系统的排出管应先接入排气井,然后再进入检查井,以便稳定水流。排出的雨水流入排气井后与溢流墙碰撞消能,流速大幅度下降,使得气水分离,水再经整流格栅后平稳排出,分离出的气体经放气管排放。

二、场区雨水收集

1. 地面明沟

受畜禽场内地表散落物质等影响，一般雨水径流尚具有一定的污染影响，因此建议雨水排放最终应在地面明沟末端设置氧化塘（沟），处理后排放，但在目前状况下，雨水径流可直接排放地表河道。

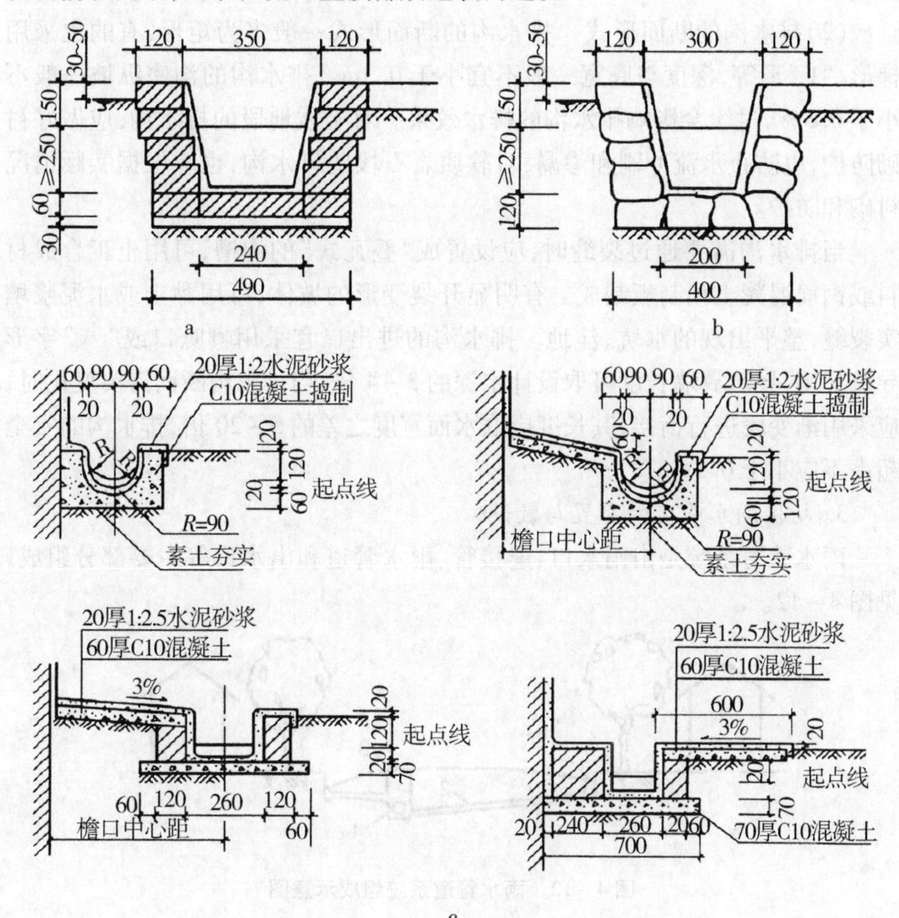

图4－11 明沟构造做法（单位：mm）

a. 砖砌明沟 b. 石砌明沟 c. 混凝土明沟

明沟是设置在外墙四周的排水沟，其作用是将积水有组织地导向集水井，然后流入排水系统，以保护外墙基础。一般在年降水量为900mm以上的地区采用。明沟按材料一般有砖砌明沟、石砌明沟和混凝土明沟（图4－11）。断面形式有矩形、梯形或半圆形沟槽，宽一般为200mm左右，用水泥砂浆抹面。

同时沟底应设有不小于1%的坡度，以保证排水畅通。明沟一般设置在墙边，当屋面为自由排水时，明沟必须外移，使其沟底中心线与屋面檐口对齐。

2. 排水沟

（1）排水沟的平面布置　为快速、畅通排出存水，排水沟布置应尽量采用直线，减少弯曲或折线，必须转弯时半径为10～20m。

（2）排水沟的断面形式　排水沟的断面形式一般多为矩形，有的也采用梯形、“U”形等，深度与底宽一般不宜小于0.3m。排水沟的沟底纵坡一般不小于0.5%，过缓会影响排水沟的排水效果。对土质地段的排水沟，应做好衬砌防护，以防止水流冲刷和渗漏，对软质岩石段的排水沟，也应根据实际情况衬砌和防护。

当排水沟需要通过裂缝时，应设置成“叠瓦式”的沟槽，可用土工合成材料或钢筋混凝土预制板制成。有明显开裂变形的坡体，可用黏土或水泥浆填实裂缝，整平出现的水坑、洼地。排水沟的进出口宜采用喇叭口或“八”字形导流翼墙，导流翼墙长度可取设计水深的3～4倍，当排水沟断面需要变化时，应采用渐变段进行衔接，其长度应取水面宽度之差的5～20倍，排水沟的安全超高不应小于0.3m。

3. 场区雨水管道的布置与敷设

雨水管道系统是由雨水口、连接管、雨水管道和出水口等主要部分组成，见图4－12。

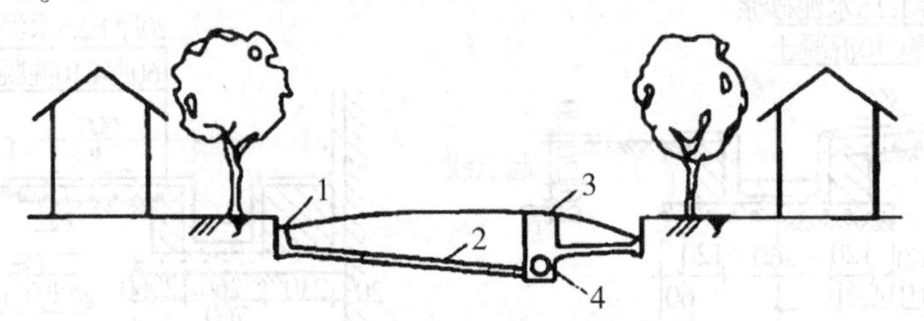

图4－12　雨水管道系统组成示意图

1. 雨水口　2. 连接管　3. 检查井　4. 干管

对雨水管道系统布置的基本要求是，布局经济合理，能及时通畅地排除降落到地面的雨水。场区雨水管道布置应遵循以下原则：

雨水管道的布置应根据场区的总体规划、道路和建筑布置，充分利用地形，使雨水以最短距离靠重力排水进入雨水干管。

雨水管道应平行道路敷设，宜布置在人行道或绿地下，而不宜布置在车道路下。若道路宽度大于40m时，可考虑在道路两侧分别设置雨水管道。

合理布置雨水口。场区内雨水口的布置应根据地形、建筑物位置沿路布置,宜在下列部位布置雨水口:道路交汇处和路面低洼处;建筑物单元出入口与道路交界处;建筑雨水落水管附近;场区空地、绿地的低洼处;地下坡道入口处等。雨水口的形式和数量应根据布置位置、雨水流量和雨水口的泄流能力经计算确定。沿道路布置的雨水口间距宜在20~40m。雨水连接管长度不宜超过25m,每根连接管上最多连接2个雨水口。平箅雨水口的箅口宜低于道路路面30~40mm,低于土地面50~60mm。

场区雨水排水系统可选用埋地塑料管、混凝土管或钢筋混凝土管、铸铁管等。管内流速不低于0.75m/s。雨水管道的最小管径和横管的最小设计坡度按表4-1确定。

表4-1 雨水管道的最小管径和横管的最小设计坡度

管别	最小管径(m)	横管的最小设计坡度	
		铸铁管、钢管	塑料管
建筑周围雨水接户管	200(225)	0.5%	0.3%
场区道路下的干管、支管	300(325)	0.3%	0.15%
13号沟头的雨水口连接管	200(225)	1%	1%

注:表中铸铁管管径为公称直径,括号内数据为塑料管外径。

雨水检查井的最大间距可按表4-2确定。

表4-2 雨水检查井最大间距

管径(mm)	最大间距(m)	管径(mm)	最大间距(m)
150(160)	20	400(400)	40
200~300(200~315)	30	≥500(500)	50

三、污水收集

污水要通过暗沟或暗管输送,暗埋管沟应在冻土层以下,以免因受冻而阻塞。污水输送管道,管道直径在200mm以上,如果采用重力流输送的污水管道管底坡度不低于2%。暗埋管沟排水系统如果超过200m,中间应增设沉淀井,以免污物淤塞,影响排水。沉淀井不应设在运动场中或交通频繁的干道附近,沉淀井距供水水源至少应有200m以上的间距。

场区排水管道应以最小埋深敷设,以利减少城市排水管的埋设深度。影响场区排水管埋深的因素有:①房屋排出管的埋深。②土层冰冻深度。③管顶所受动荷载情况。一般应尽量将场区排水管道埋设在绿化草地或其上不通

行车辆的地段。在我国南方地区,若管道埋设处无车辆通行,则管顶覆土厚度0.3m即可;有车辆通行时,管顶至少要有0.7m的覆土厚度;在北方地区,则应受当地冰冻深度控制。

场区排水管道多采用陶土管或水泥管,水泥砂浆接头。排水管道的最小管径、最小设计坡度和最大计算充满度应满足表4-3的规定。

表4-3　场区室外生活排水管道最小管径、最小设计坡度和最大设计充满度

管别	管材	最小管径(mm)	最小设计坡度(%)	最大设计充满度
接户管	埋地塑料管	160	0.5	0.5
	混凝土管	150	0.7	
支管	埋地塑料管	160	0.5	
	混凝土管	200	0.4	0.55
干管	埋地塑料管	200	0.4	
	混凝土管	300	0.3	

注:接户管管径不得小于建筑物排出管管径。

在排水管道交接处,管径、管坡及管道方向改变处均需设置排水检查井,在较长的直线管段上,亦需设置排水检查井,检查井的间距约为40m。排水检查井一般都采用砖砌,钢筋混凝土井盖。

第五章　畜禽场卫生防疫设施与设备

目前在畜禽生产中，疫病是最主要的威胁，因此把好生物安全这道关，是规模化畜禽生产的首要工作。通过建设生物安全体系，采取严格的隔离、消毒和防疫措施，通过对人和环境的控制，建立起防止病原入侵的多层屏障，使畜禽生长处于最佳状态，已成为防控畜禽疫病的重要手段。生物安全措施在畜禽业生产中的应用，可以有效控制畜禽疾病的发生与传播，保证畜禽的生产安全性及畜禽产品的安全性，提高畜禽业的经济效益，促进畜禽业的健康发展。

第一节　隔离设施

隔离是指将畜禽饲养在一个可控制的环境内，减少与其他物群的接触。畜禽场要做到与外界环境高度隔离，使场内动物处于相对封闭的状态，这样才能减少新病原体进入畜禽场。

一、空间距离隔离

传染病传播的天然屏障就是距离，因此畜禽场选址是疫病防制中的关键因素之一。畜禽场场址的选择要按照国家、省有关技术规范和标准，从保护人和动物安全出发，满足卫生防疫要求。不能将场址选在化工厂、屠宰场、制革厂等容易产生环境污染企业的下风向处或附近；要求距离国道、省际公路500m；距离省道、区际公路300m；一般道路100m；距居民区500m以上。大型牧场之间应不少于1 000m，距离一般牧场应不少于500m以上。在城镇郊区建场，距离大城市20km，小城镇10km。禁止在旅游区、畜病区建场。

二、围墙或绿化带隔离

即通过围墙或绿化带将畜禽养殖场从外界环境中明确划分出来，或将养殖场不同的功能区进行隔离。

一般来说，养殖场要有明确的场界，场周围用砖石等砌筑坚固较高的围墙，以防兽害和避免闲杂人员进入场区。有条件的畜禽场还可设防疫沟，沟深1.7～2.0m，宽1.3～1.5m，用砖或石头砌沟壁，内壁应光滑不透水，必要时可往沟内放水。建议在养殖场周围种植防护林，既可防风又能起到防疫隔离作用。

畜禽场内根据生物安全要求的不同，划分生活区、生产管理区、生产区和隔离区，各区之间应设较小的围墙或结合绿化培植隔离林带。生活区和生产管理区与外界有较多联系，应距生产区有50m以上的距离，最好独成一院，设有消毒设备的专用门。兽医院（室、间）、新购入种畜禽的饲养观察室、储粪池、粪尿处理设施、病畜隔离舍及尸坑等都属于隔离区，应设置在生产区的下风向且地势最低的地方，远离生产区。隔离区四周应有天然或人工隔离屏障，如围墙、栅栏或隔离林带，专门设立单独的道路与出入口。

三、限制进出隔离

人员和车辆最容易成为畜禽传染病的机械性携带者，因此采取隔离设施，严格限制人员、车辆进出场区，是减少疫病传播的重要环节。

要完善门卫制度，把好防疫的第一道关口。非单位人员禁止入内并谢绝参观，经批准进入的外来人员要进行登记。严格限制外来人员、车辆等进出场区，必须进入时，要严格进行消毒，不允许来访者在不采取任何预防措施的情况下进入场区。很多畜禽场都无法避免检查和来访参观，这就要求畜禽场有科学、严格的规章制度，而且要求参观者严格执行。参观的顺序也要讲究科学，一般从最脆弱、最干净的区域开始，种畜区一般不参观。生产管理区最好建设监控室，配备必要的监控设备，用于生产管理和接待介绍。

生产区严禁工作人员及业务主管部门专业人员以外的人员进入，生产区内使用的车辆禁止离开生产区使用，运输饲料、动物的车辆应定期进行消毒。售猪台要修建于生产区外，不允许脏车进出生产区，不允许生产工人接触购猪车辆。

畜禽场工作人员禁止任意离开场区，必须离场时，离进场要在门卫处做好登记检查。员工外出回场要有一定的隔离时间才能进入生产区，而且进入生产区之前要在生活区洗澡，彻底换洗衣服后，穿干净衣服进入并严格进行消毒。从疫区回来的外出人员要在家隔离 1 个月方可回场上班。

四、场内各畜群之间隔离

畜禽场要执行“全进全出”制和单向生产流程，不同批次畜禽不能混养。场内畜禽舍布局应根据科学合理的生产流程确定，各生产单位应单设，并严密隔离，严禁一舍多用，严禁交叉和逆向操作。畜禽分群、转群和出栏后，栋舍要彻底进行清扫、冲洗和消毒，并空舍 5 ~ 7d，方可调入新的畜禽。不同年龄的畜禽最好不要集中在一个区域，各阶段畜禽舍之间应有足够的卫生防疫间距。饲养、兽医及其他工作人员，要建立严格的岗位责任制，专人专舍专岗，严禁擅自串舍串岗。主管技术人员在不同单元区之间来往应遵从清洁区至污染区，从日龄小的畜群到日龄大的畜群的顺序。

新引进的畜禽是疾病传入的途径之一，特别是购进无临床症状的带毒畜禽可造成巨大损失。为减少上述危险性，每个具一定规模的畜禽场都应建立隔离检疫舍，所引进的种畜禽在此隔离观察 4 ~ 6 周。隔离饲养区应当相对独立，隔离检疫舍与本场间隔至少 100m，其供水及排水系统应独立于普通饲养区之外，避免与普通饲养区交叉污染。隔离区的饲养管理人员回普通饲养区必须重新淋浴、更换干净的场内工作服及雨鞋，才能进入原场区工作。

第二节 消毒设施与设备

消毒是指以物理的、化学的或生物学的方法消灭停留在不同传播媒介物上的病原体,借以切断传播途径,预防或控制传染病发生、传播和蔓延的措施。消毒是畜禽场环境管理和卫生防疫的重要内容,通过消毒可降低畜禽场内病原体的密度,抵御外部病原菌的入侵,净化生产环境,建立良好的生物安全体系,对于保障动物健康、减少疾病发生、提高养殖生产效益具有重要的作用。畜禽场应该有严格的卫生防疫制度并配备相应的清洁消毒设施,才能保证安全生产。

一、消毒设施

(一)车辆消毒

在畜禽场入口处供车辆通行的道路上应设消毒池,池内放入2% ~4% 氢氧化钠溶液,2 ~3d 更换 1 次。北方冬季消毒池内的消毒液应换用生石灰。消毒池宽度应与门的宽度相同;长度以能使车轮通过两周的长度为佳,一般在 2m 以上;池内药液的深度以车轮轮胎可浸入 1/2 为宜,为 10 ~15cm。进场车辆(运载畜禽及送料车辆)每次可用3% ~5% 来苏儿或0. 3% ~0. 5% 过氧乙酸溶液喷洒消毒或擦拭。

使用车辆前后需在指定的地点进行消毒。运输途中未发生传染病的车辆进行一般的粪便清除和热水洗刷即可,发生或有感染一般传染病可能性的车辆应先清除粪便,用热水洗刷后还要进行消毒,处理程序是先清除粪便、残渣及污物,然后用热水自车厢顶棚开始,再至车厢内外进行冲洗,直至洗水不呈粪黄色为止,洗刷后进行消毒;运输过程中发生恶性传染病的车厢、用具应经 2 次以上的消毒,并在每次消毒后再用热水清洗,处理程序是先用有效消毒液喷洒消毒后再彻底清扫,清除污物 0. 5h 后再用消毒液喷洒,然后间隔 3h 左右用热水冲刷后正常使用。

(二)人员消毒

人员是畜禽疾病传播中最危险、最常见也最难以防范的传播媒介,必须靠严格的消毒制度并配合设施进行有效控制。

在畜禽场大门入口处应设人员消毒通道。消毒通道可设为巷道式或封闭式,巷道式消毒通道内有消毒池和气雾消毒装置,封闭式消毒通道也可作为消毒室,配置沐浴、紫外线消毒、气雾消毒、消毒池等设备,消毒更彻底。

在生产区入口处要设置更衣室与消毒室。更衣室内设置淋浴设备，消毒室内设置消毒池、紫外线消毒灯或气雾消毒装置。工作人员进入生产区要淋浴，更换干净的工作服、工作靴，并通过消毒池对靴子进行消毒，同时要接受紫外线消毒灯照射5～10min或进行气雾消毒。

生产区出入口与各舍门口均应设置消毒池或消毒槽，使用2%～3%氢氧化钠溶液或含氯消毒制剂，水深至少15cm，每4～7天更换1次，进出时工作靴浸泡于消毒槽至少20s以上。工作人员进入或离开每一栋舍要养成用消毒液清洗双手、踏消毒池消毒鞋靴的习惯。

（三）畜禽舍消毒

1. 鸡舍消毒

分空舍消毒和带鸡消毒两种，无论哪种情况都必须掌握科学的消毒方法，才能达到良好的消毒效果。

（1）空舍消毒　空舍消毒的程序如下：

1）清扫　在鸡舍饲养结束时，将鸡舍内的鸡全部移走，清除存留的饲料，将地面的污物清扫干净，铲除鸡舍周围的杂草，并将其一并送往堆集垫料和鸡粪处。将可移动的设备运输到舍外，清洗暴晒后置于洁净处备用。

2）洗刷　用高压水枪冲洗舍内的天棚、四周墙壁、门窗、笼具及水槽和料槽，达到去尘、湿润物体表面的作用。用清洁刷将水槽、料槽和料箱的内外表面污垢彻底清洗；用扫帚刷去笼具上的粪渣；铲除地表上的污垢，再用清水冲洗，反复2～3次。

3）冲洗消毒　鸡舍洗刷后，用酸性和碱性消毒剂交替消毒，使耐酸或耐碱细菌均能被杀灭。一般使用酸性消毒剂，用水冲洗后再用碱性消毒剂，最后应清除地面上的积水，打开门窗风干鸡舍。

4）粉刷消毒　对鸡舍不平整的墙壁用10%～20%氧化钙乳剂进行粉刷，现配现用。同时用1kg氧化钙加350mL水，配成乳剂撒在阴湿地面、笼下粪池内，在地与墙的夹缝处和柱的底部涂抹杀虫剂，确保杀死进入鸡舍内的昆虫。

5）火焰消毒　用专用的火焰消毒器或火焰喷灯对鸡舍的水泥地面、金属笼具及距地面1.2m的墙体进行火焰消毒，各部分火焰灼烧达3s以上。

6）熏蒸消毒　鸡舍清洗干净后，紧闭门窗和通风口，舍内温度要求18～25℃，相对湿度在65%～80%，用适量的消毒剂进行熏蒸消毒，密封3～7d后打开通风。

（2）带鸡消毒　带鸡消毒是定期把消毒液直接喷洒在鸡体上的一种消毒

方法。此法可杀死或减少舍内空气中的病原体，沉降舍内的尘埃，维持舍内环境的清洁度，夏季可防暑降温。

消毒时要求雾滴直径大小为 80～100μm。小型禽场可使用一般农用喷雾剂，大型禽场使用专门喷雾装置。雏鸡两天进行 1 次带鸡消毒，中鸡和成鸡每周进行 1 次带鸡消毒。

2. 猪舍消毒

（1）空舍消毒　猪群全部转出（淘汰）后，应将猪粪垫料、杂物等彻底清除干净，舍内外地面、墙壁、房顶、屋架及猪笼、隔网、料盘等设备喷水浸泡，随后用高压水冲洗干净，必要时可在水中加上去污剂进行刷洗。不能用水冲洗的设备、用具应擦拭干净。待猪舍干燥后用 0.5% 过氧乙酸溶液等消毒药液喷洒地面、墙壁、设备、用具等；地面垫料平养的猪舍进垫料后，可用 0.5%～2% 碘制剂喷洒消毒 1 次，以防垫料霉变和杀灭细菌、原虫等。然后用福尔马林 $28mL/m^3$（也可再加入 14g 高锰酸钾）加热熏蒸消毒 24h 以上，通风 24h，空闲 10～14d 后方可使用。猪舍闲置应在 1 月以上，使用前 10d，应重新熏蒸消毒 1 次。对猪舍的操作间、走道、门庭等每天清理干净，并用消毒液喷洒消毒。

（2）带猪消毒　带猪消毒对环境的净化和疾病的防治具有不可低估的作用。可选择对猪的生长发育无害而又能杀灭微生物的消毒药，如过氧乙酸、次氯酸钠、百毒杀等。用这些药液带猪消毒，不仅能降低舍内的尘埃，抑制氨气的产生和吸附氨气，使地面、墙壁、猪体表和空气中的细菌量明显减少，猪舍和猪体表清洁，还能抑制地面有害菌和寄生虫、蚊蝇等的滋生，夏天还有防暑降温功效。一般每周带猪消毒 1 次，连续使用几周后要更换另一种药，以便取得更好的预防效果。

3. 牛、羊舍消毒

（1）牛、羊舍的消毒　健康的牛、羊舍可使用 3% 漂白粉溶液、3%～5% 硫酸石炭酸合剂热溶液、15% 新鲜石灰混悬液、4% 氢氧化钠溶液、2% 甲醛溶液等消毒。

已被病原微生物感染的牛、羊舍，应对其运动场、舍内地面、墙壁等进行全面彻底消毒。消毒时，首先将粪便、垫草、残余饲料、垃圾加以清扫，堆放在指定地点发酵或焚烧（深埋）。对污染的土质地面用 10% 漂白粉溶液喷洒，掘起表土 30cm，撒上漂白粉，与土混合后将其深埋，对水泥地面、墙壁、门窗、饲槽等用 0.5% 百毒杀喷淋或浸泡消毒，畜禽舍再用 3 倍浓度的甲醛溶液和高锰酸钾溶液进行熏蒸消毒。

(2)牛体表消毒　牛体表消毒主要由体外寄生虫侵袭的情况决定。养牛场要在夏季各检查1次虱子等体表寄生虫的侵害情况，对蠕形螨、蜱、虻等的消毒与治疗见表5-1。

表5-1　牛体表消毒药剂名称、用量及注意事项

寄生虫	药剂名称及用量	注意事项
蠕形螨	14%碘酊涂擦皮肤，如有感染，采用抗生素治疗	定期用氢氧化钠溶液或新鲜石灰乳消毒圈舍，对病牛舍的围墙用喷灯火焰杀螨
蜱	0.5%～1%敌百虫、氰戊菊酯、溴氰菊酯溶液喷洒体表	注意药量，注意灭蜱和避蜱放牧
虻	敌百虫等杀虫药剂喷洒	

(3)羊体表消毒　体表给药可杀灭羊体表的寄生虫或微生物，有促进黏膜修复的生理功能。常用的方法有药浴、涂擦、洗眼、点眼等。

4. 道路消毒

场区各周围的道路每周要打扫1次；场内净道每周用3%氢氧化钠溶液等药液喷洒消毒1次，在有疫情发生时，每天消毒1次；脏道每月喷洒消毒1次；畜禽舍周围的道路每天清扫1次，并用消毒液喷洒消毒。

5. 场地消毒

场内的垃圾、杂草、粪污等废弃物应及时清除，在场外进行无害化处理。堆放过的场地，可用0.5%过氧乙酸或0.3%氢氧化钠药液喷洒消毒；运动场在消毒前，应将表层土清理干净，然后用10%～20%漂白粉溶液喷洒，或用火焰消毒。

二、消毒设备

(一)臭氧消毒设备

臭氧消毒机原理：以空气为原料，采用缝隙陡变放电技术释放高浓度臭氧，在一定浓度下，可迅速杀灭水中及空气中的各种有害细菌。臭氧消毒机如图5-1所示。

臭氧是一种强氧化剂，比已知的杀菌消毒的氯制剂、福尔马林等化学药物更强劲。畜禽养殖场应用臭氧技术，分两方面进行，一方面利用臭氧连续不断给养殖棚内杀菌、消毒、净化空气，另一方面让畜禽定时喝臭氧水。

臭氧充注到养殖棚内，首先与畜禽排泄物所散发的异臭进行分解反应去除异臭，当异臭去除到一定程度稍闻到臭氧味时，棚内空间的大肠杆菌、葡萄

球菌及新城瘟疫、鸡霍乱、禽流感等病毒基本随之杀灭。另外,不可忽视畜禽的排泄物散发的氨类气体给畜禽造成的毒害,农村养殖户冬天在养殖棚直接用煤炉取暖所产生的氧化硫等有毒气体给畜禽造成的危害不可能靠化学药物来消除。但应用臭氧技术之后,可有效地达到净化作用,进入应用臭氧技术的养殖棚内可明显感觉空气清新。

利用臭氧消毒净化养殖场内空气的同时,利用臭氧泡制臭氧水供给畜禽饮用,也是重要的环节。畜禽喝了臭氧水可改变肠道微生态环境,减少以宿主营养为生的细菌数量,减少宿主营养消耗。还可使淀粉酶的活性增强,提高了禽类尤其是幼禽对食物营养成分的利用率,增加了幼禽营养供应,促使禽类健康生长,还能有效预防小鸡白痢等肠道疾病。需要注意的是,臭氧在水中的半衰期是20min左右,边制边喝效果更好。

图5-1　臭氧消毒机

(二)喷雾消毒设备

该喷雾器主要用于畜禽舍内部的大面积消毒和生产区入口处理的消毒。在对畜禽舍进行带禽消毒时,可沿每列笼上部(距笼顶距离超过1m)装设水管,每隔一定距离安置一个喷头;用于车辆消毒时可在不同位置设置多个喷头,以便对车辆进行彻底的消毒。该设备的主要零部件包括固定式水管和喷头、压缩泵、药液桶等。因雾粒大小对禽的呼吸有影响,应按禽龄的不同选择合适的喷头。喷雾消毒设备见图5-2、图5-3。

图 5－2　养殖场人员消毒通道

图 5－3　车辆消毒通道和消毒池

（三）紫外线消毒灯

为了防止细菌或病菌随人员进入养殖场生产区，在门卫或传达室处设置紫外线消毒设备，进行消杀。紫外线消毒，就是用紫外线杀灭细菌繁殖体、芽孢、分枝杆菌、冠状病毒、真菌、立克次体和衣原体等，凡被上述病毒污染的物体表面、水和空气，均可采用紫外线消毒。紫外线灯如图 5－4 所示。

紫外线是一种人眼看不见的辐射线，其波长与杀菌力有关。只有波长在 240～280nm 的紫外线才具有杀菌力，尤以波长 260～266nm 的紫外线杀菌力最强。人工紫外线杀菌灯能将 17% 电能转化为 265nm 的紫外线，所以它的杀菌效率较高。紫外线对酶类、毒素、抗体等都有灭活作用，对病毒、细菌、真菌

及原生动物等都有一定的抑制及杀灭作用。但紫外线对不同的细菌杀灭力不一,有的细菌在距离紫外线灯管1.5m 1h可被杀死,而有的则需在0.5m的距离1h才可杀死。

一般来说,革兰阴性菌易被紫外线杀死,而革兰阳性菌如葡萄球菌则需增加照射量5~10倍,芽孢则需增加10倍以上,真菌孢子要增加50~1 000倍照射量才能被杀死。空气在220nm以下紫外线的作用下,可产生臭氧,当其浓度达到0.01%~0.05%时,也有一定的杀菌作用。紫外线灯管照射常用于无菌操作室、外科手术室及医院传染病房的空气消毒,但是对紫外线不能直接照射到的角落或阴影的地方,仍需用其他方法消毒。要注意,经紫外线灭活的微生物,有时仍可复活。

图5-4 紫外线消毒灯

(四)兽医常用器具的消毒灭菌设备

兽医用手术刀、注射器等工具需要使用酒精灯、消毒锅、环氧乙烷灭菌箱消毒机来消毒。通过物理消毒手段,灭杀有害微生物和细菌芽孢,防止感染。

1. 酒精灯

酒精灯是以酒精(乙醇)为燃料的加热工具,广泛用于实验室、工厂、医疗机构、科研机构等。由于其燃烧过程中不会产生烟雾,因此也可以通过对器械的灼烧达到灭菌的目的。又因酒精灯在燃烧过程中产生的热量,可以对其他实验材料加热。它的加热温度达到400~1 000℃,且安全可靠。酒精灯又分为挂式酒精喷灯和坐式酒精喷灯以及本文所提到的常规酒精灯,实验室一般以玻璃材质最多,其主要由灯体、棉灯绳(棉灯芯)、瓷灯芯、灯帽和酒精构成,如图5-5所示。

2. 高压灭菌锅

又名高压蒸汽灭菌锅，如图5-6所示，可分为手提式灭菌锅和立式高压灭菌锅。其可利用电热丝加热水产生蒸气，并能维持一定压力。主要有一个可以密封的桶体、压力表、排气阀、安全阀、电热丝等组成。压力表用来指示压力显示；排气阀是排气装置；安全阀作用为超过额定压力时，释放压力；电热丝加热水产生蒸汽；手轮作用为旋转罗盘式开启盖门，简单方便；密封圈为自胀式密封圈；蒸汽收集瓶收集蒸汽。

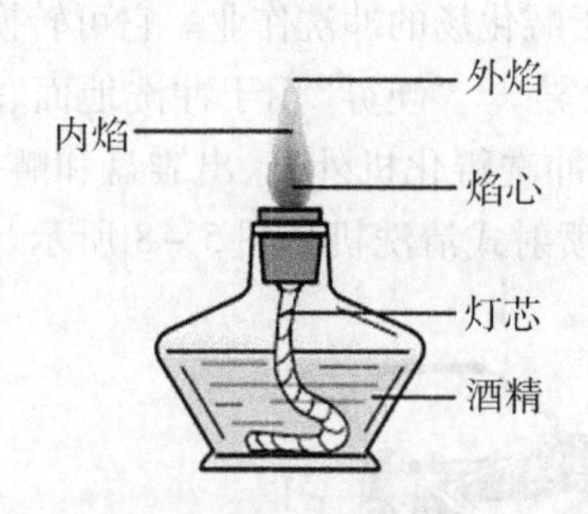

图5-5 酒精灯

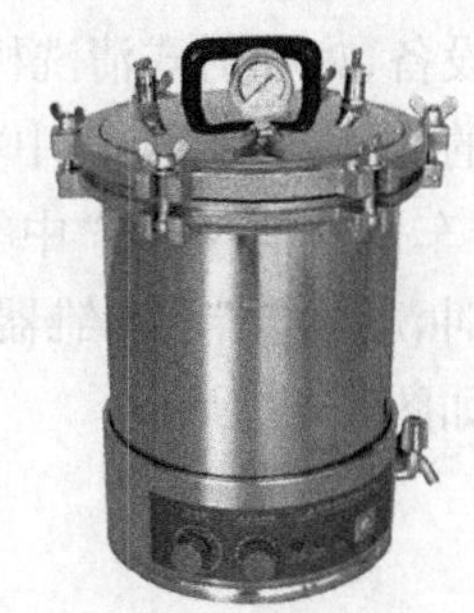

图5-6 高压灭菌锅

3. 环氧乙烷灭菌器

环氧乙烷是一种高效的气体灭菌剂，广泛运用于湿热敏感的医疗器械的灭菌处理。其液态和气态都具有灭菌效力，但是以气态作用更加有效，故实际使用多以其气态作为灭菌介质。环氧乙烷强大的灭菌作用主要通过其与微生物中的蛋白质，DNA/RNA 等遗传物质发生非特异性烷基化作用，导致蛋白质和遗传物质发生变性，最终导致微生物新陈代谢受阻而死亡。在环氧乙烷发生水解反应时，其还可转换为乙二醇。乙二醇也具有一定的杀菌作用。

适用于压力计、外科手术器械、针头、橡胶制品如导管、外科手套等；塑料制品如气道插管、扩张器、气管内插管、手套、喷雾器、培养皿等；线形探条、温度计、缝线等的消毒灭菌。环氧乙烷灭菌器如图5-7所示。

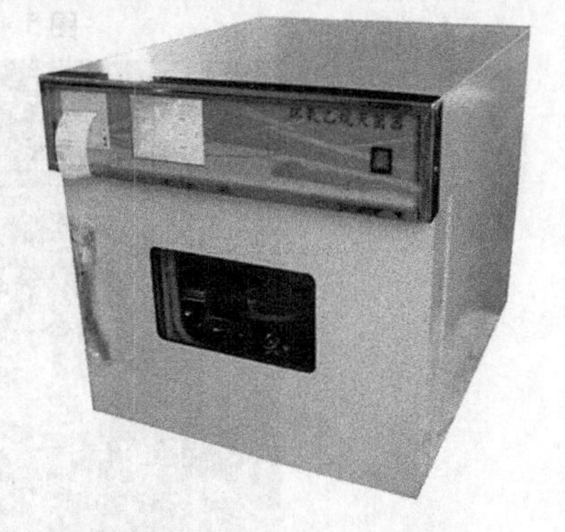

图5-7 环氧乙烷灭菌器

（五）冲洗消毒设备

主要用于房舍墙壁、地面和设备的冲洗消毒，由小车、药桶、加压泵、水管和喷头等组成，其原理与普通水泵相似。喷头压力可调大小，高压喷头喷出的水压大，可将消毒部位的灰尘、粪便等冲掉；中压喷头可以冲洗掉灰尘、杂物；低压喷头可以配合加药管道给畜禽舍喷雾消毒或给药进行免疫。

1. 移动式冲洗消毒设备

孵化场一般采用高压的水枪清洗地面、墙壁及设备。目前有多种型号的国产冲洗设备，如喷射式清洗机，很适于孵化场的冲洗作业。它可转换成3种不同压力的水柱："硬雾"、"中雾"、"软雾"。"硬雾"用于冲洗地面、墙壁、蛋盘车、出雏车及其他车辆；"中雾"用于冲洗孵化机外壳、出雏盘和孵化蛋盘；"软雾"可冲洗入孵器和出雏器内部。喷射式清洗机如图5－8所示。高压冲洗消毒器如图5－9所示。

图5－8　喷射式清洗机

图5－9　高压冲洗消毒器

2. 畜禽舍固定管道喷雾消毒设备

这是一种用机械代替人工喷雾的设备，主要由泵组、药液箱、输液管、喷头组件和固定架等构成。饲养管理人员手持喷雾器进行消毒，劳动强度大，消毒剂喷洒不均匀。

采用固定式机械喷雾消毒设备，只需 2～3min 即可完成整个畜禽舍消毒工作，药液喷洒均匀。固定管道喷雾设备安装时，根据禽舍跨度确定装几列喷头，一般 6m 以下装一列，7～12m 为两列，喷头组件的距离以每 4～5m 装组为宜。此设备在夏季与通风设备配合使用，还可降低舍内温度 3～4℃，配上高压喷枪还可作清洗机使用。

（六）火焰消毒器

火焰消毒器是利用液化石油气或煤油燃烧产生的高温火焰对畜禽舍设备及建筑物表面进行消毒的机器。火焰消毒器的杀菌率可达 97%，一般用药物消毒后，再用火焰消毒器消毒，可达到畜禽场防疫的要求，而且消毒后的设备和物体表面干燥。而只用药物消毒，杀菌率一般仅达 84%，达不到规定的必须在 93% 以上的要求。

主要用于畜禽群淘汰后舍内笼网设施的消毒，常用的是手压式喷雾器，它主要由储油罐、油管、阀门、火焰喷嘴、燃烧器等组成。该设备结构简单、易操作、安全可靠，消毒效果好，喷嘴可更换，主要是使用液化石油气、煤油和柴油，手压式工作压力为 205～510kPa，喷孔向外形成锥体，便于发火。操作时，最好戴防护眼镜，并注意防火。如图 5－10、图 5－11 所示。

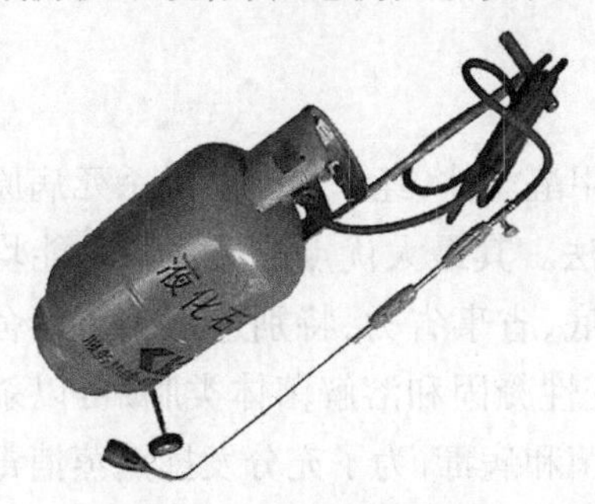

图 5－10　火焰消毒器　　图 5－11　火焰消毒器

（七）超声波消毒机

超声波消毒通道发雾机是由离心式发雾器采用先进的离心雾化原理制成，主机启动时间短，上雾速度快，使消毒液在旋转碟和雾化装置作用下利用离心力多次雾化产生微雾的效果并通过风机使微雾喷出，进行雾化消毒。这

种设备雾化效果强劲，雾化量大，雾滴微小，悬浮力、覆盖力强，雾滴立体全面包裹被消毒对象，能够实现无死角消毒（图 5－12）。

图 5－12　超声波消毒设备

（八）熏蒸消毒设备设施

熏蒸消毒往往要产生明火或毒烟，所以不能用于带畜、禽的空气熏蒸消毒。常用的设备设施有以下两类：

1. 铁皮或不燃物

二氯异氰尿酸钠烟熏剂是卤素类消毒剂，用于养蚕消毒及畜禽栏舍、饲养用具的消毒；使用时，按 2～3g/m^3 计算，置于畜禽栏舍、蚕室空地铁皮或不燃物上，关闭门窗，点燃后人员立即离开，密闭 24h 后，通风换气即可。还可用于蘑菇房、蔬菜大棚消毒。

2. 陶瓷或搪瓷容器

利用福尔马林与高锰酸钾反应，产生甲醛气体，经一定时间后杀死病原微生物，是畜禽舍常用和有效的一种消毒方法。其最大优点是熏蒸药物能均匀地分布到畜禽舍的各个角落，消毒全面彻底、省事省力，特别适用于畜禽舍内空气污染的消毒。甲醛能使菌体蛋白质变性凝固和溶解菌体类脂，可以杀灭物体表面和空气中的细菌繁殖体、芽孢真菌和病毒，为了充分发挥熏蒸消毒的作用，确保消毒效果，畜禽舍熏蒸消毒时应注意以下 8 个方面：

（1）畜禽舍要密闭完好　甲醛气体含量越高，消毒效果越好。为了防止气体逸出舍外，在畜禽舍熏蒸消毒之前，一定要检查畜禽舍的密闭性，对门窗无玻璃或不全者装上玻璃，若有缝隙，应贴上塑料布、报纸或胶带等，以防漏气。

(2)盛放药液的容器要耐腐蚀、体积大　高锰酸钾和福尔马林具有腐蚀性，混合后反应剧烈，释放热量，一般可持续 10～30min，因此，盛放药品的容器应足够大，并耐腐蚀。

(3)配合其他消毒方法　甲醛只能对物体的表面进行消毒，所以在熏蒸消毒之前应进行机械性清除和喷洒消毒，这样消毒效果会更好。

(4)提供较高的温度和湿度　一般舍温不应低于 18℃，相对湿度以 60%～80%为好，不宜低于60%。当舍温在26℃，相对湿度在80%以上时，消毒效果最好。

(5)药物的剂量、浓度和比例要合适　福尔马林毫升数与高锰酸钾克数之比为 2∶1。一般按福尔马林 30mL/m^3、高锰酸钾 15g/m^3 和自来水 15mL/m^3 计算用量。

(6)消毒方法适当，确保人畜安全　操作时，先将水倒入陶瓷或搪瓷容器内，然后加入高锰酸钾，搅拌均匀，再加入福尔马林，人即离开，密闭畜禽舍。用于熏蒸的容器应尽量靠近门，以便操作人员能迅速撤离。操作人员要避免甲醛与皮肤接触，消毒时必须空舍。

(7)维持一定的消毒时间　要求熏蒸消毒 24h 以上，如不急用，可密闭 2 周。

(8)熏蒸消毒后逸散气体　消毒后畜禽舍内甲醛气味较浓、有刺激性，因此，要打开畜禽舍门窗，通风换气 2d 以上，等甲醛气体完全逸散后再使用。如急需使用时，可用氨气中和甲醛，按空间用氯化铵 5g/m^3、生石灰 10g/m^3、75℃热水 10mL/m^3，混合后放入容器内，即可放出氨气（也可用氨水来代替，用量按 25%氨水 15mL/m^3 计算）。30min 后打开畜禽舍门窗，通风 30～60min 后即可进畜禽。

第三节　污物无害化处理设施

随着畜禽生产规模的日益扩大和集约化程度的提高，产生的畜禽粪便、污水等的量也日益增多，如果不进行妥善处理，将会造成严重的环境污染，甚至破坏农业生态环境，制约养殖业自身的发展。因此，必须对畜禽养殖产生的污物进行无害化处理。

为了减少畜禽生产中污染物的排放总量，降低污水中的污染物浓度，从而降低处理难度及处理成本，同时使固体粪污的肥效得以最大限度地保存和处理利用，我国《畜禽养殖业污染防治技术政策》要求：规模化畜禽养殖场应逐

步推行干清粪方式,最大限度地减少废水的产生和排放,排放的粪污应实行固液分离,粪便与废水分开处理和处置。

一、固态粪污好氧堆肥工艺与设施

畜禽粪便中含有大量的有机物及丰富的氮、磷、钾等营养物质,作为肥料施于农田有助于改良土壤结构,提高土壤的有机质含量,促进农作物增产,是农业可持续发展的宝贵资源。因此畜禽场的干粪和由粪水中分离出的干物质,进行肥料化利用是最佳方法,这对于无公害食品的生产和绿色基地的建设具有十分重要的意义。但进行肥料化利用之前一般要经过处理,当前研究得最多的是好氧堆肥法。这种方法处理粪便的优点在于最终产物臭气少,且较干燥,容易包装、撒施,而且有利于作物的生长发育。

(一)好氧堆肥流程

尽管好氧堆肥系统多种多样,但通常都由前处理、主发酵(一次发酵)、后发酵(二次发酵)、后处理及储存等工序组成。工艺流程见图5-13。

1. 前处理

在以畜禽粪便为堆肥原料时,前处理主要是调整水分和碳氮比(C/N)。调整后应符合下列要求:粪便的起始含水率应为40%~60%;碳氮比(C/N)应为(20~30):1,可通过添加植物秸秆、稻壳等物料进行调节,必要时需添加菌剂和酶制剂;pH应控制在6.5~8.5。前处理还包括破碎、分选、筛分等工序,这些工序可去除粗大垃圾和不能堆肥的物质,使堆肥原料和含水率达到一定程度的均匀化,同时使原料的表面积增大,更便于微生物的繁殖,提高发酵速度。从理论上讲,粒径越小越容易分解。但是,考虑到在增加物料表面积的同时,还必须保持一定的孔隙率,以便于通风而使物料能够获得充足的氧气。一般而言,适宜的粒径是12~60mm。

2. 主发酵

主发酵可在露天或发酵装置内进行,通过翻堆或强制通风向堆积层或发酵装置内供给氧气,在原料和土壤中存在的微生物作用下开始发酵。首先是易分解物质分解,产生二氧化碳和水,同时产生热量,使堆温上升,这时微生物吸取有机物的硫氮营养成分,在细菌自身繁殖的同时,将细胞中吸收的物质分解而产生热量。发酵初期物质的分解作用是靠嗜温菌30~40℃为其最适宜生长温度)进行的,随着堆温的上升,适宜45~65℃生长的嗜热菌取代了嗜温菌。通常,将温度升高到开始降低为止的阶段为主发酵阶段。以生活垃圾和畜禽粪尿为主体的好氧堆肥,主发酵期为4~12d。

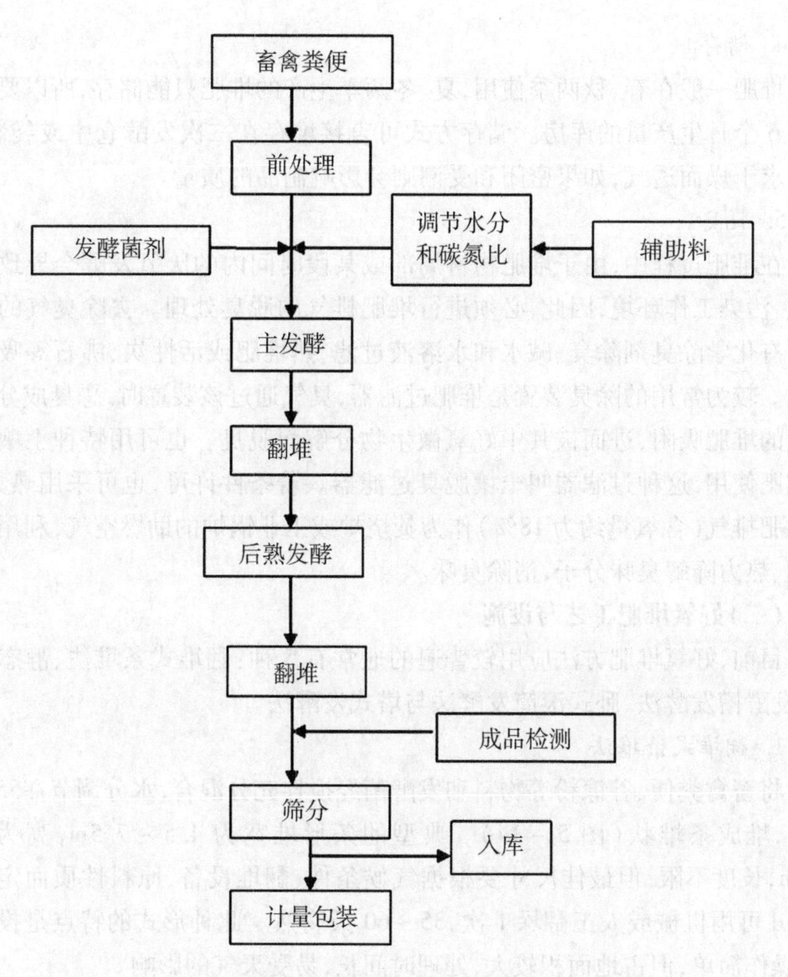

图 5－13　好氧堆肥工艺流程

3. 后发酵

经过主发酵的半成品被送到后发酵工序，将主发酵工序尚未分解的有机物进一步分解，使之变成腐殖酸、氨基酸等比较稳定的有机物，得到完全成熟的堆肥制品。通常，把物料堆积到 1～2m 高以进行后发酵，并要有防雨水流入的装置，有时还要进行翻堆或通风。后发酵时间的长短，决定于堆肥的使用情况。例如，堆肥用于温床（能够利用堆肥的分解热）时，可在主发酵后直接使用；对几个月不种作物的土地，大部分可以不进行后发酵而直接施用；对一直在种作物的土地，则要使堆肥进行到能不致夺取土壤中氮的程度。后发酵通常在 20～30d。

4. 储存

堆肥一般在春、秋两季使用,夏、冬两季生产的堆肥只能储存,所以要建立储存6个月生产量的库房。储存方式可直接堆存在二次发酵仓中或袋装,这时要求干燥而透气,如果密闭和受潮则会影响制品的质量。

5. 脱臭

在堆肥过程中,由于堆肥物料局部或某段时间内的厌氧发酵会导致臭气产生,污染工作环境,因此,必须进行堆肥排气的脱臭处理。去除臭气的方法主要有化学除臭剂除臭、碱水和水溶液过滤、熟堆肥或活性炭、沸石等吸附剂过滤。较为常用的除臭装置是堆肥过滤器,臭气通过该装置时,恶臭成分被熟化后的堆肥吸附,进而被其中好氧微生物分解而脱臭。也可用特种土壤代替熟堆肥使用,这种过滤器叫土壤脱臭过滤器。若条件许可,也可采用热力法,将堆肥排气(含氧量约为18%)作为焚烧炉或工业锅炉的助燃空气,利用炉内高温、热力降解臭味分子,消除臭味。

(二)好氧堆肥工艺与设施

目前,好氧堆肥方法应用较普遍的通常有5种:翻堆式条堆法、静态条堆法、发酵槽发酵法、卧式滚筒发酵法与塔式发酵法。

1. 翻堆式条堆法

将畜禽粪便、谷糠粉等物料和发酵菌经搅拌充分混合,水分调节在55%~65%,堆成条堆状(图5-14)。典型的条形堆宽为4.5~7.5m,高为3~3.5m,长度不限,但最佳尺寸要根据气候条件、翻堆设备、原料性质而定。每2~5d可用机械或人工翻垛1次,35~60天腐熟。此种形式的特点是投资较少,操作简单,但占地面积较大,处理时间长,易受天气的影响。

图5-14 翻堆式条堆法

2. 静态条堆法

这是翻堆式条堆法的改进形式，与翻堆式条堆法的不同之处在于：堆肥过程中不进行物理的翻堆进行供氧，而是通过专门的通风系统进行强制供氧。通风供氧系统是静态条堆法的核心，它由高压风机、通风管道和布气装置组成。根据是正压还是负压通风，可把强制通风系统分成正压排气式和负压吸气式两种（图5－15）。静态条堆法的优点在于：相对于翻堆式条堆法，其温度及通气条件能得到更好控制；产品稳定性好，能更有效地杀灭病原菌及控制臭味；堆腐时间相对较短，一般为2～3周；由于堆腐期相对较短，占地面积相对较小。

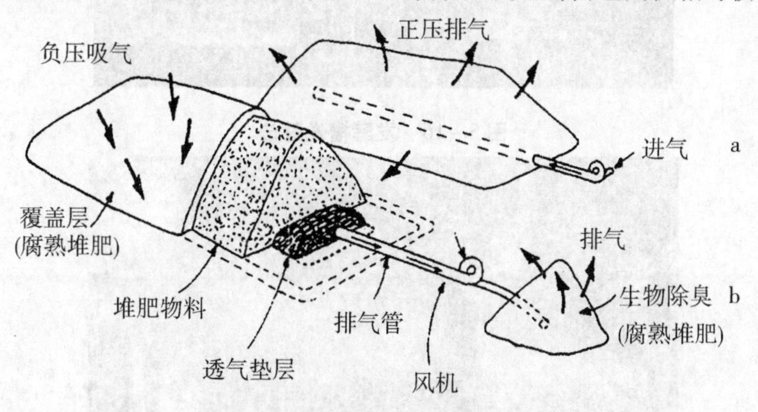

图5－15 静态条堆法示意图

a. 正压排气通风 b. 负压吸气通风

3. 发酵槽发酵法

此法是将待发酵物料按照一定的堆积高度放在一条或多条发酵槽内，在堆肥化过程中根据物料腐熟程度与堆肥温度的变化，每隔一定时期，通过翻堆机对槽内的物料进行翻动，让物料在翻动过程中能更好地与空气接触（图5－16）。翻堆机通常由两大部分组成：大车行走装置及小车旋转桨装置，大车及小车带动旋转桨在发酵槽内不停地翻动，翻堆机的纵横移动把物料定期向出料端移动。此种发酵方法操作简单，发酵时间较短，一般为7～10d。

4. 卧式滚筒发酵法

卧式滚筒发酵有多种形式，其中典型的为达诺滚筒。达诺滚筒（图5－17）设有驱动装置，安装成与地面倾斜1.5°～3°的角度，采用皮带输送机将物料送入滚筒，滚筒定时旋转，一方面使物料在翻动中补充氧气，另一方面，由于滚筒是倾斜的，在滚筒转动过程中，物料由进料端缓慢向出料端移动。当物料移出滚筒时，物料已经腐熟。该形式结构简单，可以采用较大粒度的物料，生产效率较高。

图 5－16　发酵槽发酵法

图 5－17　达诺滚筒

5. 塔式发酵法

主要有多层搅拌式发酵塔和多层移动床式发酵塔两种。多层搅拌式发酵塔(图 5－18)被水平分隔成多层,物料从仓顶加入,在最上层靠内拨旋转搅拌耙子的作用,边搅拌翻料,边向中心移动,然后从中央落下口下落到第二层。在第二层的物料则靠外拨旋转搅拌耙子的作用,从中心向外移动,并从周边的落下口下落到第三层,以下依此类推。可从各层之间的空间强制鼓风送气,也可不设强制通风,而靠排气管的抽力自然通风。塔内前二三层物料受发酵热作用升温,嗜温菌起主要作用,到第四、第五层进入高温发酵阶段,嗜热菌起主要作用。通常全塔分 5 ~ 8 层,塔内每层上物料可被搅拌器耙成垄沟形,可增加表面积,提高通风供氧效果,促进微生物氧化分解活动。一般发酵周期为 5 ~ 8d,若添加特殊菌种作为发酵促进剂,可使堆肥发

酵时间缩短到2~5d。这种发酵仓的优点在于搅拌很充分,但旋转轴扭矩大,设备费用和动力费用都比较高。除了通过旋转搅拌耙子搅拌、输送物料外,也可用输送带、活动板等进行物料的传送,利用物料自身重力向下散落,实现物料的混合和获得氧气。多层移动床式发酵塔工作过程与多层搅拌式发酵塔基本相同。

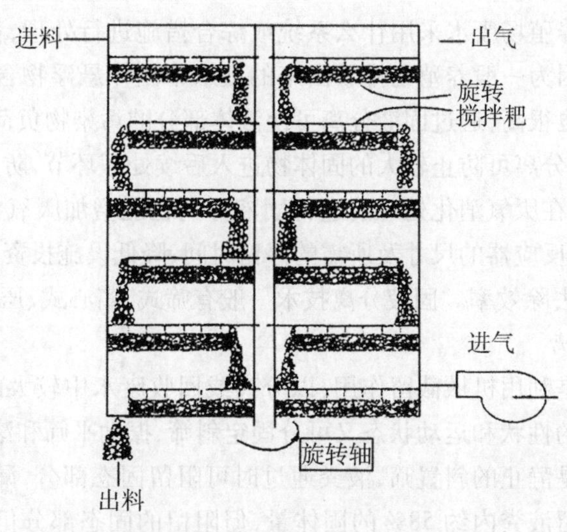

图5-18 多层搅拌式发酵塔

二、污水处理工艺与设施

国内外对规模化畜禽场污水的处理方法主要有综合利用和处理达标排放两大类。综合利用是生物质能多层次利用、建设生态农业和保证农业可持续发展的好途径。但是,目前由于我国畜禽场饲养管理方式落后,加上综合利用前厌氧处理的不到位,常使畜禽废水在综合利用的过程中产生许多问题,如废水产生量大、成分复杂、处理后污染物浓度仍很高、所用稀释水量多和受季节灌溉影响等。虽然国内外所用的工艺流程大致相同,即厌氧消化-好氧处理-深度处理,但是,对于我国处于微利经营的养殖行业来讲,建设该类粪污处理设施所需的投资太大、运行费用过高。因此,探寻设施投资少、运行费用低和处理高效的养殖业粪污处理方法,已成为解决养殖业污染的关键所在。

畜禽养殖场产生的污水应根据养殖种类、养殖场规模、周边可消纳粪污土地的量、区域环境要求等因素,采用不同的处理与综合利用方法。对于气温较高、土地宽广、有足够的农田消纳养殖场粪污的农村地区,特别是种植常年施肥作物,如蔬菜、经济类作物的地区,可将污水厌氧消化后,出水灌溉农田或果

园,沼液、沼渣作为有机肥还田利用;对于生态敏感地区以及周围土地紧张、没有足够的土地来消纳粪污,且污水产生量较大的规模化养殖场,污水经厌氧处理后,厌氧出水必须再经过进一步处理,如好氧处理和自然生物处理,达到国家和地方排放标准,既可以达标排放,也可以作为灌溉用水或场区回用。

(一)固液分离技术与设施

无论畜禽养殖场废水采用什么系统或综合措施进行处理,都必须首先进行固液分离。因为一般养殖场排放出来的废水中固体悬浮物含量很高,相应的有机物含量也很高,通过固液分离可使液体部分的污染物负荷量大大降低。另外,通过固液分离可防止较大的固体物进入后续处理环节,防止设备的堵塞损坏等。此外,在厌氧消化处理前进行固液分离也能增加厌氧消化运转的可靠性,减小厌氧反应器的尺寸及所需的停留时间,降低设施投资并提高化学需氧量(COD)的去除效率。固液分离技术一般有筛式、离心式、压滚式等。

1. 筛式分离

筛式分离是利用机械截留作用,以分离或回收废水中较大的固体污染物质。根据筛子的性状和运动状态又可分固定斜筛、振动平筛和滚筒筛。

固定斜筛是静止的斜置筛,液粪通过时可阻留固态部分,漏下液态部分。固定斜筛能阻留液粪内约58%的固体量,但阻留的固态部分仍很稀,含水率达86%~90%。振动平筛是由振动器引起振动的平置筛板,能漏下液粪的液态部分,阻留固态部分。振动平筛能阻留液粪的固体量少于固定斜筛,阻留的固态部分含水率可稍低,但含水率仍高达85%。滚筒筛是低速回转的筛状滚筒,滚筒回转并同时振动,工作时液粪进入滚筒内,将液体部分漏出而达到分离的目的。滚筒筛分离出的固态部分也很稀,含水率为85%。

2. 离心式分离

离心式分离是靠固态部分和液态部分的密度不同来分离液粪,分离出的固态部分较干,含水率为67%~70%。

3. 压滚式分离

压滚式分离是用胶辊和带孔滚筒挤压液粪,液粪的液态部分由滚筒的孔眼中漏出,达到分离的目的。分离出的固态部分较干,含水率为70%~74%。

国外应用较多的是离心式和压滚式,前者用于猪粪、鸡粪的分离,后者用于牛粪的分离。

(二)污水厌氧生物处理工艺与设施

废水厌氧生物处理是在无氧条件下,依赖兼性厌氧菌和专性厌氧菌的生物化学作用,对有机物进行生物降解的过程,也称为厌氧消化。厌氧消化过程划分为3个连续的阶段,即水解酸化阶段、产氢产乙酸阶段和产甲烷阶段。第一阶段为水解酸化阶段:复杂的大分子、不溶性有机物先在细胞外酶的作用下水解为小分子、溶解性有机物,然后渗入细胞体内,分解产生挥发性有机酸、醇类、醛类等;第二阶段为产氢产乙酸阶段:在产氢产乙酸细菌的作用下,第一阶段产生的各种有机酸被分解转化成乙酸、H_2 和 CO_2;第三阶段为产甲烷阶段:产甲烷细菌将乙酸、乙酸盐、CO_2 和 H_2 等转化为甲烷。厌氧生物处理的优点:处理过程消耗的能量少,有机物的去除率高,沉淀的污泥少且易脱水,可杀死病原菌,不需投加氮、磷等营养物质。但是,厌氧菌繁殖较慢,对毒物敏感,对环境条件要求严格,最终产物尚需需氧生物处理。

目前用于处理养殖场污水的厌氧反应器很多,其中较为成熟且常用的厌氧反应器有上流式厌氧污泥床反应器(UASB)、完全混合厌氧反应器(CSTR)、升流式固体厌氧反应器(USR)等。

1. 上流式厌氧污泥床反应器

上流式厌氧污泥床反应器(UASB)如图5-19所示。废水自下而上地通过厌氧污泥床反应器,在反应器的底部有一个高浓度、高活性的污泥层,大部分的有机物在这里被转化为 CH_4 和 CO_2。由于气态产物(消化气)的搅动和气泡黏附污泥,在污泥层之上形成一个污泥悬浮层。反应器的上部设有三相分离器,完成气、液、固三相的分离。被分离的消化气从上部导出,被分离的污泥则自动没落到悬浮污泥层,出水则从澄清区流出。

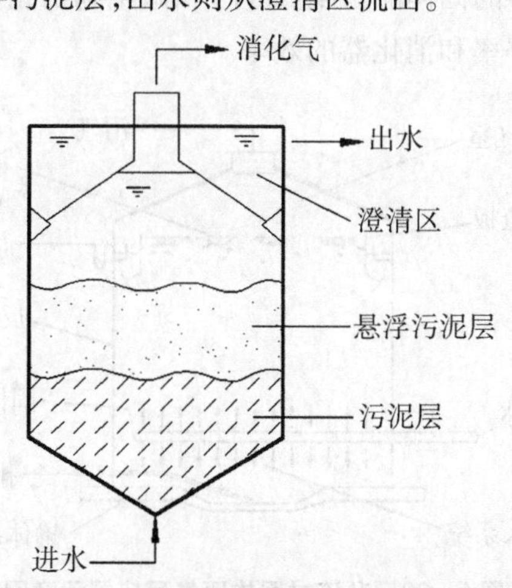

图5-19　上流式厌氧污泥床反应器示意图

上流式厌氧污泥床反应器的优点是:反应器内的污泥浓度高,水力停留时间短;反应器内设三相分离器,污泥自动回流到反应区,无须污泥回流设备,无须混合搅拌设备;污泥床内不需填充载体,节省造价且避免堵塞。缺点是反应器内有短流现象,影响处理能力;难消化的有机固体、悬浮物不宜太高;运行启动时间长,对水质和负荷变化较敏感。

2. 完全混合厌氧反应器

完全混合厌氧反应器(CSTR)是在一个密闭罐体内完成料液发酵并产生沼气。反应器内安装有搅拌装置,使发酵原料和微生物处于完全混合状态。投料方式采用恒温连续投料或半连续投料。新进入的原料由于搅拌作用很快与反应器内的全部发酵液菌种混合,使发酵底物浓度始终保持相对较低状态。为了提高产气率,通常需对发酵料液进行加热,一般用在反应器外设热交换器的方法间接加热或采用蒸汽直接加热。

完全混合厌氧反应器的优点是投资小、运行管理简单,适用于悬浮固体含量较高的污水处理;缺点是容积负荷率低,效率较低,出水水质较差。

3. 升流式固体厌氧反应器

升流式固体厌氧反应器(USR)如图 5-20 所示,是一种结构简单、适用于高悬浮固体有机物原料的反应器。原料从底部进入消化器内,与消化器里的活性污泥接触,使原料得到快速消化。未消化的有机物固体颗粒和沼气发酵微生物靠自然沉降滞留于消化器内,上清液从消化器上部溢出,这样可以得到比水力滞留期高得多的固体滞留期(SRT)和微生物滞留期(MRT),从而提高了固体有机物的分解率和消化器的效率。

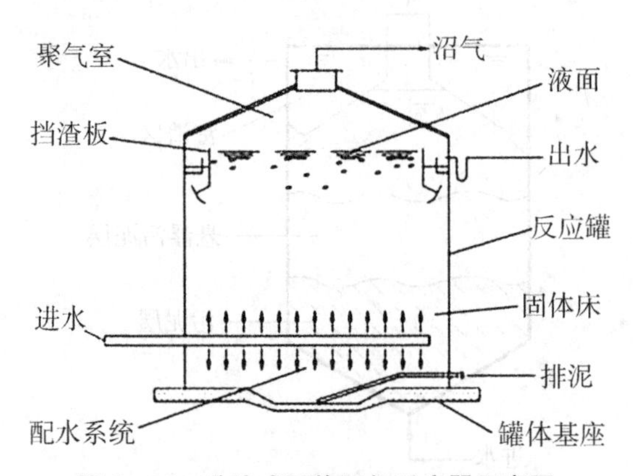

图 5-20 升流式固体厌氧反应器示意图

升流式固体厌氧反应器处理效率高，不易堵塞，投资较省、运行管理简单，容积负荷率较高，适用于含固量很高的有机废水。缺点是结构限制相对严格，单体体积较小。

（三）污水好氧生物处理工艺与设施

好氧生物处理是在有氧气的情况下，依赖好氧菌和兼性厌氧菌的生化作用来进行的。细菌通过自身的生命活动——氧化、还原、合成等过程，把一部分被吸收的有机物氧化成简单的无机物，获得生长和活动所需能量，而把另一部分有机物转化为生物所需的营养物质，使自身生长繁殖。

好氧生物处理主要是活性污泥法及其变型工艺，如序批式活性污泥法（SBR）、氧化沟等。

1. 活性污泥法

好氧活性污泥法又称曝气法，是以废水中的有机污染物作为培养基（底物），在人工曝气充氧的条件下，对各种微生物群体进行混合连续培养，使之形成活性污泥，并利用活性污泥在水中的凝聚、吸附、氧化、分解和沉淀等作用，去除废水中的有机污染物的废水处理方法。工艺流程见图5－21。

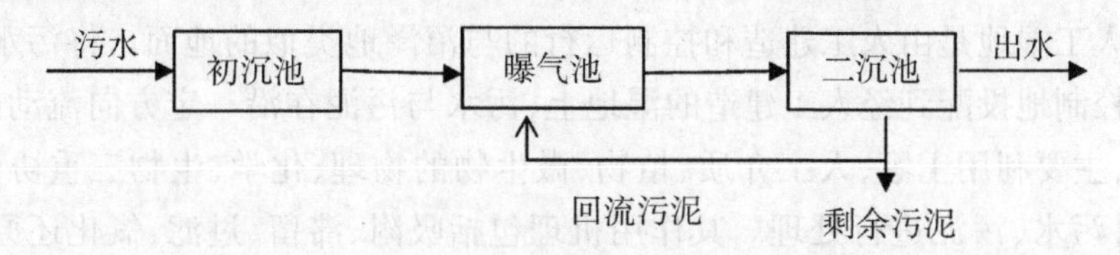

图5－21　好氧活性污泥法工艺流程

2. 序批式活性污泥法

序批式活性污泥法（SBR）是活性污泥法的一个变型，它的反应机理以及污染物质的去除机制与传统活性污泥基本相同，仅运行操作不同。SBR工艺是按时间顺序进行进水、反应（曝气）、沉淀、出水、排泥等5个程序操作，从污水的进入开始到排泥结束称为一个操作周期，一个周期均在一个设有曝气和搅拌装置的反应器（池）中进行。这种操作通过微机程序控制周而复始反复进行，从而达到污水处理之目的。

SBR工艺最显著的工艺特点是不需要设置二沉池和污水、污泥回流系统；通过程序控制合理调节运行周期使运行稳定，并实现除磷脱氮；占地少，投资省，基建和运行费低。

3. 氧化沟

氧化沟又名氧化渠，因其构筑物呈封闭的环形沟渠而得名。它是活性污泥

法的一种变型。该工艺使用一种带方向控制的曝气和搅动装置，向反应池中的物质传递水平速度，从而使被搅动的污水和活性污泥在闭合式渠道中循环。

氧化沟法的特点是有较长的水力停留时间，较低的有机负荷和较长的污泥龄；相比传统活性污泥法，可以省略调节池、初沉池、污泥消化池，处理流程简单，操作管理方便；出水水质好，工艺可靠性强；基建投资省，运行费用低。但是，在实际的运行过程中，仍存在一系列的问题，如流速不均及污泥沉积问题、污泥上浮问题等。

（四）污水自然生物处理工艺与设施

自然处理法是利用天然水体、土壤和生物的物理、化学与生物的综合作用来净化污水。其净化机制主要包括过滤、截留、沉淀、物理和化学吸附、化学分解、生物氧化以及生物的吸收等。其原理涉及生态系统中物种共生、物质循环再生原理、结构与功能协调原则，分层多级截留、储藏、利用和转化营养物质机制等。这类方法投资省、工艺简单、动力消耗少，但净化功能受自然条件的制约。宜采用的自然处理工艺有人工湿地、土地处理和稳定塘技术。

1. 人工湿地

人工湿地是由人工建造和控制运行的与沼泽地类似的地面。将污水、污泥有控制地投配到经人工建造的湿地上，污水与污泥在沿一定方向流动的过程中，主要利用土壤、人工介质、植物、微生物的物理、化学、生物三重协同作用，对污水、污泥进行处理。其作用机理包括吸附、滞留、过滤、氧化还原、沉淀、微生物分解、转化、植物遮蔽、残留物积累、蒸腾水分和养分吸收及各类动物的作用。

人工湿地处理系统可以分为以下几种类型：自由水面人工湿地处理系统、人工潜流湿地处理系统、垂直水流型人工湿地处理系统。具有缓冲容量大、处理效果好、工艺简单、投资省、运行费用低等特点。

人工湿地适用于有地表径流和废弃土地、常年气温适宜的地区，选用时进水悬浮固体浓度宜控制为小于500mg/L，应根据污水性质及当地气候、地理实际状况，选择适宜的水生植物。

2. 土地处理系统

土地处理系统是通过土壤的物理、化学作用以及土壤中微生物、植物根系的生物学作用，使污水得以净化的自然与人工相结合的污水处理系统。土地处理系统通常由废水的预处理设施、储水湖、灌溉系统、地下排水系统等部分组成。处理方式有地表漫流、灌溉、渗滤3种。采用土地处理应采取有效措

施，防止污染地下水。土地处理的水力负荷应根据试验资料确定。

3. 稳定塘

也称氧化塘或生物塘，是一种利用天然净化能力对污水进行处理的构筑物的总称。其净化过程与自然水体的自净过程相似。通常是将土地进行适当的人工修整，建成池塘，并设置围堤和防渗层，依靠塘内生长的微生物及菌藻的共同作用来处理污水。

稳定塘污水处理系统能充分利用地形，结构简单，可实现污水资源化和污水回收及再用，具有基建投资和运转费用低、运行维护简单、便于操作、无须污泥处理等优点。缺点是占地面积过多；气候对稳定塘的处理效果影响较大；若设计或运行管理不当，则会造成二次污染。

稳定塘适用于有湖、塘、洼地可供利用且气候适宜、日照良好的地区。蒸发量大于降水量地区使用时，应有活水来源，确保运行效果。稳定塘宜采用常规处理塘，如兼性塘、好氧塘、水生植物塘等。

三、畜禽尸体处理方法与设施

畜禽尸体的处置是一个备受关注的环境问题。畜禽尸体很可能携带病原，是疾病的传染源，为防止病原传播危害畜群安全，必须对畜禽尸体进行无害化处理。对死亡畜禽的处理原则：第一，对因烈性传染病而死的畜禽必须进行焚烧火化处理；第二，对其他伤病而死的畜禽可用深埋法和高温分解法进行处理。

（一）毁尸池

毁尸池修建在远离畜禽场的下风向。养鸡场典型的毁尸池一般长2.5～3.6m，宽1.2～1.8m，深1.2～1.48m。养猪场的毁尸池一般为圆柱形，直径3m左右，深10m左右；或者为方形，边长3～4m，深6.5m左右。池底及四周用钢筋混凝土建造或用砖砌后抹水泥，并做防渗处理；顶部为预制板，留一入口，做好防水处理。入口处高出地面0.6～1.0m，平时用盖板盖严。池内加氢氧化钠等杀菌消毒药物，放进尸体时也要喷洒消毒药后再放入池内。

（二）深埋法

在小型畜禽场中，若暂时没有建毁尸池，对不是因为烈性传染病而死的畜禽可以采用深埋法进行处理。深埋法是在远离畜禽场的地方挖2m以上的深坑，在坑底撒一层生石灰，放入死畜，在最上层死畜的上面再撒一层生石灰，最后用土埋实。深埋法是传统的死畜处理方法，容易造成环境污染，并且有一定的隐患，畜禽场要尽量少用深埋法；若临时要采用时，也一定要选择远离水源、居民区的地方，且要在畜禽场的下风向，离畜禽场有一定距离。

（三）高温分解法

将死畜放入高温、高压蒸汽消毒机中，高温、高压的蒸汽使死畜中的脂肪熔化，蛋白质凝固，同时杀灭病菌和病毒。分离出的脂肪可作为工业原料，其他可作为肥料。这种方法投资大，适合大型畜禽场。

（四）焚烧法

焚烧法是将动物尸体投入焚化炉焚烧，使其成为灰烬。用焚烧法处理尸体消毒最为彻底，但需要专门的设备，消耗能源。焚烧法一般适用于处理具有传染性疾病的动物尸体。

第四节　疫病监测设备

一、酶标仪

酶标仪见图5－22，实际上就是一台变相的专用光电比色计或分光光度计，其基本工作原理与主要结构和光电比色计基本相同。其核心是一个比色计，即用比色法来分析抗原或抗体的含量。当光通过被检测物，前后的能量差异即是被检测物吸收掉的能量，特定波长下，统一被检测物的浓度与被吸收物的能量成定量关系。酶标仪的检测单位用OD（光密度）值表示，表示被检测物吸收掉的光密度。

酶标仪可分为单通道和多通道两种类型，单通道又有自动型和手动型两种之分，自动型的仪器有X、Y方向的机械驱动机构，可将微孔板上的小孔一个个依次送入光束下面测试，手动型则靠手工移动微孔板来进行测量。

图5－22　酶标仪

在单通道酶标仪的基础上又发展了多通道酶标仪，此类酶标仪一般都是自动化型的，它设有多个光束和多个光电检测器。如12个通道的仪器设有12个光束或12个光源、12个检测器和12个放大器，在X方向机械驱动装置

作用下,样品以12个为一组被检测物,多通道酶标仪的检测速度快,但其结构较复杂,造价也较高。

二、聚合酶链式反应仪(PCR仪)

简单地说,PCR就是利用DNA聚合酶对特定基因做体外或试管内的大量合成,基本上它是利用DNA聚合酶进行专一性的连锁复制。目前常用的技术,可以将一段基因复制为原来的100亿~1 000亿倍。PCR仪工作原理是利用升温使DNA变性,在聚合酶的作用下使单链复制成双链,进而达到基因复制的目的。

根据DNA扩增的目的和检测的标准,可以将PCR仪分为普通PCR仪、梯度PCR仪、原位PCR仪、实时荧光定量PCR仪4类。

1. 普通PCR仪

把一次PCR扩增只能运行一个特定退火温度的PCR仪,叫传统的PCR仪,也叫普通PCR仪,见图5-23。如果要做不同的退火温度需要多次运行。主要是做简单的、对目的基因退火温度的扩增。该仪器主要应用于科研研究、教学、医学临床、检验检疫等机构。

2. 梯度PCR仪

把一次性PCR扩增可以设置一系列不同的退火温度条件(温度梯度),通常有12种温度梯度,这样的仪器就叫梯度PCR仪,见图5-24。因为被扩增的不同DNA片段,其最适退火温度不同,通过设置一系列的梯度退火温度进行扩增,从而一次性PCR扩增,就可以筛选出表达量高的最适退火温度,进行有效的扩增。主要用于研究未知DNA退火温度的扩增,这样在节约成本的同时也节约了时间。主要用于科研、教学机构。梯度PCR仪在不设置梯度的情况下也可以做普通PCR扩增。

图5-23 普通PCR仪

图5-24 梯度PCR仪

3. 原位PCR仪

原位PCR仪是用于细胞内靶DNA的定位分析的细胞内基因扩增仪,如病源基因在细胞的位置或目的基因在细胞内的作用位置等。可保持细胞或组织的完整性,使PCR反应体系渗透到组织和细胞中,在细胞的靶DNA所在的位置上进行基因扩增,不但可以检测到靶DNA,又能标出靶序列在细胞内的位置,对在分子和细胞水平上研究疾病的发病机理、临床过程及病理的转变有重大的实用价值,见图5-25。

4. 实时荧光定量PCR仪

在普通PCR仪的基础上增加一个荧光信号采集系统和计算机分析处理系统,就成了荧光定量PCR仪,见图5-26。其PCR扩增原理和普通PCR仪扩增原理相同,只是PCR扩增时加入的引物是利用同位素、荧光素等进行标记,使用引物和荧光探针同时与模板特异性结合扩增。扩增的结果通过荧光信号采集系统实时采集信号,连接输送到计算机分析处理系统,得出量化的实时结果输出,把这种PCR仪叫作实时荧光定量PCR仪(qPCR仪)。荧光定量PCR仪有单通道、双通道和多通道。当只用一种荧光探针标记的时候,选用单通道,有多荧光标记的时候用多通道。单通道也可以检测多荧光标记的目的基因表达产物,因为一次只能检测一种目的基因的扩增量,需多次扩增才能检测完不同的目的基因片段的量。该仪器主要用于医学临床检测、生物医药研发、食品行业、科研院校等机构。

图5-25 原位PCR仪

图5-26 实时荧光定量PCR仪

第五节　免疫接种设备

一、注射器

1. 注射器的构造与使用

注射器的构造分为乳头、空筒、活塞轴、活塞柄和活塞5部分。其规格有1mL、2mL、5mL、10mL、20mL、30mL、50mL和100mL 8种。针头的构造分为针尖、针梗和针栓3部分，注射器及针头的构造见图5－27。

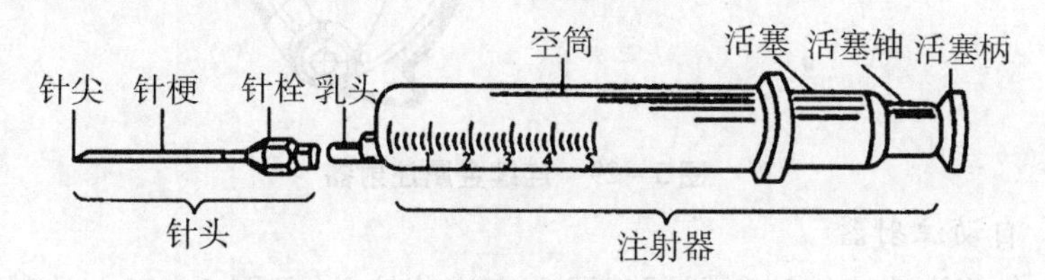

图5－27　注射器及针头的构造图

注射器的使用：首先应根据实验的具体需要，选择适当的注射器和针头。注射器应完整无裂缝，不漏气。针头要锐利，无钩，无弯曲。注射器与针头要衔接紧密，针尖斜面应与针筒上的刻度在同一水平面上。用前应先检查抽取的药液量是否准确及有无气泡，如有气泡应将其排净。注射时以右手持注射器，持玻璃注射器时切勿倒置。兽用金属注射器见图5－28。

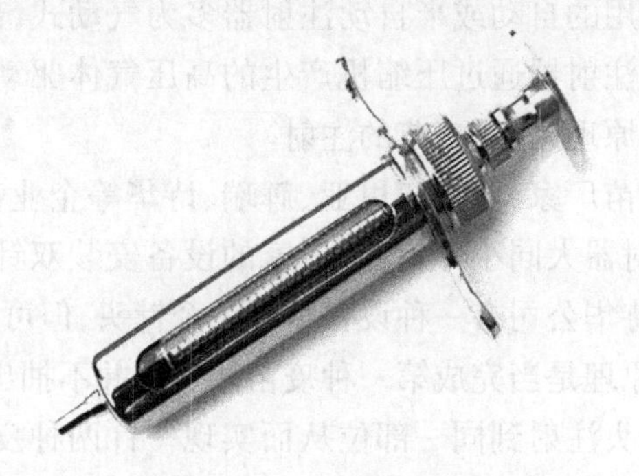

图5－28　兽用金属注射器

2. 兽用连续注射器

用于马立克疫苗接种。目前市售有连续金属注射器（图5－29）及"手枪"式两种。从使用效果来看，前者具有轻便、注射剂量准确、操作时手感舒适、使用寿命长等优点。按进液口分为：前吸式、后吸式、插瓶式。按调节方式分为：连续可调、分挡可调以及双管连续可调。按注射方式分为：连续注射、双

管连续注射和连续灌药。规格有 0.5mL、1.0mL、2.0mL、3.0mL、5.0mL、10mL、20mL、30mL、50mL 9 种规格。

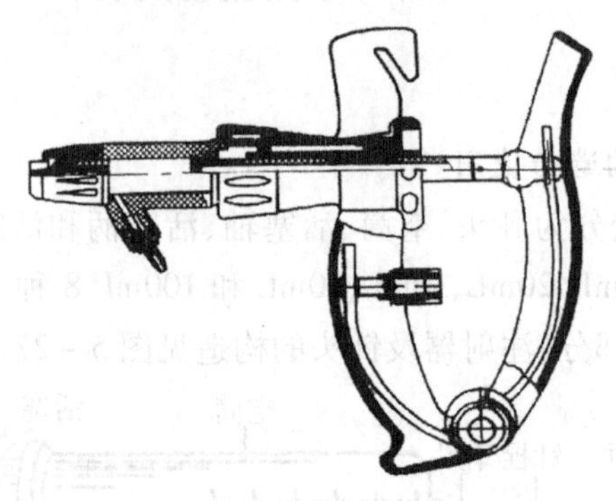

图 5－29　连续金属注射器

3. 自动注射器

全自动快速连续注射器用于马立克疫苗接种，见图 5－30。注射器中绝大多数元器件选用进口器件，每小时可注射3 000～4 000只，注射剂量可调，且剂量准确无泄漏。另还具有自动计数功能，如设定每 100 只为一筐，当计数器显示到 100 时，注射器就会自动发出报警提示，并暂停控制系统工作。它采用一次性注射针头，可防止交叉感染。该注射器具有体积小、重量轻、便于携带、操作简单等优点。

目前孵化厂使用的自动或半自动注射器多为气动式，部分厂家也有电动式的。气动式自动注射器通过压缩机产生的高压气体驱动机器内部的活塞，模仿注射器的工作原理，完成疫苗的注射。

世界知名的疫苗厂家，比如梅里亚、辉瑞、诗华等企业都会为客户免费提供设备，他们的注射器大同小异，有些厂家的设备安装双针头，一次可以完成两种疫苗的注射，诗华公司有一种设备只有一个针头，但可以同时进行两种疫苗的注射，其工作原理是当完成第一种疫苗注射后并不抽出针头，机器抽取另外一种疫苗通过针头注射到同一部位从而实现一针两种疫苗的免疫，但该方法免疫前要进行两种疫苗的相容性试验。

自动注射器相对于传统的手工针筒注射，效率提高了很多，自动注射器熟练工人，每个小时可完成4 000只鸡苗的注射。除了在孵化厂使用的自动注射器外，国外还有一种可对成年鸡进行胸肌注射的设备，该设备也是以压缩气体进行驱动，使用时抓住鸡的翅膀，将胸部按在设备上的注射模具中，其中隐藏的针头在接到信号后，自动完成注射，该设备较人工注射方式提高了免疫质

量,漏免的概率非常小。

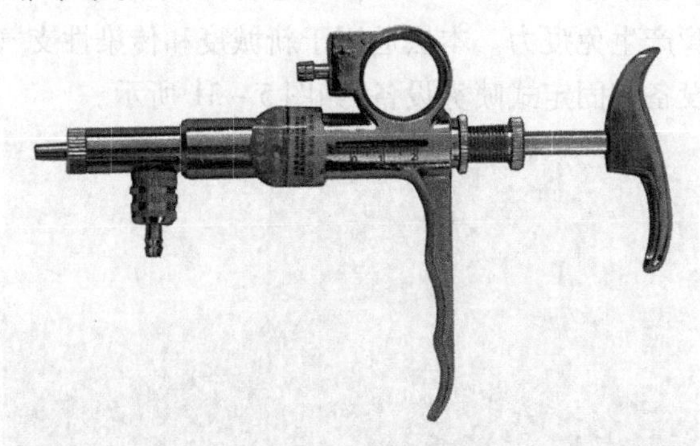

图5-30 自动注射器

4. 蛋内注射

蛋内注射技术是指对一定胚龄的鸡胚接种疫苗,使雏鸡出壳时至出壳后几天就具有特异性主动免疫力。美国 Embrex 公司设计了这一设备并已应用于蛋内注射马立克疫苗。它是在种蛋落盘时进行工作的,蛋由一人送入机器内,移到接种针下方,定位妥当后接种针即自动对种蛋进行注射,蛋注射后仍留在孵化蛋盘上,然后该蛋盘由输送机送到转移台上,此时种蛋被真空吸起并自动放入出雏盘内,另一人将出雏盘放入出雏器。1992 年,全球第一步自动化蛋内注射系统在美国上市,为世界家禽产业开创了一项全新的疫苗接种技术,今天已有超过 85 家的美国肉鸡企业以蛋内注射的方法预防马立克病,取代了皮下注射的传统免疫方式。其具有提早免疫、应激反应低、注射精确且一致、劳动力成本低、注射用途广、疫苗污染少等优点。这项技术革命已成为家禽业的一种作业标准和发展潮流。目前该技术已推广至欧洲、亚洲和拉丁美洲,成为家禽防疫的一个趋势。其工作流程是,首先对鸡胚进行定位,选择到气室,然后进行冲孔,利用微型转头进行打孔,打好孔后,注射器针头进入尿囊腔,将疫苗注射到胚内,最后进行消毒和封口,所有的操作都是在电脑的监控下自动完成的。

二、喷雾免疫设备

在鸡群中,用喷雾器将疫苗液喷成雾状,雾滴停留在眼和呼吸道内,刺激局部和全身产生免疫,但易诱发霉形体和大肠杆菌感染。分为粗滴喷雾法和细滴喷雾法。粗滴喷雾法(大雾滴法):雾滴较大,直径约为 60μm。喷雾时,由于雾滴较大,只能停留在鸡的眼和鼻腔内,刺激上呼吸道产生局部和全身免疫力。本法与滴眼法相似,是雏鸡进行呼吸道病免疫的较好方法。细滴喷雾

法(小雾滴法):雾滴细小,直径 5 ~ 20μm,这种雾滴能达到呼吸道深部,刺激上呼吸道和气管产生免疫力。本法适用于新城疫和传染性支气管炎的免疫。

喷雾免疫设备有固定式喷雾设备,如图 5 - 31 所示。

图 5 - 31　固定式喷雾设备

也有便携式喷雾设备,如图 5 - 32 所示。

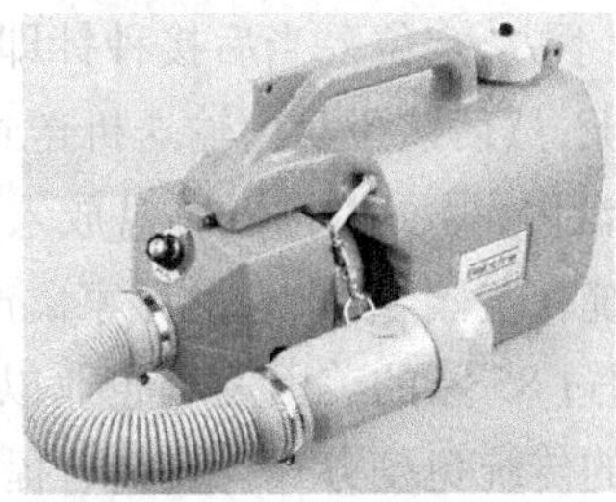

图 5 - 32　便携式喷雾设备

采用气雾免疫时,如室温过高或风力过大,细小的雾滴迅速挥发,或喷雾免疫时未使用专用的喷雾免疫设备,会造成雾滴过大或过小,影响家禽的吸入量。

第六节　投药设备

在养殖生产中,动物群体投药是疾病治疗过程中的重要手段。动物群体投药主要有拌料给药、饮水给药、注射给药、气雾、喷洒、熏蒸等方法。

一、加药泵

随着加药泵装置的逐步应用,在众多的给药方法中,饮水投药法得到了越来越广泛的应用。饮水投药的方法具有省力、快速、方便、应激反应小等众多

优点，得到广泛采用。

饮水给药与注射给药、拌料给药、喷雾给药等投药方式相比，其优势有：节省劳动力，用于大群治疗，易操作，灵活、快速、方便，有效用药量可以得到保证等。饮水给药在现实养殖实际应用中其优势已经得到验证。

养殖加药器的原理：由管路中水流的动能驱动加药器工作，其唯一的动力就是水压。在带压水流的驱动下，按比例定量将浓药剂吸入，然后再与作为动力的水混合。在水压作用下，充分混合后的水及药剂随后被输送到下游。吸入（投加）的药剂始终同进入水的体积直接成比例，而同管路中水压及水量的变化无关，从而实现直接流量比例混合及投加。

养殖加药器的优势：在紧急情况下用药快速；可随时更改剂量以及治疗用药；降低储水箱内的沉积、沉淀和污染；无论水管中的水流和压力如何，都可确保给药精确度，不再有治疗药物过度稀释的危险。加药泵如图 5－33 所示。

二、饲料搅拌机

饲料搅拌机分为立式饲料搅拌机与卧式饲料搅拌机 2 种。常用搅拌机型号有 500 型和 1 000 型，每批混合量为 500kg 与1 000kg。工作原理是当物料推进器旋转时，物料小料斗叶轮室被强行送进输料管道，然后被推进器提升到搅拌桶顶端，这时物料被均匀抛撒再进入搅拌桶内，搅拌桶内物料的上升下降及左右旋转连续进行，形成混合过程，从而达到混合均匀的效果。当粉剂类药物要添加到饲料中时可以采用饲料搅拌机来搅拌均匀。立式饲料搅拌机如图 5－34所示。

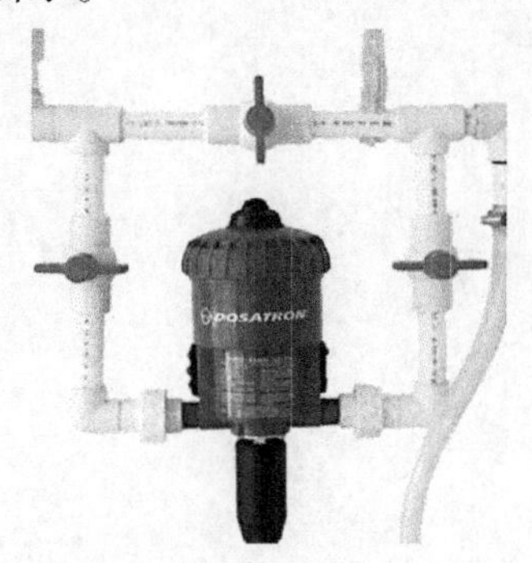

图 5－33　加药泵

图 5－34　立式饲料搅拌机

三、电炉

电炉见图 5－35 所示，是养殖场带畜、禽的空气熏蒸消毒设备设施。养殖场在春、秋季及有疫病发生时，常采用带畜、禽的空气熏蒸与喷洒消毒，一般采

用电炉。电炉通电后加热，让消毒剂挥发到各个角落，消杀彻底。常用的熏蒸消毒方法如下：

图 5－35　电炉

醋酸：用于空气熏蒸消毒，按空间 3～10mL/m^3，加 1～2 倍水稀释，加热蒸发。可带畜、禽消毒，用时须密闭门和窗。市售酸醋可直接加热熏蒸。

0.1% 新洁而灭、0.3% 过氧乙酸和 0.1% 次氧酸钠药液的熏蒸消毒方法同醋酸一样。

第六章　畜禽场环境控制设备

畜禽场环境控制设备是一种利用感应原理，智能控制畜禽舍内排风、温湿度、饮水、饲料、声音等设备，使畜禽舍环境始终维持在动物最适范围内的智能型控制设备，目前畜禽环境设备在规模化、标准化养殖场中应用比较广泛，进而也提高了生产效率。

第一节　温度控制设备

一、升温设备

1. 地下火道

在中小型蛋鸡场的育雏室经常采用这种加热方式，主要以煤炭为燃料。其结构是在鸡舍的前端设置炉灶，灶坑深约1.5m，炉膛比鸡舍内地面低约30cm，在鸡舍的后端设置烟囱。炉膛与烟囱之间由3～5条管道相连（管道可以用陶瓷管连接而成，也可以用砖砌成），管道均匀分布在鸡舍内的地下，一般管道之间的距离在1.5m左右。靠近炉膛处管道顶壁距地面约30cm，靠近烟囱处距地面约10cm，管道由前向后逐渐抬升，有利于热空气的通过，也有助于缩小育雏室前后部的温差。

使用地下火道加热方式的鸡舍，地面温度高、室内湿度小，温度变化较慢有利于稳定。缺点是老鼠易在管道内挖洞而堵塞管道，另外，管道设计不合理时室内各处温度不均匀。

2. 煤炉供温

此方法适用于较小规模的养鸡场户使用，方便简单。煤炉由炉灶和铁皮烟筒组成。使用时先将煤炉加煤升温后放进育雏室内，炉上加铁皮烟筒，烟筒伸出室外，烟筒的接口处必须密封，以防煤烟漏出致使雏鸡发生煤气中毒死亡。

3. 保温伞供温

此种方法一般用于平面垫料育雏。保温伞由伞部和内伞两部分组成。伞部用镀锌铁皮或纤维板制成伞状罩，内伞有隔热材料，以利保温。热源用电阻丝、电热管子或煤炉等，安装在伞内壁周围，伞中心安装电热灯泡。直径为2m的保温伞可养鸡200～300只。保温伞育雏时要求室温在24℃以上，伞下距地面高度5cm处温度35℃，雏鸡可以在伞下自由出入（图6－1）。

4. 红外线灯泡育雏（图6－2）

利用红外线灯泡散发出的热量育雏，简单易行，在笼养、平养方式中都可以使用。为了增加红外线灯的取暖效果，可在灯泡上部制作一个大小适宜的保温灯罩，红外线灯泡的悬挂高度一般离地25～30cm。一只250W的红外线灯泡在室温25℃时一般可供110只雏鸡保温，20℃时可供90只雏鸡保温。

图 6－1　保温伞

图 6－2　红外线灯泡

5. 热风炉（图 6－3）

适用于大型鸡舍使用，一般要求鸡舍的面积不少于 $350m^2$。该设备由室外加热、热水输送管道和室内散热等部分组成。室外部分为锅炉，常常用煤炭作燃料，可以通过风门开启的大小控制产热量，目前有很多产品可以自动控制风门以控制产热量（在鸡舍内有感温探头与锅炉的微电脑连接，设定温度后如果舍内温度偏低则自动加大通风量以增加供温，如果温度偏高则自动降低炉膛内的进风量减少产热）。室内主要是散热器，散热器由散热片和其后面的小风机组成，锅炉与散热器之间由热水管道连接，当设备启动后来自锅炉的热水通过管道到达散热器，向外散发热量，此时散热片后面的风机运行，将散热片散发的热量吹向鸡群所在的鸡笼或圈舍。热水通过管道可以循环利用。

图 6－3 热风炉

6. 燃油热风机(图 6－4)

燃油热风机是近年来开发出的用于鸡舍(尤其是育雏室)加热的设备,风温调节范围为 30～120℃,可以满足不同季节不同类型鸡舍不同日龄鸡群的不同要求,实现自动、半自动、手动调节。燃油热风机采用直燃式间接加热,升温迅速,热风干燥清新,能够保证室内良好的温、湿环境。

燃油热风机使用柴油或煤油做燃料,不要使用汽油、酒精或其他高度易燃燃料;关闭电源并拔掉插座后待所有的火焰指示灯都熄灭了,并且暖风机冷却以后,才能加燃料;在加燃料的时候,要检查油管和油管连接处是否有泄漏,在热风机运行前,任何一个泄漏处都必须修理好。

使用带接地的插头;要与易燃物保持的最低安全距离:出口:250cm,两侧、顶部和后侧:125cm;如果暖风机是带有余热或者运行中,须把暖风机放置在平坦并且水平的地方,否则可能会发生火灾;不应堵住暖风机的进风口(后面)和出风口(前面)。

图 6－4 燃油热风机

7. 电热风机

电热风机(图6－5)由鼓风机、加热器、控制电路3大部分组成。通电后,鼓风机把空气吹送到加热器里,令空气从螺旋状的电热丝内、外侧均匀通过,电热丝通电后产生的热量与通过的冷空气进行热交换,从而使出风口的风温升高。出风口处的K型热电偶及时将探测到的出风温度反馈到温控仪,仪表根据设定的温度监测着工作的实际温度,并将有关信息传递回固态继电器进而控制加热器是否工作。同时,通风机可利用风量调节器(变频器、风门)调节吹送空气的风量大小,由此,实现工作温度、风量的调控。

图6－5 电热风机

8. 空气源热泵

通过利用浅层地表地道风,在夏季进行空气冷却或在冬季进行空气加热的通风节能热即为空气源热泵(图6－6)。技术原理是地层深处全年的温度波动较小,在冬季和夏季与地面空气温度有较大温度差。随着地下构筑物的增多,现已开发利用全年温度变化很小的地下隧道作为通风系统的冷源或热源。目前主要应用于夏季降温。在地道风系统内空气的冷却(或加热)不需要制冷机或加热器,与人工制冷相比可节省投资70%以上,节省电能约80%。

养殖场应用时可以直接使用地道风降温,也可以利用地道风作为空气源热泵冷热源,还可以利用地道中的空气进行换热,有效地解决了普通空气源热泵冬季制热量衰减,夏天制冷量减少这一难题,可以大大提高热泵的性能系数。空气源热泵的应用可以省去锅炉房和冷却水系统,供热无污染,减少初投资。

图 6－6　空气源热泵机组

9. 充气膜保温墙（图 6－7）

依靠两层覆盖物之间的空气作为隔离墙。在充气泵不工作的情况下，墙体滑到下端，便于牛舍通风。在充满气体后，形成一堵完整的墙，起到保温作用。该设备常由一个恒温器或自动天气站控制器控制整个系统并设置通风间隔区域。

图 6－7　充气膜保温墙

10. 电动卷帘系统（图 6－8）

卷帘装置属畜禽舍环境大型调控设备。该设备由幕布及卡槽卡簧系统、卷帘驱动系统、固定系统组成。通过电动卷膜器在侧墙爬升钢管上的往复运

动，带动卷膜驱动轴的往复运动，从而实现幕布在卷膜驱动轴上的缠绕和放开，以达到侧面通风的目的。卷帘系统调控方便，卷动平稳牢靠，防风布不打皱，可抗拒7～8级风力，是牛舍调节空气、夏季通风遮阴、冬季御寒保温首选的调控设备。幕布材质众多，常见有帆布和塑料布，并配有夏季通风防蚊蝇的纱窗（图6－9）。

图6－8　电动卷帘系统

图6－9　电动卷帘纱窗

二、降温设备

1. 湿帘降温设备

也称为纵向通风湿帘降温系统。该系统由湿帘和风机两部分组成，湿帘安装在畜禽舍前端的山墙上或靠近山墙的两侧壁，风机安装在畜禽舍末端的山墙上或靠近山墙的两侧壁。

湿帘纸是采用独特的高分子材料与木浆纤维分子间双重空间交联，并用高耐水、耐火性材料胶结而成的蜂窝状结构，即保证了足够的湿挺度、高耐水性能，又具有较大的蒸发比表面积和较低的过流阻力损失。波纹纸经特殊处理，结构强度高，耐腐蚀，使用周期长，具有优良的渗透吸水性，可以保证水均匀淋透整个湿帘墙特定的立体空间结构，为水与空气的热交换提供了最大的蒸发面积。在湿帘的上部安装有淋水管，可以通过水管上面的小孔不断地将凉水均匀地淋在湿帘上。湿帘下部有盛水槽能够承接从湿帘上流下的水并集中到一个水箱内，可以供循环使用。

畜禽舍常用大直径、低速、小功率的轴流式风机通风。这种风机通风量大、耗电少、维修方便，适合猪场长期使用，一般和水湿联合使用(图6－10)。

图6－10　轴流式风机和湿帘

使用该系统时要将门窗关严，减少漏风。风机启动后将室内热空气抽出，使室内形成负压，这时室外空气通过湿帘进入鸡舍，当空气经过湿帘的过程中发生热交换，进入舍内的空气温度降低4～6℃，在夏季能够起到很好的降温效果。

为了保证湿帘的热交换效率，湿帘要定期进行消毒以防止藻类在蜂窝纸表面生长，也需要定期冲洗以清除其表面的灰尘。在不适用的季节，要用塑料膜将湿帘覆盖住以减少表面灰尘。安装时可以在外面加装铁丝网以防止老鼠和麻雀对湿帘造成损坏。

2. 湿帘风箱(图6－11)

该设备的结构和工作原理与家用空调扇相似，由表面积很大的特种纸质波纹蜂窝状湿帘、高效节能风机、水循环系统、浮球阀补水装置、机壳及电器元件等组成。其降温原理是：当风机运行时冷风机腔内产生负压，使机外空气流进多孔湿润、有着优异吸水性的湿帘表面进入腔内，湿帘上的水在绝热状态下蒸发，带走大量潜热，迫使过帘空气的干球温度比室外干球温度低5～10℃，空气越干热，其温差越大，降温效果越好。

图6－11　湿帘风箱

运行成本低，耗电量少，只有 0.5 度/h，降温效果明显，空气新鲜，时刻保持室内空气清新凉爽，风量大、噪声低，静音舒适，使用环境可以不闭门窗。

3. 喷雾降温系统（图 6－12、图 6－13）

向地面、屋顶、猪体洒水，利用水分蒸发吸热而降温。喷头将水喷成雾状，增加水与空气的接触面积，使水迅速汽化，在蒸发时从空气中吸收大量热量，降低舍内温度。

用高压水泵通过喷头将水喷成直径小于 100μm 的雾滴，雾滴在空气中迅速汽化而吸收舍内热量使舍温降低。常用的喷雾降温系统主要由水箱、水泵、过滤器、喷头、管路及控制装置组成，该系统设备简单，效果显著，但易导致舍内湿度提高。若将喷雾装置设置在负压通风畜禽舍的进风口处，雾滴的喷出方向与进气气流相对，雾滴在下落时受气流的带动而降落缓慢，延长了雾滴的汽化时间，提高了降温效果。

图 6－12　喷雾降温系统

该装置适合大面积开放环境降温，有效弥补了空调、风机等局部小面积、封闭环境的降温缺陷，广泛用于畜牧养殖场冲洗、喷雾、降温、除臭及卫生防疫。该装置能根据牛舍内环境温度变化，对每次喷雾间隔时间及每次喷雾持续时间进行 24h 自动循环程序控制按时喷雾。工作原理是以高压水的汽化吸收热量，将热空气变成冷空气，冷空气下降形成空气对流，达到降低温度的效果。降温幅度2～6℃，其还具有增湿、除尘、消静电等效果。但鸡舍雾化不全时，易淋湿鸡的羽毛影响生产性能。

喷雾降温增加舍内湿度，使用时间过长易形成舍内高温、高湿环境，因此应间歇使用。一般舍内相对湿度低于 70%、温度高于 30℃时降温效果较好，

为提高降温效果，一般配合轴流式风机抽风，将舍内湿气排出，并吸入干燥空气进入舍内。

图 6－13　喷雾降温系统

4. 滴水降温设备

适合饲养于单体栏的公、母猪及分娩母猪。在猪颈部上方安装滴水降温头（图 6－14），水滴间歇性地滴到猪的颈部、背部，水滴在猪体表面散开、蒸发，带走热量。滴水降温不是降低舍内环境温度，而是直接降低猪的体温。

图 6－14　猪舍的滴水降温装置

5. 蒸发冷风机

又称环保空调（图 6－15），是一种集降温、换气、防尘、除味于一身的蒸发式降温换气机组。环保空调除了可以给雏畜禽舍带来新鲜空气和降低温度之外，还节能、环保。由于无压缩机、无冷媒、无铜管，主要部件核心为蒸发式湿

帘(多层波纹纤维叠合物)及 1. 1kW 的主电机,耗电量仅是传统中央空调耗电量的 1/8。

图 6-15　环保空调

工作原理:高效冷风机是制冷系统中将冷量输出的设备,主要由冷却盘管和轴流风机组成,通过轴流风机的强制作用,将被冷却房间的空气通过冷风机的冷却排管组,进行强制对流换热,使空气冷却,从而达到降低室(或库)温的目的。

结构原理:用循环水泵不间断地把水箱内的水抽出,并通过布水系统均匀地喷淋在蒸发过滤层上,室外热空气进入蒸发降温介质,在蒸发降温介质 CELdek(特殊材料的蜂窝状过滤层,让降温效果更理想,瑞典的高科技专利产品)内与水充分进行热量交换,将清凉、清洁的空气由低噪声风机加压送入室内,使室内的热空气排到室外,从而达到室内降温的目的。

主要特点:节能环保、降温效果好,覆盖面积大,投资少,效果好;每小时耗电量仅 0.4 ~ 1 度,运行成本低,耗电量只有传统压缩机空调的 1/8;无氟利昂,集除味、换气、通风、降温、调节温度、湿度于一体;降温效果明显,一般可达 5 ~ 15 ℃的降温效果,且降温迅速;覆盖面积大,每台机器冷风覆盖面积达 60 ~ $150m^2$,每小时送风量达 8 000 ~ 18 000 m^3,送风量距离远;投资少、效果大,可以节省中央空调 80% 的投资款;使用场所可以不闭门窗,可确保空气流通,增加空气中的含氧量;在干燥地区能适当调节空气湿度,提高舒适性;安装便捷、维护方便。

第二节　光照控制设备

一、人工光照设备

利用白炽灯、荧光灯等人工光源发出的可见光进行照明称为人工照明。人工照明不仅适用于无窗牛舍,自然采光牛舍为补充光照和夜间照明也需安装人工照明设备。人工照明的光源主要有白炽灯和荧光灯两种。牛舍内应保持16~18h/d的光照时间,并且要保证足够的光照强度,白炽灯为30 lx,荧光灯为75 lx。

1. 白炽灯(图6-16)

照明设计时,应尽量减少白炽灯的使用量。白炽灯属第一代光源,光效低(约20lx/W),寿命短(约1 000h)。因为没有电磁干扰,便于调节,适合频繁开关,对于局部照明、信号指示,白炽灯是可以使用的光源。也可用它的换代产品卤钨灯代替,卤钨灯的光效和寿命比普通白炽灯高1倍以上,尤其是要求显色性高、高档冷光或聚光的场合,可用各种结构形式不同的卤钨灯取代普通白炽灯,达到节约能源、提高照明质量的目的。

图6-16　白炽灯

2. 荧光灯

荧光灯,如图6-17所示,是应用最广泛、用量最大的气体放电光源,具有结构简单、光效高、发光柔和、寿命长等优点,一般为首选的高效节能光源。

目前一般推荐采用紧凑型荧光灯取代普通白炽灯。紧凑型荧光灯可以和镇流器(电感式或电子式)连接在一起,组成一体化的整体型灯,优点:①光效高,每瓦产生的光通量是普通白炽灯的3~4倍。②寿命长,一般是白炽灯的10倍。③显色指数可以达到80左右。④使用方便,可以与普通白炽灯直接

替换，还可与各种类型的灯具配套。

管型荧光灯一般为直管型，两端各有一个灯头；根据灯管的直径不同，预热式直管荧光灯有∅26mm（T8）和∅16mm（T5）等几种。T8 灯可配电感式或高频电子镇流器，T5 灯采用电子镇流器。

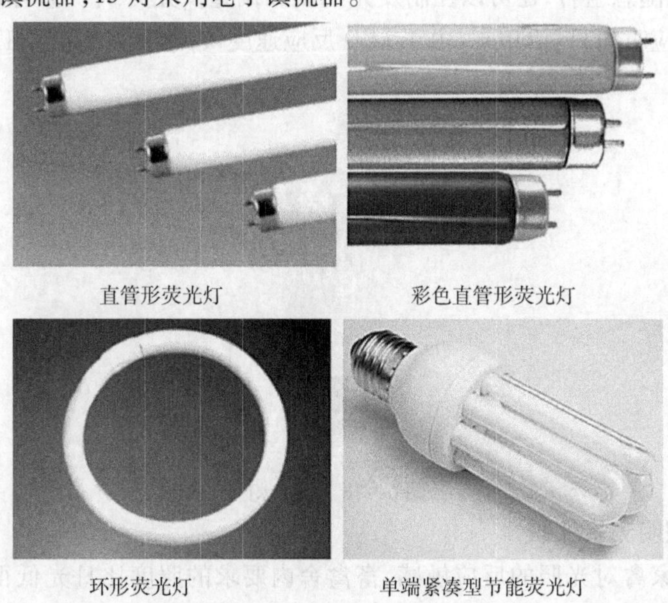

直管形荧光灯　彩色直管形荧光灯

环形荧光灯　单端紧凑型节能荧光灯

图 6－17　荧光灯

3. LED 灯（图 6－18）

LED 是一种能够将电能转化为可见光的固态的半导体器件，它可以直接把电转化为光。

LED 的心脏是一个半导体的晶片，晶片的一端附在一个支架上，一端是负极，另一端连接电源的正极，使整个晶片被环氧树脂封装起来。半导体晶片由两部分组成，一部分是 P 型半导体，在它里面空穴占主导地位，另一端是 N 型半导体，在这边主要是电子。当这两种半导体连接起来的时候，它们之间就形成一个 P－N 结。当电流通过导线作用于这个晶片的时候，电子就会被推向 P 区，在 P 区里电子跟空穴复合，然后就会以光子的形式发出能量，这就是 LED 灯发光的原理。而光的波长也就是光的颜色，是由形成 P－N 结的材料决定的。

LED 灯具有以下优点：①发光效率高。LED 的发光效率是一般白炽灯发光效率的 3 倍左右。②耗电量少。LED 电能利用率高达 80% 以上。③可靠性高、使用寿命长。LED 没有玻璃、钨丝等易损部件，可承受高强度机械冲击和振动，不易破碎，故障率极低。④安全性好，属于绿色照明光源。LED 发热

量低、无热辐射，可以安全触摸，光色柔和、无眩光，不含汞、钠元素等可能危害健康的物质。⑤环保。LED 为全固体发光体，耐振、耐冲击，不易破碎，废弃物可回收，没有污染。⑥单色性好、色彩鲜艳丰富。LED 有多种颜色，光源体积小，可以随意组合，还可以控制发光强度和调整发光方式。⑦响应时间短。LED 的响应时间只有 60ns。由于 LED 反应速度快，故可在高频下工作。

图 6-18 LED 灯

二、照明测量仪器

由于家禽对光照的反应敏感，畜禽舍内要求的照度比日光低得多，应选用精确的仪器对光照强度和亮度进行测量。常用的有照度计和亮度计 2 种。

1. 照度计(图 6-19)

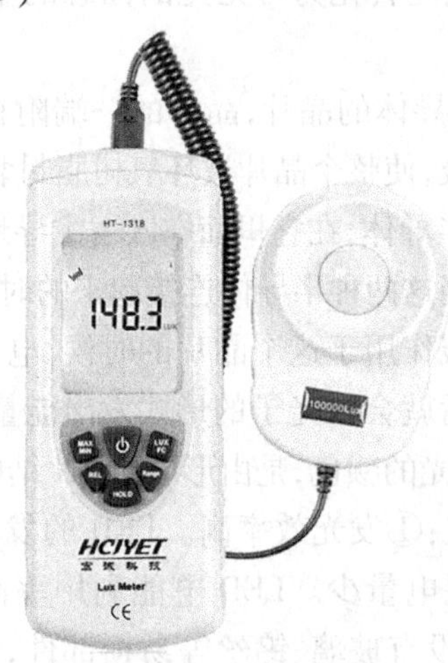

图 6-19 照度计

(1)照度计的构造　照度计是测量建筑环境照度的仪器，又称为勒克斯计。照度计由光度头和读数显示器两部分组成。光度头又称受光探头，包括接收器、$V(\lambda)$滤光器、余弦修正器等几部分；接收器由金属底板、硒层、分界面、金属薄膜、集电环几部分组成，如图6-20。

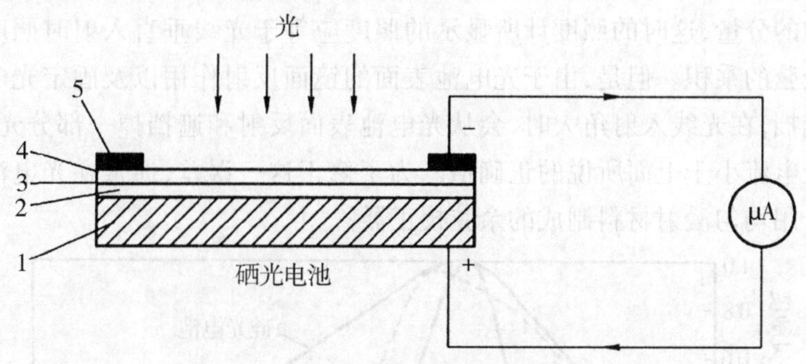

图6-20　硒光电池照度计原理

1. 金属底板　2. 硒层　3. 分界面　4. 金属薄膜　5. 集电环

(2)照度计的工作原理　当光线入射到硒光电池表面时，入射光通过金属薄膜4到达半导体硒层2和金属薄膜4的分界面上，在界面上产生光电效应。产生电位差的大小与光电池受光表面上的照度有一定比例关系。这时如果接上外电路，就会有电流流过，电流值从以勒克斯为刻度的微安表上指示出来。光电流的大小取决于入射光的强弱和回路中的电阻。照度计有不同的档位，照度测量时可选择合理的档位。

(3)照度计技术措施及要求

1)光谱校正　硒光电池或硅光电池的基本光谱响应与人的视觉系统的光谱响应有较大差异。如果光电池不进行修正，直接使用，在测量光谱能量分布不同的光源，特别是测量具有非连续光谱的气体放电光源时，就会出现较大的误差。为了获得精确的照度测量，必须以国际照明委员会(CIE)平均人眼的光视率$V(\lambda)$为标准，把光电池的光谱响应修正到人的视觉系统的光谱响应。通常可以采用在光电池上直接加滤片的方法来校正，也可以间接采用不同光源下校准光电池修正系数的方法。精密的照度计都是给光电池配一个合适颜色的玻璃滤光片构成颜色修正光电池。颜色修正光电池的光谱灵敏度与$V(\lambda)$曲线的相符度越好，照度计的精度就越高。具有颜色修正的光电池可以用于各种光源的照度测量。光电池的相对光谱灵敏度曲线与CIE $V(\lambda)$曲线的比较如图6-21所示。

2)余弦校正　入射光与光电池法线的夹角,称为入射角。我们把照度计对光以不同的方向入射到光电池的响应称为光的斜入射响应或余弦响应。具体地说,就是当光线以某一入射角照射光电池时,光电流输出应符合余弦法则,满足相量分解的原理,即入射到照度计的有效照度,就等于入射照度在法线方向的分量,这时的照度计所显示的照度应等于光线垂直入射时照度与入射角余弦的乘积。但是,由于光电池表面的镜面反射作用以及固定光电池部件的遮挡,在光线入射角大时,会从光电池表面反射和遮挡掉一部分光线,从而使光电流小于上面所说的正确值。为了修正这一误差,通常在光电池上外加一个用均匀漫射材料制成的余弦校正器。

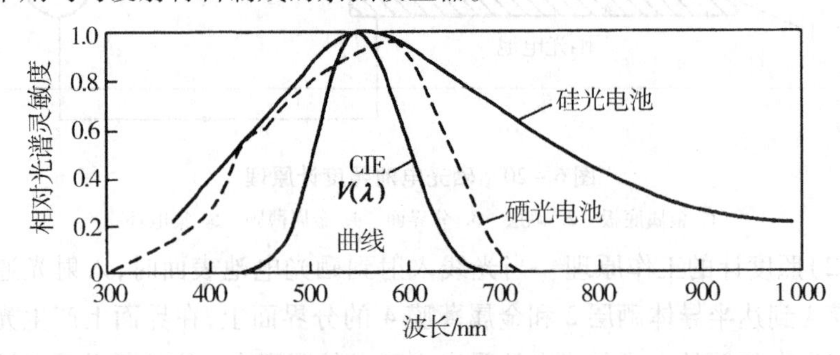

图 6－21　光电池的相对光谱灵敏度曲线与 CIE V(λ)曲线的比较

3)响应的线性　在测量范围内,照度计的读数应与投射到光电池受光表面上的光通成正比,也就是说,照度计的示值应该与光电池受光面上的照度值呈线性关系。照度计响应的线性度主要由光电池输出连接线路的电阻和受光量决定,照度越高,阻值越大,引起的非线性越严重。

4)对温度的敏感性　照度计对温度改变的敏感性也受到光电池所连接的电路内阻的影响,如果内阻大而温度过高,则会引起测量误差。硒光电池比硅光电池对温度更敏感,如果将硒光电池连续曝光在50℃以上,那么,它将会受到持久的损害。光电池应当在环境温度为25℃左右使用,照度计的使用说明书上都列有该照度计对温度的适应范围。

总的来说,一个好的照度计应该具有光谱校正和余弦校正、具有线性响应、不受环境温度的影响的特点。

2. 亮度计(图 6－22)

专用于物体或光源的亮度和颜色瞄点测量,是照明工程、光源和发光器件、建筑、大气光度等领域的常用测光测色仪器。选用高稳定度和高精度光度色度探测器、嵌入式单片机系统、低功耗液晶显示器、大容量的锂电池,因而,

不仅可满足实验室内使用，也可用于野外现场观测。亮度计是测光和测色的计量仪器，其工作原理是由视觉（或色觉）匹配的探测器、光学系统以及与亮度（或三刺激值）成比例的信号输出处理系统所组成。

按《室外照明测量方法》中的规定，亮度测量宜采用一级亮度计，当只要求测量平均亮度时，可采用积分亮度计；如果还要求得出亮度总均匀度和亮度纵向均匀度时，宜采用带望远镜的亮度计，亮度计的检定应符合亮度计的规定。

图 6－22　亮度计

三、光照控制器（图 6－23）

图 6－23　光照控制器

畜禽舍用光照控制器，有石英钟机械控制和电子控制两种，使用效果较好的是电子显示光照控制器。其功能主要有：根据设定，自动调节光的强弱明暗，设定开启和关闭时间，自动补充光源等，从而控制畜禽的采食、饮水、生长发育、产蛋，避免光照过强造成畜禽群的应激。

第三节 通风设备

一、风机

1. 轴流式风机

轴流式风机见图6－24，主要由外壳、叶片和电机组成，叶片直接安装在电机的转轴上。

图6－24 轴流式风机

轴流式风机风向与轴平行，具有风量大、耗能少、噪声低、结构简单、安装维修方便、运行可靠等特点，而且叶片可以逆转，以改变输送气流的方向，而风量和风压不变，既可用于送风，也可用于排风。但风压衰减较快。目前畜禽舍的纵向通风常用节能、大直径、低转速的轴流式风机。

2. 离心式风机

离心式风机见图6－25，主要由蜗牛形外壳、工作轮和机座组成。这种风机工作时，空气从进风口进入风机，旋转的带叶片工作轮形成离心力将其压入外壳，然后再沿着外壳经出风口送入通风管中。离心式风机不具逆转性，但产生的压力较大，多用于畜禽舍热风和冷风输送。

图 6-25　离心式风机

二、风扇

1. 吊扇

在平养肉鸡舍内有安装吊扇进行通风的。使用一般的工业吊扇，固定在横梁上，启动后风扇转动并搅动周围空气流动。

2. 壁扇

壁扇是最简易的风机（图 6-26），一般安装在鸡舍的前后墙上，启动后气流比较缓慢，多数用于育雏室或肉鸡舍的通风。

图 6-26　工业壁扇

三、自然通风设备

1. 门窗

在自然风力和温差的作用下，空气通过门窗进行流通。通过门窗的开启闭合程度，调节通风量。当外界风力大或内外温差大时，通风效果好。夏季天气闷热，室内外温差小，风速小时，通风效果不明显。这种通风方式简单，投资

小,但难以随时保证所需要的良好的通风状态。

2. 通风帽

通风帽装在通风管上端,利用室内外温差进行通风换气。通风帽可以防止雨雪进入管道,并起阻止强风妨碍排气的作用,见图 6-27。

图 6-27 通风帽

3. 无动力风帽

无动力风帽(图 6-28)是利用自然界的自然风速推动风机的涡轮旋转及室内外空气对流的原理,将任何平行方向的空气流动,加速并转变为由下而上垂直的空气流动,以提高室内通风换气效果的一种装置,它不用电,无噪声,可长期运转,排除室内的热气、湿气和秽气。其根据空气自然规律和气流流动原理,合理化设置在屋面的顶部,能迅速排出室内的热气和污浊气体,改善室内环境。

图 6-28 无动力风帽

四、通风控制器

畜禽舍夏季通风降温除湿，冬季通风排污除湿，都可以通过具有可编程逻辑控制器的通风控制器来实现控制。利用传感器获得舍内湿度、温度、空气中氨、硫化氢含量的物理参数，由操作者确定开启通风装置的位置、开启程度和开启时间，从而为畜禽创造一个更加舒适的舍内生长环境，见图6－29。

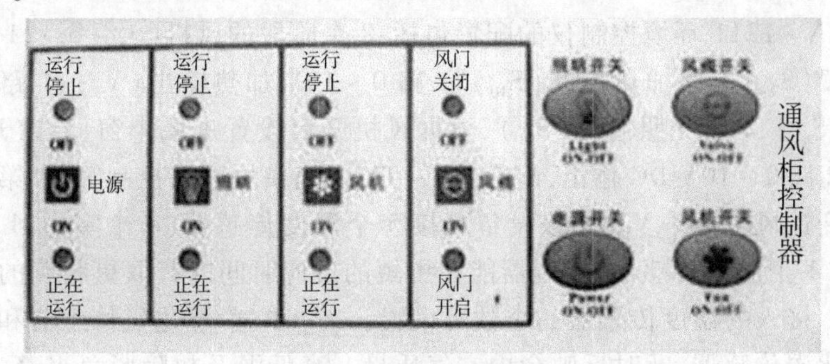

图6－29　通风控制器

第四节　湿度控制

畜禽舍的水气来源：一是由大气带入的水分，占舍内空气总水气量的10%～15%；二是畜禽体排出的水分，约占75%；三是地面、粪尿、污湿的垫料等蒸发的水分，占10%～15%。一般温度条件下，空气湿度对畜禽的热调节没有影响；高温、高湿的环境，畜禽的散热更困难，机体会感觉更热；低温、高湿的环境，散热量明显增加，机体会感觉更冷。由于高湿不利于高温和低温的热调节，从而加重了高温和低温对畜禽生产力的影响。对于畜禽的生产性能来说，50%～70%的相对湿度是比较适宜的，但在冬天畜禽舍要保持这样的湿度水平比较困难。比如规定的最高限度是成年牛舍、育成牛舍为85%，犊牛舍、分娩舍、公牛舍为75%。

畜禽舍的湿度主要由通风和洒水来调节。在生产中，由于畜禽排尿较多，舍内湿度往往偏大。因此，在实际生产中应采取措施降低舍内湿度，如保持适当的通风换气，及时清除舍内粪尿和污水，减少冬季舍内用水量和勤换垫料等措施。

此外，一些公司根据生产实际需要生产有畜禽舍环境自动控制仪，如华南

畜牧设备公司生产的 HN－1211 环境控制仪（图 6－30），通过温度、湿度、氨气/二氧化碳等传感器收集舍内空气参数，经控制器 CPU 处理，然后执行对风机、风门、侧窗、水帘、灯光、保温等自动操作。通过定义时间可对光照、喂料自动控制。通过对水脉冲的设置，可自动监测水量。控制面板全中文液晶显示，触摸式键盘，16 个发光二极管显示各功能运行情况，可以和用户 PC 连接，实行远程管理。

HN－1211 环境控制仪的配置包括：8 个阶段的风机（S_1 ~ S_8）、1 路降温装置（S_9）、1 路加热单元（S_{10}）、1 路 0 ~ 10V 加热输出（V_3）、1 路料线输出（S_{11}）、1 路光照输出（S_{11}）、根据风机开启设置进风小窗、卷帘开启。提供 2 路 0 ~ 10V DC 输出，配合 HN－TY 变速模块可以控制第一、第二阶段的变速风机（V_1、V_2）。该设备可接 5 个温度传感器（4 个室内、1 个室外）和 1 个湿度传感器，控制器能在更短的反应时间内获取更精确的平均室温。接入的温度传感器的个数可设置。1 个氨气/硫化氢传感器和 1 个二氧化碳传感器，及时反映舍内空气质量。高低温及故障紧急报警，能够及时提醒工作人员进行检修。与计算机联网，实时获得所有在线控制器的运行数据，并可对控制器进行参数设置，所获得的控制器运行数据可通过互联网发布。

图 6－30　HN－1211 环境控制仪面板

AC－2000 环境控制器(图 6－31)主要应用于规模化、现代化畜禽业养殖的环境控制系统。通过温度、湿度传感器和压力模块等收集舍内空气参数,经控制器 CPU 处理,然后执行对风机、风门、侧窗/卷帘、湿帘、循环风机、加热器等自动操作。通过对水脉冲和饲料脉冲的设置,可自动监测供水和送料。配合调光装置使舍内光照更加合理。连接报警模块,可实现短信提醒用户报警信息。其主要技术参数为:20 级通风模式(级别 1 至级别 20),支持几种加热器,标准型低档和高档加热器以及辐射加热器,可以同时最多 6 个生长区同时工作。喂料和灯光能够根据昼夜运行和周期运行协调工作,额外系统能够根据时间、温度传感器或周期定时器工作。能够使用标准的脉冲输出水表,可以保存记录畜禽饮水量的消耗信息,并且在水流太小或者太大的情况下进行报警。水消耗的减少可能反映出畜禽群的某个问题,这让管理员在情况进一步恶化之前,采取一定的纠正措施。

此外,AC－2000 环境控制器如果配套 RBS－1 型鸡称平台能够提供每日家禽成长信息,借助于以禽群为基础的历史信息,用户可以迅速地判断某一禽群的实际饲养情况。可以设置饲料过量报警;根据风向传感器可设置卷帘位置。安装远程通讯后,一台个人电脑能够在本地或者通过调制解调器与几乎世界上任何地方的 AC－2000 控制器进行连接,能够通过密码保护设置可以防止任何未被授权的访问。

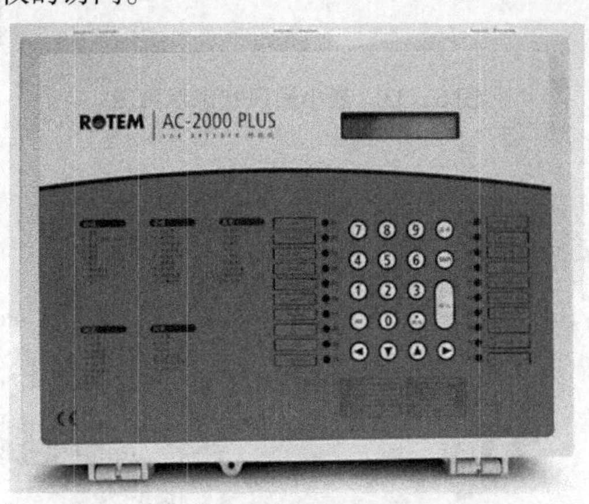

图 6－31　AC－2000 环境控制器面板

上述两种环境控制器的功能运行模式如图 6－32 至图 6－34。

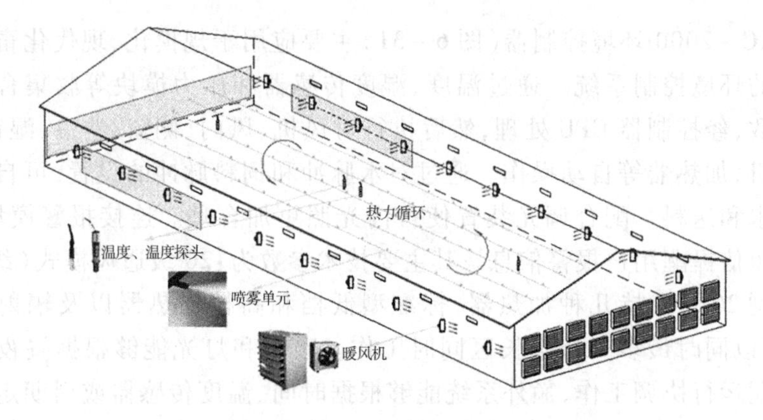

图 6－32 保温状态示意图

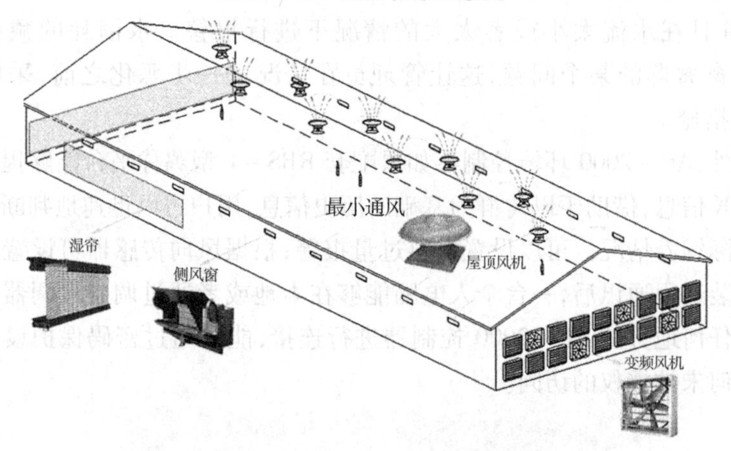

图 6－33 最小通风状态示意图

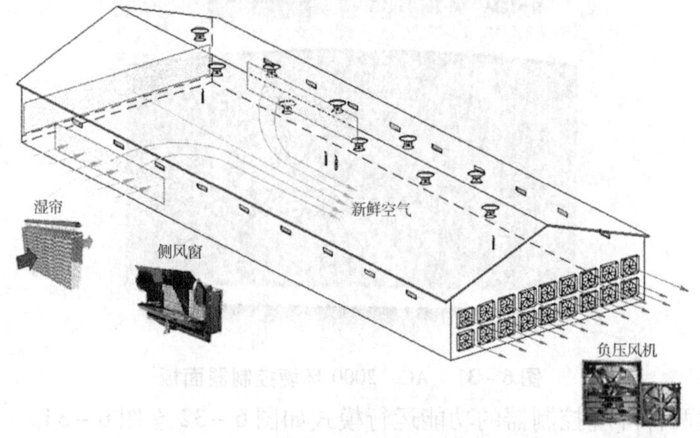

图 6－34 通风降温状态示意图

第七章　供水与饮水设备

规模化畜禽场不仅要有人员的生活用水，还要有生产用水，满足畜禽的饮水需求。畜禽湿拌料要用水，湿帘、喷淋或喷雾降温要用水，冲洗畜禽粪便要用水，场区绿化和冲洗车辆、消毒都需要用水，这些清洁用水都需要由供水系统来输送。

畜禽场一般要建立独立的供水系统，其生活用水和生产用水水源主要为地下水，城市供水只作补充，这样既有利于防疫，也可免受外界影响。

供水系统要通过水井提取、水塔储存和管道输送等完成水的提取、储存、调节、输送分配四大功能。供水可分为自流式供水和压力供水。规模化畜禽场一般都采用压力供水。

供水系统主要包括水塔、无塔供水设备、供水管网、过滤器、减压阀和用水末端自动饮水器等。

第一节 供水系统

一、水塔(图 7-1)

畜禽场使用的水塔高度不能低于 15m,水塔的容积在 $50m^3$ 以上,畜禽场水塔主要是水泥水塔,也有不锈钢水塔、彩钢水塔设备、镀锌板水塔等。

水塔是蓄水的设备,要有相当的容积和适当的高度,容积应能保证畜禽场 2d 左右的需水量,高度应比最高用水点高出 1~2m,并考虑保证适当的压力。

图 7-1 水塔

二、无塔供水设备(图 7-2)

自动无塔供水罐在规模化畜禽场广泛使用,逐步代替了传统的水塔,其具有以下优点:无须专人管理,方便省心,取代了建水塔和高位水箱;供水压力大小可任意调节,达到畜禽场理想的供水效果;全密闭,无污染,水质始终如一;冬暖夏凉,安全放心。

图 7-2 无塔供水设备

三、供水管网

畜禽场的供水管道要分饮水供水管道和清洗供水管道两种，因为清洗供水需要的水压较高，如果两个管道不分，容易损坏畜禽饮水器。应用最广泛的是自动饮水系统（包括饮水管道、过滤器、减压阀和自动饮水器等）。

畜禽舍内的饮水管道一般为直径 25mm 的镀锌管，既不生锈，又坚固耐用。也可以主供水管道用 PVC 管件和 PPR 管件，猪栏的部分用铁管或 PPR 管。要求设计合理，主管道要有相当的截面积，并防止滴漏、跑水和冬季冻结。

四、过滤器

过滤器的作用是滤去水中杂质，使减压装置和饮水器能正常供水。过滤器由壳体、放气阀、密封圈、上下垫管、弹簧及滤芯等组成。

五、减压阀

减压装置的作用是将供水管压力减至饮水器所需要的压力，减压装置分为水箱式和减压阀式两种。养殖场内的供水系统一般包括 4 个部分，如图7－3。

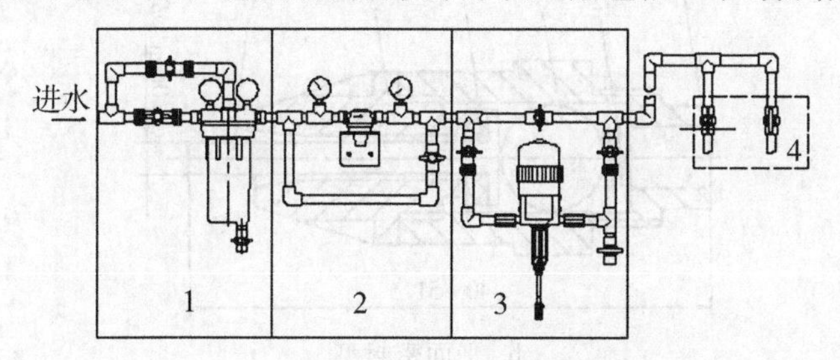

图 7－3　供水系统安装示意图

1. 过滤器组件　2. 减压阀组件　3. 加药器组件　4. 分流器组件

第二节　饮水设备

一、禽用饮水设备

1. 乳头式饮水器

乳头式饮水器见图 7－4、图 7－5，有锥面、平面、球面密封型三大类。该设备用毛细管原理，使阀杆底部经常保持挂有一滴水，当鸡啄水滴时便触动阀杆顶开阀门，水便自动流出供其饮用。平时则靠供水系统对阀体顶部的压力，使阀体紧压在阀座上防止漏水。乳头式饮水器适用于笼养和平养鸡舍给成鸡或两周龄以上雏鸡供水，要求配有适当的水压和纯净的水源，使饮水器能正常供水。乳头式饮水器基本参数见表 7－1。

表 7－1　乳头式饮水器基本参数

适用水压(kPa)	流量(mL/min)	开阀力(N)
2～6	100～160	7×10^{-2}～1.85×10^{-1}

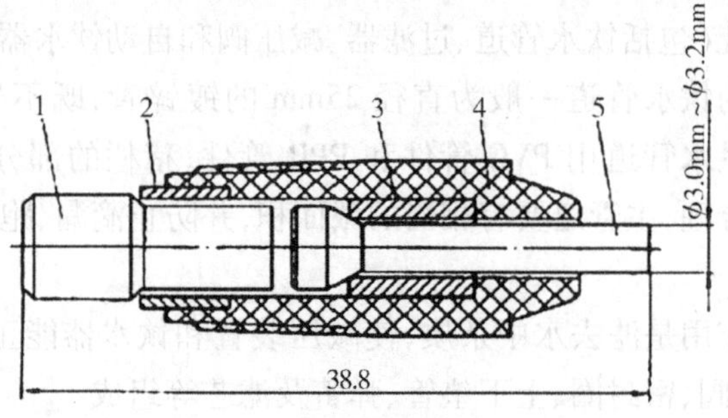

a. 锥面密封型

1. 上阀杆　2. 上套　3. 下套　4. 座体　5. 下阀杆

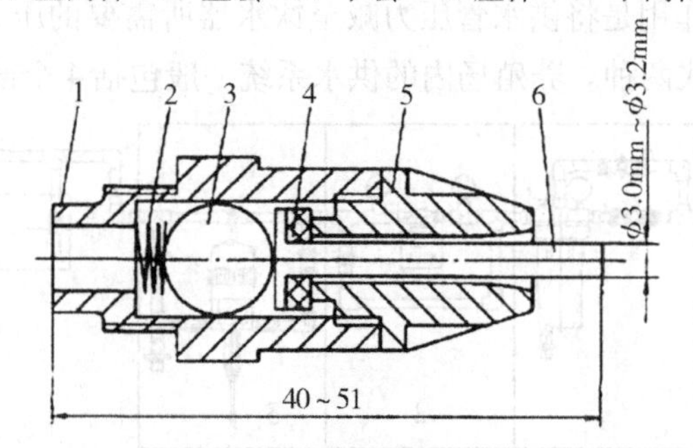

b. 平面密封型

1. 上套　2. 压簧　3. 压球　4. 密封圈　5. 下套　6. 阀杆

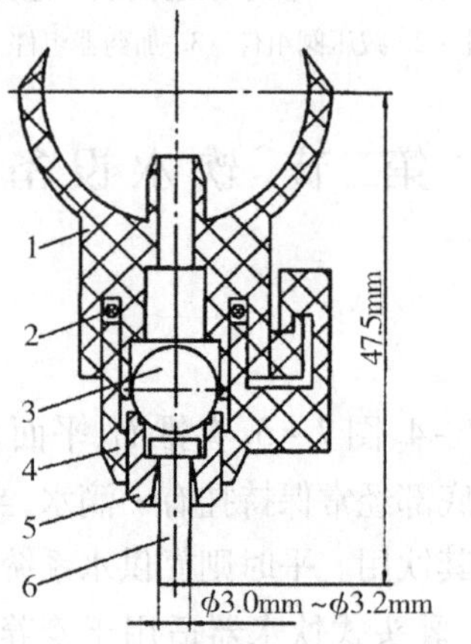

c. 球面密封型

1. 连接座　2. O 形圈　3. 钢球　4. 阀座　5. 阀套　6. 顶杆

图 7－4　禽用乳头式饮水器构造图

图 7-5　禽用乳头式饮水器

2. 吊塔式饮水器

吊塔式饮水器又称普拉松饮水器，见图 7-6，由饮水碗、活动支架、弹簧、封水垫及安在活动支架上的主水管、进水管等组成，靠盘内水的重量来启闭供水阀门，即当盘内无水时，阀门打开，当盘内水达到一定量时，阀门关闭。主要用于平养鸡舍，用绳索吊在离地面一定高度（与雏鸡的背部或成鸡的眼睛等高）。该饮水器的优点是适应性广，不妨碍鸡群活动。

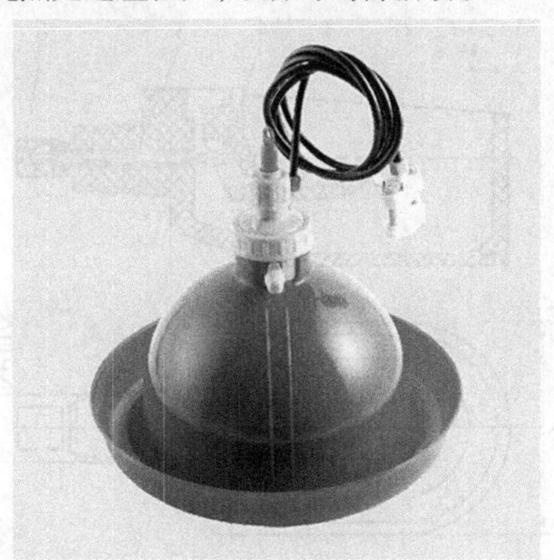

图 7-6　禽用吊塔式饮水器

3. 水槽式饮水器

水槽一般安装于鸡笼食槽上方，是由镀锌板、搪瓷或塑料制成的“V”形槽，每 2m 一根由接头连接而成。水槽一头通入长流动水，使整条水槽内保持

一定水位供鸡饮用,另一头流入管道将水排出鸡舍。槽式饮水设备简单,但耗水量大。安装要求整列鸡笼在几十米长度内,水槽高度误差小于5m,误差过大不能保证正常供水。

4. 杯式饮水器

杯式饮水器分为阀柄式和浮嘴式两种,其基本参数见表7-2、表7-3。该饮水器耗水少,并能保持地面或笼体内干燥。平时水杯在水管内压力下使密封帽紧贴于杯体锥面,阻止水流入杯内。当鸡饮水时将杯舌下啄水流入杯体,达到自动供水的目的。其中阀柄式饮水器分为16型(图7-7a)和30型(图7-7b)两种,浮嘴式饮水器见图7-7c。

表7-2 阀柄式饮水器的基本参数

容量(mL)	适用水压(kPa)	开阀力矩(N·m)	开阀灵敏度(mm)	流量(mL/min)
16	30~70	$2.5\times10^{-3}\sim3.5\times10^{-3}$	≤1	300~450
30	30~70	$5.8\times10^{-3}\sim6.8\times10^{-3}$	≤2	500~700

表7-3 浮嘴式饮水器的基本参数

容量(mL)	适用水压(kPa)	开阀力(N)	阀杆位移量(mm)	流量(mL/min)
20	30~70	0.1~0.65	≤1.5	160~260

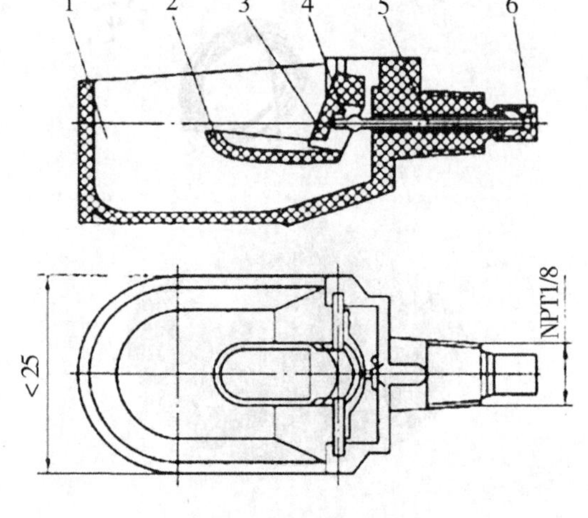

a. 阀柄式饮水器(16型)

1. 杯体 2. 杯舌 3. 杯舌顶板 4. 销轴 5. 顶杆 密封帽

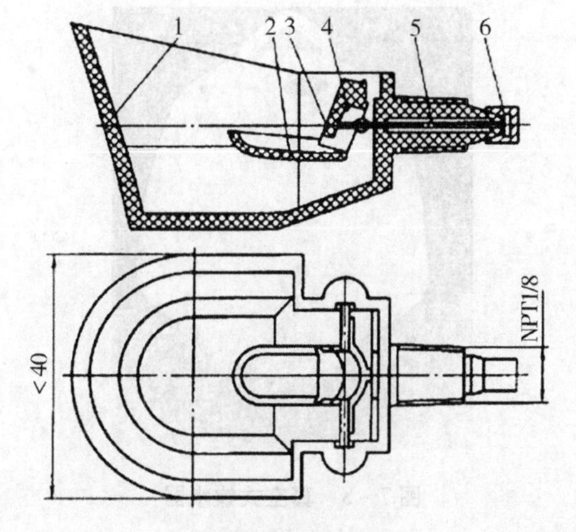

b. 阀柄式饮水器(30 型)

1. 杯体 2. 杯舌 3. 杯舌顶板 4. 销轴 5. 顶杆 6. 密封帽

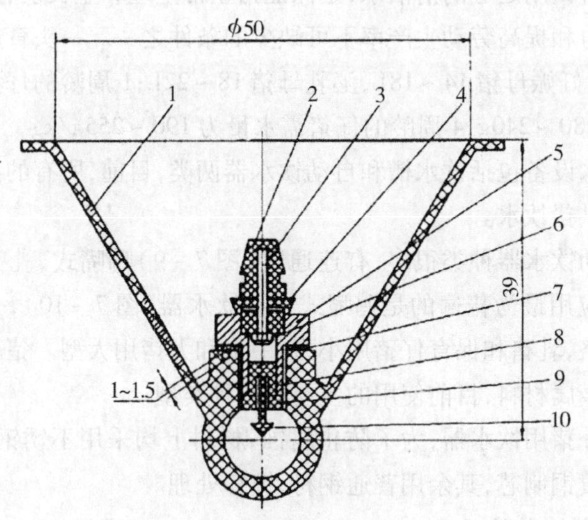

c. 浮嘴式饮水器

1. 杯体 2. 阀柄 3. 阀杆 4. 导流片 5. 阀座 6. O 形圈

7. 橡胶垫圈 8. 阀体 9. 底阀座 10. 底阀

图 7-7 禽用杯式饮水器构造图

5. 真空式饮水器(图 7-8)

由水筒和盘两部分组成,多为塑料制品。筒倒扣在盘中部,并由销子定位。筒内的水由筒下部壁上的小孔流入饮水器 盘的环形槽内,能保持一定的水位。真空式饮水器主要用于平养鸡舍。

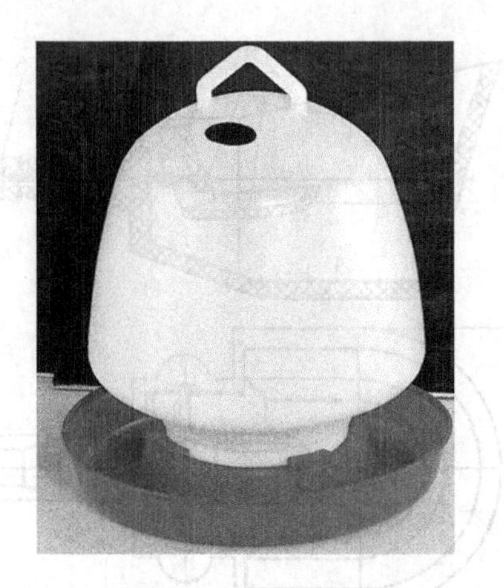

图7-8 真空式饮水器

二、猪用饮水设备

猪能随时饮用足够的清洁水,是保证猪正常生理和生长发育、最大限度地发挥生长潜力和提高劳动生产率不可缺少的条件之一。一头育成猪一昼夜需饮水8~12L,妊娠母猪14~18L,泌乳母猪18~22L;1周龄的仔猪每千克体重日需水量为180~240g,4周龄的仔猪需水量为190~255g/kg。

猪场饮水设备包括饮水槽和自动饮水器两类,目前,所有的猪场均采用了自动饮水器供猪饮水。

猪的自动饮水器种类很多,有连通式(图7-9)鸭嘴式、乳头式、杯式等,规模化猪场应用最为普遍的是鸭嘴式自动饮水器(图7-10),一般有大型和小型两种规格,乳猪和保育仔猪用小型,中猪和大猪用大型。猪舍内饮水器主要采用的是金属材料,目前使用的主要有两种类型。

当前国外猪用饮水器,为了防止腐蚀,材料上均采用不锈钢或黄铜制造。我国目前用黄铜制芯,其余用普通钢材,镀锌处理。

1. 连通式饮水器

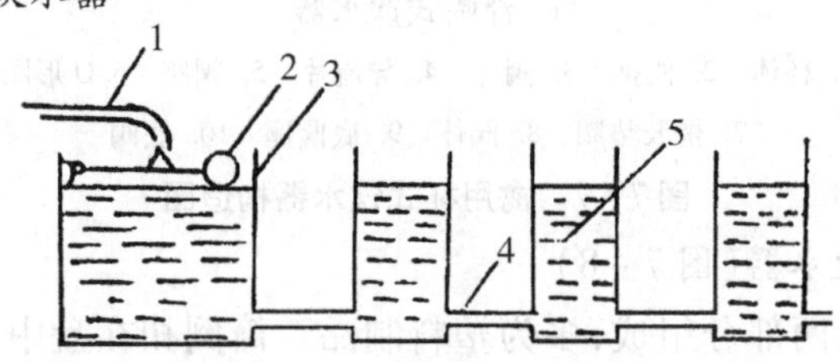

图7-9 连通式饮水器

1. 供水管路 2. 浮子 3. 盛水箱 4. 连通管 5. 饮水槽

2. 鸭嘴式自动饮水器

鸭嘴式自动饮水器主要由阀体、阀杆、密封圈、回位弹簧、塞盖、滤网等组成,其中阀体、阀杆选用黄铜或不锈钢材料,弹簧、滤网为不锈钢材料,塞盖为工程塑料。

猪饮水时,将鸭嘴体衔入口腔,并挤压阀杆,克服弹簧的压力,这时阀杆密封垫与水孔分开,水从间隙流出,进入猪的口腔,当猪嘴松开后,靠回位弹簧使阀杆复位,出水间隙被封闭,水停止流出。

图 7-10 鸭嘴式自动饮水器

鸭嘴式自动饮水器结构简单,耐腐蚀,密封好,不漏水,寿命长,水流出时压力小,流速较低,符合猪饮水要求。

常用鸭嘴式自动饮水器有大小两种规格,小型为 9SZY-2.5 型,大型为 9SZY-3.5 型。两种规格型号结构原理完全一样,仅出水量和鸭嘴大小有差别。其出水孔径分别为 2.5mm 和 3.5mm。乳猪和保育仔猪用小型的,中猪和大猪用大型的。安装这种饮水器的角度有水平的和 45°两种,离地高度随猪体重变化而不同。

猪饮水时,将鸭嘴体衔入口腔,减少水量损耗。水流通过饮水器芯孔径流出时,伐杆在弹簧杆的顶端部,阻挡水流直接进入口腔,不会呛水。

这种饮水器的饮水器芯在结构上采用了圆柱形管嘴,水流通过此段管嘴而流出,可以使同一直径孔口的流量增大,并使水流的出口流速减低,更符合猪饮水的行为特性。又由于有橡胶垫,密封安全,不漏水。

饮水器要安装在远离猪休息区的排粪区内。定期检查饮水器的工作状态,清除泥垢,调节和紧固螺钉,发现故障及时更换零件。

3. 乳头式饮水器

乳头式饮水器(图 7-11)是由壳体、顶杆和钢球三大件组成。

猪饮水时,顶起顶杆,水从钢球、顶杆与壳体之间的间隙流出至猪的口腔

中;猪松嘴后,靠水压及钢球、顶杆的重力,钢球、顶杆落下与壳体密接,水停止流出。这种饮水器对泥沙等杂质有较强的通过能力,但密封性差,并要减压使用,否则,流水过急,不仅猪喝水困难,而且流水飞溅,浪费用水,弄湿猪栏。

安装乳头式饮水器时,一般应使其与地面成45°~75°,离地高度,仔猪为25~30cm,生长猪(3~6月龄)为50~60cm,成年猪为75~85crn。

图7-11 乳头式饮水器

4. 杯式饮水器

杯式饮水器(图7-12)是一种以盛水容器(水杯)为主体的单体式自动饮水器,由杯体、饮水器体、活门、支架等部件组成。其中饮水器体与鸭嘴式的结构一致。

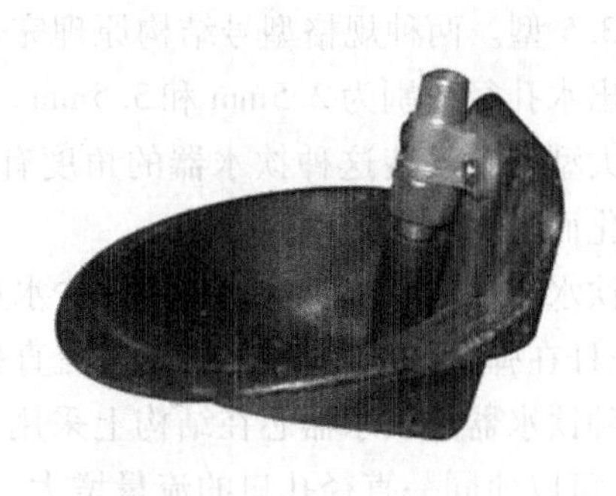

图7-12 杯式饮水器

杯式饮水器的杯体为浅杯式,便于清洗、维护,杯盘容量为330mL。

常见的有浮子式、弹簧阀门式和水压阀杆式等类型。

(1)浮子式饮水器 多为双杯式,浮子室和控制机构放在两水杯之间。通常,一个双杯浮子式饮水器固定安装在两猪栏间的栅栏间壁处,供两栏猪共用。浮子式饮水器由壳体、浮子阀门机构、浮子室盖、连接管等组成。当猪饮水时,推

动浮子使阀芯偏斜，水即流入杯中供猪饮用；当猪嘴离开时，阀杆靠回位弹簧弹力复位，停止供水。浮子有限制水位的作用，它随水位上升而上升，当水上升到一定高度，猪嘴就碰不到浮子了，阀门复位后停止供水，避免水过多流出。

（2）弹簧阀门式饮水器　水杯壳体一般为铸造件或由钢板冲压而成杯式，杯上销连有水杯盖。当猪饮水时，用嘴顶动压板，使弹簧阀打开，水便流入饮水杯内；当猪嘴离开压板，阀杆复位，停止供水。

（3）水压阀杆式饮水器　靠水阀自重和水压作用控制出水的杯式饮水器，当猪饮水时用嘴顶压压板，使阀杆偏斜，水即沿阀杆与阀座之间隙流进饮水杯内，饮水完毕，阀板自然下垂，阀杆恢复正常状态。

猪用各类饮水器的技术参数见表7－4，猪用鸭嘴式和杯式饮水器的安装高度见表7－5。

表7－4　猪用各类饮水器技术参数

规格	鸭嘴式9SZY－2.5	鸭嘴式9SZY－3.5	乳头式9SZR－9	杯式9SYB－330
适用范围	乳猪 断奶仔猪	育肥猪 妊娠猪 种猪	育肥猪 妊娠猪 育成猪	仔猪 育肥猪
外形尺寸(mm)	22×85	27×91.5	22×70	182×152×116
接头尺寸(mm)	G12.70	G12.70	G12.70	G12.70
流量(L/min)	2～4.5	2.5～5	1.5～2.5	2～4.5
对水压要求(kg/cm^2)	0.2～4	0.2～4	≤0.2	0.2～4
可负担猪数量	10～15	10～15	10～15	10～15
重量(kg/个)	0.1	0.2	0.1	2.1

表7－5　猪用鸭嘴式和杯式饮水器的安装高度

猪群别	鸭嘴式饮水器距地面(mm)	杯式饮水器杯底距地面(mm)
妊娠母猪	500～600	
哺乳母猪	500～600	100～200
仔猪		100～150
幼猪	250～350	
育肥猪	350～450	150～250

三、牛羊用饮水设备

规模牧场的饲养模式常为自由饮水，在牛舍及运动场设计的有饮水池。每头泌乳牛至少保证10cm以上的饮水空间，冬季水槽既能用电加热又能保温，确保奶牛随时可以饮到15～17℃清洁的温水，饲养员每天至少能做到对水槽清洗一次，每周消毒一次。

1. 大型低压电加热饮水槽(图7－13)

低压电加热板装置可确保寒冷的冬季奶牛饮用15～18℃温水。采用24V加热系统，处于牛的安全电压范围，不会发生电牛、电人事件；设计有浮子阀门，可随时调节水位高低，自动控制补充水源；高强度聚乙烯材料，防酸、防腐蚀、无毒、抗震，使用寿命长；高温滚塑一次成型，无裂缝和死角，微生物不易附着，便于清洁。

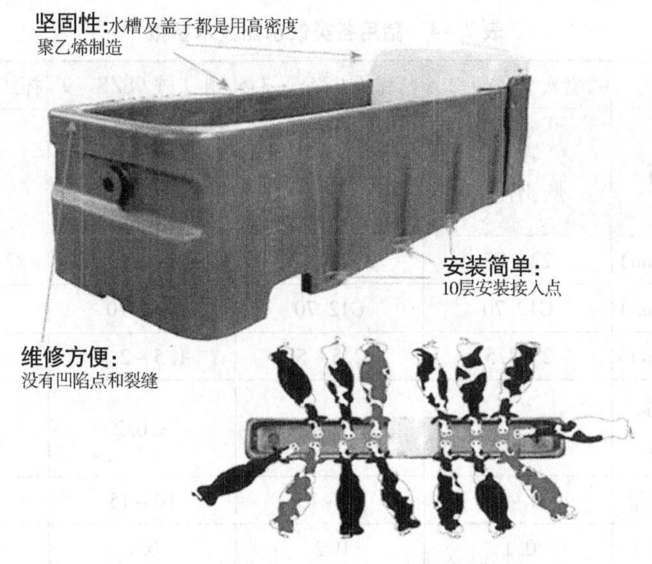

图7－13　大型低压电加热饮水槽

2. 翻转型饮水器(图7－14)

一头挤奶牛生产1L牛奶需要4～5L水，水必须洁净新鲜。被牛粪或残留饲料污染的水会影响pH和味道，使水的可口性变差，所以定期清洗饮水器很重要。

翻转型饮水器简单而方便。饮水槽为不锈钢材料，上边角向下折边，没有锐边。通过倾斜饮水器可方便快速清洗。

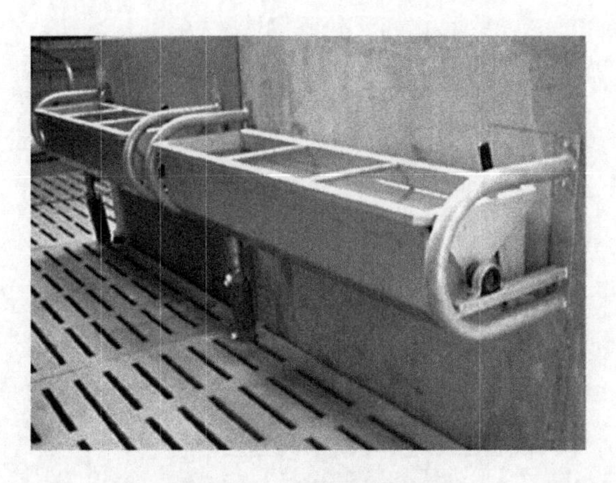

图 7－14　翻转型饮水器

3. 饮水碗(图 7－15)

适用于单栏饲养牛只。任何方向轻触都可启动流水,没有水溅,水从水管到饮水碗底平稳流出没有虹吸作用,奶牛适应快。

图 7－15　饮水碗

第八章　畜禽场喂料设备

第一节　养鸡场喂料设备

在鸡的饲养管理中，喂料耗用的劳动量较大，因此大型机械化鸡场为提高劳动效率，采用机械喂料系统。喂料设备包括储料塔、输料机、喂料机和饲槽4个部分。

一、储料塔

用于大、中型机械化鸡场，主要用作短期储存干粉状或颗粒状配合饲料，与室内自动喂料系统结合。一般建在鸡舍前部的一侧，容量大多数在2～5t。散装物料运输车从饲料厂装载饲料后直接运送到养鸡场并把饲料输送到储料塔内（图8－1、图8－2）。室外储料塔通过专用输送管道将饲料送入鸡舍内自动供料系统的小料箱中。一般的储料塔都有称重系统，能够显示储料塔内饲料存量的状态。

图8－1　位于两个鸡舍之间的储料塔

图8－2　运料车将饲料直接输入储料塔

储料塔一般用厚1.5mm的镀锌钢板冲压而成。其上部为圆柱形，下部为圆锥形，圆锥与水平面的夹角应大于60°，以利于排料。塔盖的侧面开了一定数量的通气孔，以排出饲料在存放过程中产生的各种气体和热量。储料塔一般直径较小，塔身较高，当饲料含水量超过13%时，存放超过2天后，储料塔内的饲料会出现“结拱”现象，使饲料架空，不易排出。因此，储料塔内需要安装破拱装置。

破拱装置结构如图8－3所示，它装在储料塔的锥部。电动机通过齿轮箱及万向节带动上、下拨杆转动，使架空结拱的饲料受到拨动而塌陷。这种设备破拱效果好，在饲料含水率高达17%的情况下，效果仍然可靠。

二、输料机

输料机是储料塔和舍内喂料机的连接通道，将储料塔或储料间的饲料输送到舍内喂料机的料箱内。输料机有螺旋弹簧式、螺旋叶片式、链式。目前使

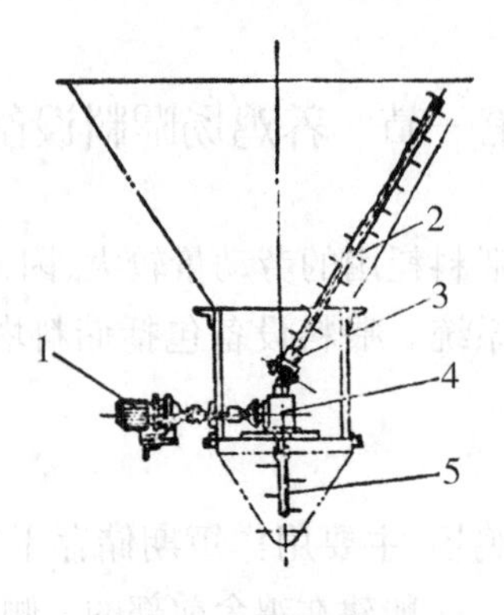

图 8－3　破拱装置

1. 电动机　2. 上拨杆　3. 万向节　4. 齿轮箱　5. 下拨杆

用较多的是前两种。

1. 螺旋弹簧式

螺旋弹簧式输料机由电机驱动皮带轮带动空心弹簧在输料管内高速旋转，将饲料传送入鸡舍，通过落料管依次落入喂料机的料箱中。当最后一个料箱落满料时，该料箱上的料位器弹起切断电源，使输料机停止输料的作用。反之，当最后料箱中的饲料下降到某一位置时，料位器则接通电源，输料机又重新开始工作。

2. 螺旋叶片式

螺旋叶片式输料机是一种广泛使用的输料设备，主要工作部件是螺旋叶片。在完成由舍外向舍内输料作业时，由于螺旋叶片不能弯成一定角度，故一般由两台螺旋叶片式输料机组成，一台倾斜输料机将饲料送入水平输料机和料斗内，再由水平输料机将饲料输送到喂料机各料箱中。

三、喂料机

蛋鸡生产中常用的自动喂料设备有轨道车式、链板式、螺旋式和塞盘式 4 种，常用的有轨道车式、链板式两种。

1. 轨道车式喂料机(图 8－4 至图 8－7)

用于多层笼养鸡舍，是一种骑跨在鸡笼上的喂料机，沿鸡笼上或旁边的轨道缓慢行走，将料箱中的饲料分送至各层饲槽中，根据料箱的配置形式可分为顶料箱式和跨笼料箱式。顶料箱行车式喂料机只有一个料桶，料箱底部装有搅龙，当喂料机工作时搅龙随之运转，将饲料推出料箱沿溜管均匀流入饲槽。跨笼料箱喂料机根据鸡笼形式配置，每列饲槽上都跨设一个矩形小料箱，料箱下部锥形扁口通向饲槽中，当沿鸡笼移动时，饲料便沿锥面下滑落入饲槽中。

饲槽底部固定一条螺旋形弹簧圈，可防止鸡采食时选择饲料和将饲料抛出槽外。喂料机的行进速度为10～12m/s。

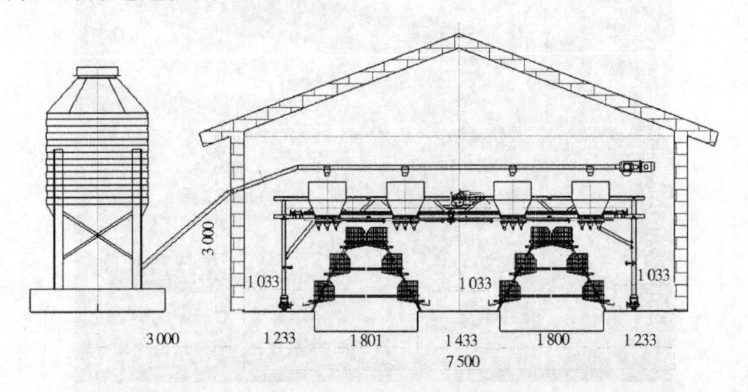

图8－4 两列三层轨道车式喂料机示意图（本图片由河南金凤养鸡设备公司提供）（单位：mm）

图8－5 轨道车式喂料机（本图片由河南金凤养鸡设备公司提供）

图8－6 阶梯式鸡笼的喂料机

图 8-7 叠层式鸡笼的喂料机

2. 链板式喂料机

可用于平养和笼养。它由料箱、驱动机构、链板、长饲槽、转角轮、饲料清洁筛、饲槽支架等组成,见图 8-8。链板是该设备的主要部件,它由若干链板相连而构成一封闭环。链板的前缘是一铲形斜面,当驱动机构带动链板沿饲槽和料斗构成的环路移动时,铲形斜面就将料斗内的饲料推送到整个长饲槽。按喂料机链片运行速度又分为高速链式喂料机(18~24m/min)和低速链式喂料机(7~13m/min)两种。

一般跨度 10m 左右的种鸡舍、跨度 7m 左右的肉鸡和蛋鸡舍用单链,跨度 10m 左右的蛋、肉鸡舍常用双链。链板式喂饲机用于笼养时,3 层料机可单独设置料斗和驱动机构,也可采用同一料斗和使用同一驱动机构。

链板式喂料机的优点是结构简单、工作可靠。缺点是饲料易被污染和分级(粉料)。

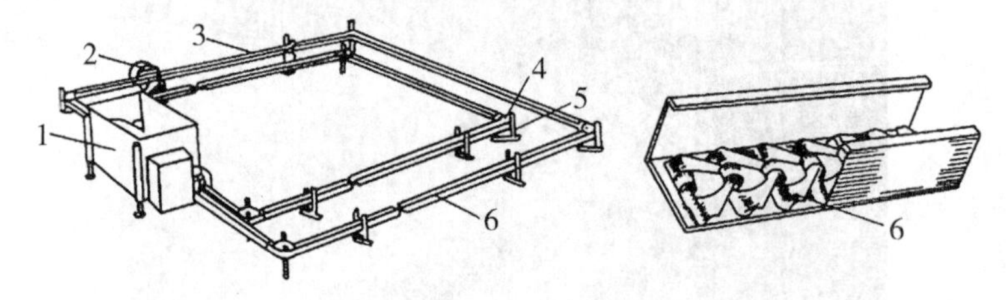

图 8-8 9WL-42P 链板式喂料机

1. 料箱 2. 清洁器 3. 长饲槽 4. 转角轮 5. 升降器 6. 输送链

3. 螺旋式喂饲机

由料箱、驱动器、推送螺旋、输料管、料盘和升降装置等部分组成。

4. 塞盘式喂饲机

由料箱、驱动器、塑料塞盘及镀锌钢缆、输料管、转角器、料盘和升降装置等部分组成。适用于平养。

四、饲槽和料桶

1. 饲槽

应能满足鸡采食方便和防止鸡把饲料甩出槽外造成撒落损失的要求。由于鸡龄不同,饲槽的型式也不同。5 日龄雏鸡常采用饲碟喂饲,20 日龄以内的雏鸡常用浅槽,育成鸡和成鸡用盘筒式和长饲槽,如果此槽较浅时,也可用于雏鸡。盘筒式饲槽,前已述及,这里介绍一下长形饲槽(图 8 -9)。

长饲槽用于链槽式、轨道式和笼养的塞盘式喂料机,用镀锌薄板制成。图 8 -9a 和 8 -9b 为平养用的链槽式喂料机饲槽,图 8 -9a 用于雏鸡,图 8 -9b 用于成鸡。图 8 -9c、8 -9d 及 8 -9e 为笼养长饲槽,其矮侧壁贴鸡笼,其中图 8 -9c 用于雏鸡,图 8 -9d 和 8 -9e 用于成鸡。

每只鸡所需长形饲槽的采食宽度见表 8 -1。

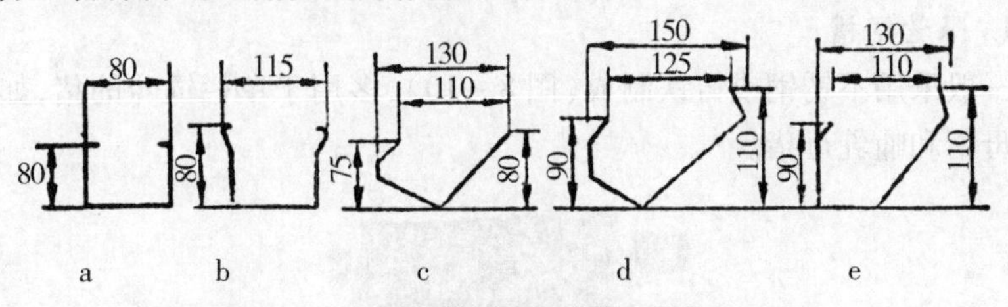

图 8 -9　长形饲槽横断面参数(单位:cm)

表 8 -1　采食宽度(cm)

鸡群类别	雏鸡	育成鸡和成鸡					
		来航鸡(母)	来航鸡(公)	中型鸡(母)	中型鸡(公)	肉用种鸡(母)	肉用种鸡(公)
每只鸡占饲槽宽度	5.1	6.4	7.6	7.6	8.9	10.2	12.7

2. 料桶

适用于平养、人工喂料,由上小下大的圆形盛料桶和中央锥形的圆盘状料盘及栅格等组成,并可通过吊索调节高度。

第二节 养猪场喂料设备

现代规模化猪场供料方式有全自动化供料、半自动化供料和人工供料3种模式,不同的饲喂或供料模式采用的设备不同。但无论何种方式,其共有的设备为饲槽。

一、饲槽

饲槽可分为固定饲槽和自动饲槽。饲槽设计参数见表8-2。

表8-2 猪饲槽基本参数(mm)

类型	适用猪群	高度	采食间隙	前缘高度
水泥定量饲槽	公猪、妊娠母猪	350	300	250
铸铁半圆弧饲槽	分娩母猪	500	310	250
长方体金属饲槽	哺乳仔猪	100	100	70
长方形金属饲槽	保育猪	700	140~150	100~120
自动落料饲槽	生长育肥猪	900	220~250	160~190

1. 限量饲槽

一般采用不锈钢或铸铁制成(图8-10),多用于单栏饲养的猪,如公猪、妊娠母猪和哺乳母猪。

图8-10 限量饲槽

2. 自动饲槽(图8-11)

自动饲槽就是在饲槽的顶部装有储料箱,当猪吃完饲槽中的饲料时,由于

重力或机械作用,饲料将不断落入饲槽内。饲槽由钢板或水泥制成,形状有圆形和长方形,长方形的可分为单面饲槽和双面饲槽。

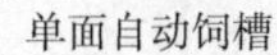

单面自动饲槽　　双面自动饲槽　　自动干湿饲槽

图 8－11　自动饲槽

母猪定量瓶(杯)是与限位栏配套的自动精确饲喂设施,一般用于妊娠母猪。定量瓶与输料管线相连,可实现自动化供料。定量瓶上有刻度,将调节阀调至相应刻度即妊娠母猪每次饲喂量,开动机械,输料管开始供料,当下料至刻度线时,停止下料,实现了母猪精确饲喂的自动化(图 8－12)。

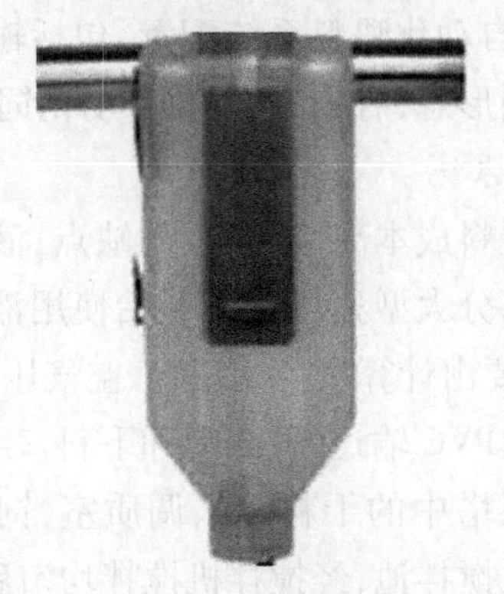

图 8－12　母猪定量瓶

二、储料塔

储料塔多数用 2.5～3.0mm 的镀锌波纹钢板和玻璃钢制作,饲料在自身的重力作用下落入储料塔下锥体底部的出料口,再通过输料机送到猪舍中。

常用储料塔的结构见图 8－13,其容量有 2t、4t、5t、6t、8t 等,以能满足一栋猪舍猪群 3～5d 采食量为宜,容量过小则加料频繁,过大则饲料易结拱、储存期过长,且造成设备浪费。

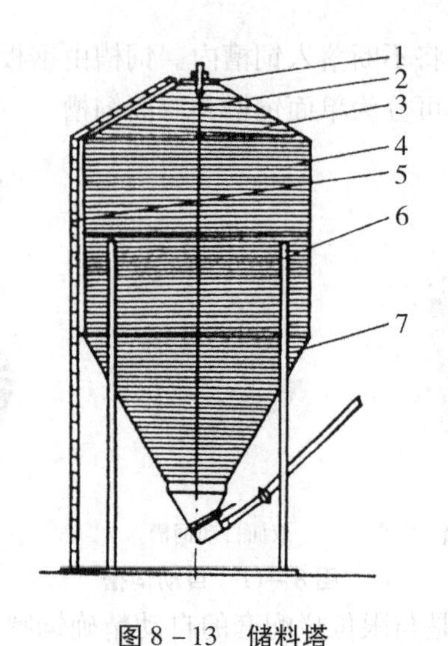

图 8－13　**储料塔**

1. 顶盖　2. 顶盖控制机构　3. 塔顶　4. 塔体

5. 梯子　6. 支架　7. 下锥体

三、辅助供料设备

辅助供料设备多为自动化喂料系统配置，包括输送管道、输送机械、计量设施等，根据饲料的调制形态，有干料、湿料自动化饲喂系统。

1. 稀饲料自动饲喂系统

近年来，由于传统干料成本高、粉尘大的缺点，液态料在生产性能和猪群健康方面的优势，使得部分大型猪场逐渐开始使用液体料供应系统。稀饲料饲喂系统（图 8－14）主要由计算机控制系统、空气压缩系统、储水罐、储料塔、混合灌、电子秤、饲料泵、PVC 输送管、阀门和下料口组成。

供料时，搅龙把储料塔中的干料送入调质室，饲料经过计量后进入搅拌池。同时，水从水箱进入搅拌池，经搅拌机搅拌均匀后再由输料泵把池内稀饲料泵入主输料管道，各气动阀按程序自动开启，使稀料按顺序定量流入各食槽中。

在实际生产中，根据每个下料口猪群数量、选择的饲料配方和饲喂曲线、料水比和饲喂次数，计算机自动计算出每个供料循环需要的干料量和水量，分别将水和饲料导入混合灌，混合均匀得液态饲料由饲料泵泵出，置于混合泵支撑部的精确计量器连接中央控制系统可实现向猪舍的精确给料。供料结束后，冲洗供料管，并回收冲洗水于储存罐，用于下次混合时干饲料的配水。

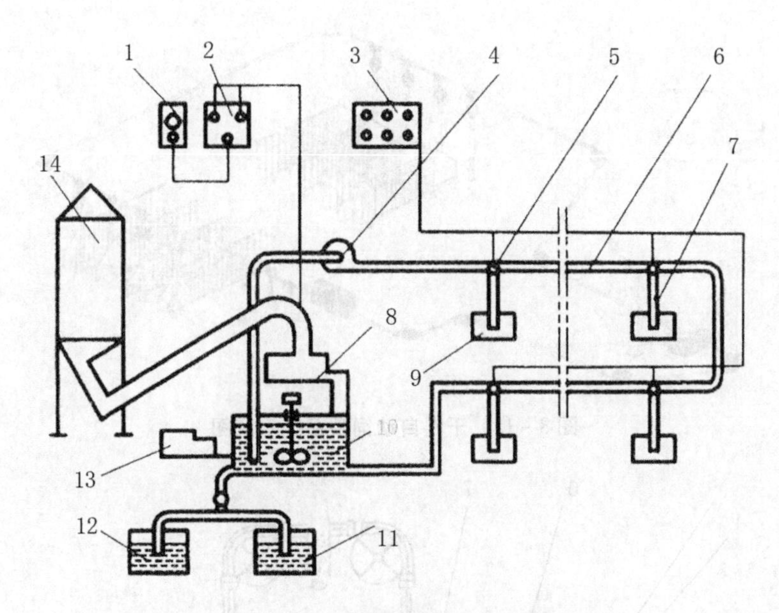

图 8－14　稀饲料饲喂系统与设备

1. 时间继电器　2. 搅拌机组控制板　3. 饲料控制板　4. 稀饲料输送泵　5. 气动阀　6. 主输料管　7. 放料管　8. 计量器　9. 食槽　10. 稀饲料搅拌机　11. 热水管 12. 冷水箱　13. 空气压缩机　14. 储料塔

稀饲料喂饲系统的管道布置应尽量减少弯曲，最小弯曲直径应不小于输料管直径的 4 倍，要避免高落差、急弯，以防止稀饲料的沉淀而造成堵塞。放料支管上部应设置阀门，末端不能垂直于饲槽底部，以免放料时出现喷溅。

在冬季，用热水将饲料调温至 20～30℃，可提高适口性和减少猪维持体温的饲料消耗。适当的料水比为 1∶3，饲料和水的混合比由搅拌机组控制板来调节，放入每个食槽中的饲料量由饲料调节板控制。

稀饲料搅拌池的容积根据所饲喂猪的数量和管路长度来定，一般每 100 头猪所需容积为 1m^3，常用的容积为 2～5m^3。主管道的直径多为 50～100mm，输送距离一般不超过 300m，管内流速应不超过 3m/s；放料支管常用直径为 38～45mm。管道可用钢管或无毒 PVC 制作。

2. 干料自动饲喂系统（图 8－15）

用于输送干料的饲料输送机有弹簧螺旋饲料输送机、塞管式输送机、卧式搅龙输送机、链式输送机等，常用的有塞管式输送系统（图 8－16）。

塞管式饲料输送机也称作线管式饲料输送机。它包括自动料箱、储料塔、驱动装置、钢绳、塞盘、输送管和转角器等部分。

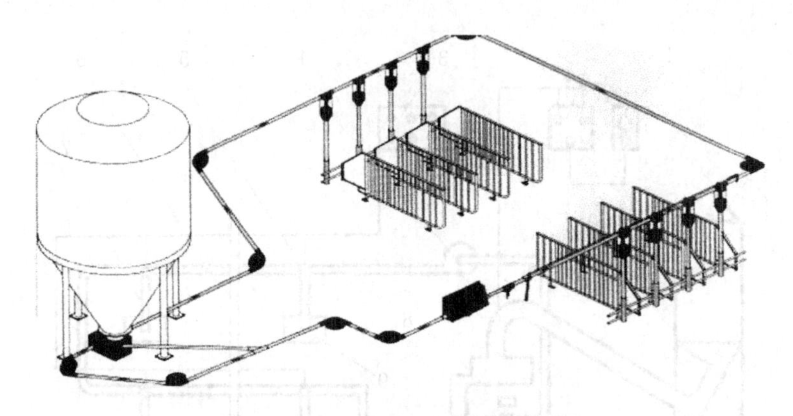

图 8－15　干料自动饲喂系统示意图

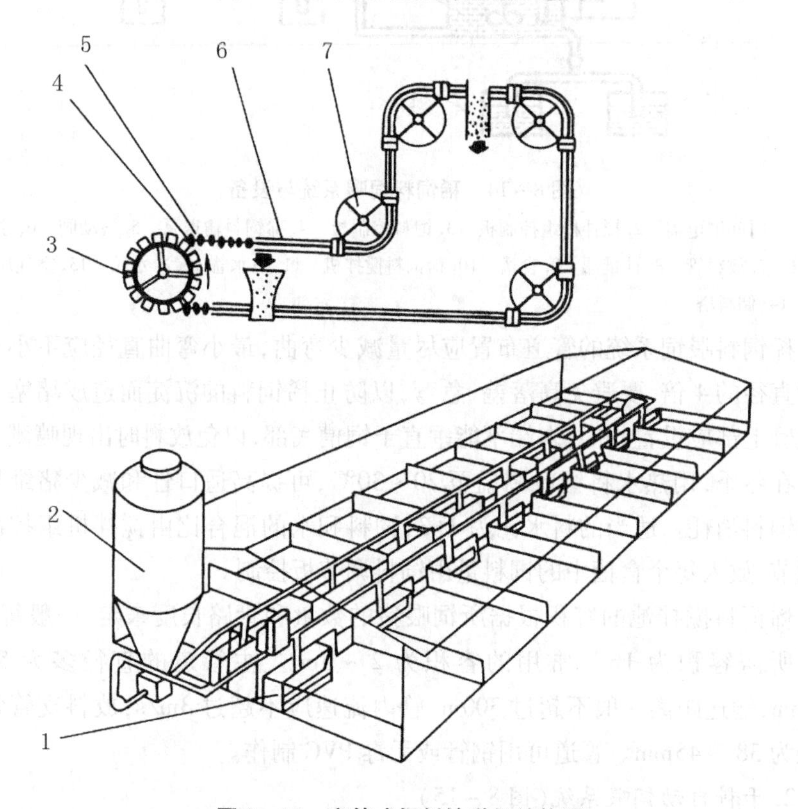

图 8－16　塞管式饲料输送机结构图

1. 自动料箱　2. 储料塔　3. 驱动装置　4. 钢绳　5. 塞盘　6. 输送管　7. 转角器

塞管式饲料输送机工作时，驱动装置带动塞盘移动，将储料塔底部的饲料通过输送管带走，再经过每个自动料箱上部的落料管，饲料靠本身的重力落入自动料箱中，依次加满每一个自动料箱，当加满最后一个时，停止供料。

四、妊娠母猪智能饲喂系统(图 8－17)

妊娠母猪智能饲喂系统也叫全电子饲喂系统,是针对妊娠母猪精确饲喂的群养系统。该套饲喂系统在保障精确饲喂的前提下,将母猪从传统的限位栏解放出来,实现群养,增强了母猪的体质,提高了母猪的健康状态和生产效率。

其原理是:母猪佩戴电子耳标,系统读取耳标来判断猪的身份,传输给计算机,管理者设定该猪的怀孕日期、日饲喂量,系统根据终端获取的耳标数据计算出该猪当天需要的进食量,然后把这个进食量分量、分时间传输给饲喂设备为该猪下料。当猪采食完设定好的日粮时,系统不再给料,实现了母猪的精确限饲。

图 8－17　妊娠母猪智能饲喂系统

第三节　牛、羊场喂料设备

一、全混合日粮(TMR)饲料搅拌车(图 8－18)

TMR 饲料搅拌车是把粗饲料和精饲料以及微量元素等添加剂进行切短、搅拌、混合,并进行投喂的大型机械设备。

TMR 车的容积和牧场发展规模相匹配。可以用“70 头牛为 $1m^3$”的方法估算。通常,存栏 500 头以下选择 $5 \sim 7m^3$,700～1 000 头选择 $8 \sim 12m^3$,1 500 头以上选择 $16 \sim 25m^3$ 的设备。对于存栏 1 500 头以上的规模牧场,建议购置 2 台以上容积相对小点的 TMR 车,或者购置一台备用机,这样设备出故障时可以备用。物料达到所标容积的 70%～80% 时,设备使用效率最高。

图 8-18 TMR 饲料搅拌车

据产品外观形状,可分为立式和卧式两种,其中立式又分为固定式和牵引式,卧式又分为固定式和自走式。

1. 立式固定式饲料搅拌车

立式饲料搅拌车结构简单,称重精确,可轻松处理大的圆形或方形干草包。由于饲料对料筒侧壁的压力小,搅拌车的磨损率较低,能够迅速打开、切碎大型圆、方草捆。卸料后料箱内清洁,不留余料。

2. 立式牵引式饲料搅拌车

立式牵引式饲料搅拌车具有独立的液压系统,挂接方便,独立性强,使用寿命长;非链条式双边自动卸料装置,并可根据用户要求单侧开门;备有选装的侧臂机械手,可方便快捷地抓取饲草和精料。

3. 卧式固定式饲料搅拌车

卧式固定式饲料搅拌车的传动系统先进节能,降低了油耗,减小了维修成本;其特有的搅拌循环系统混料更加均匀,最大化地利用料箱空间;独有的叶片弧度设计,具有排除小异物的功能,保护搅拌系统;人性化的后部装料方式,对于小草捆的投放快捷易行,并可轻松观察搅拌状态。

4. 卧式自走式饲料搅拌车

刀片非线性排列,加快抓取速度;取料臂上装有导入饲料添加剂的专门入口,遇到紧急情况自动锁死,安全可靠;醒目的仪表盘便于时时观察搅拌车的运行。

二、青贮取料机(图 8-19)

青贮取料机是一种养殖取料设备,适用于牛场或养牛小区。适合各种规格青贮窖,自走式设计,方便现场操作。减少劳力、劳动时间,降低劳动强度,提高了牧场工作效率,降低了取料成本。

青贮取料机 2~3min 一刀,可抓取青贮 1~2t,省时省工。取用后的青贮截面整洁，保持了原有的压实度，减少了青贮与空气的接触面，避免二次发酵，提高青贮品质，降低牛群发病率。

图 8－19　青贮取料机

三、多功能滑移装载机（图 8－20）

滑移装载机具有体积小、重量轻、原地 360°回转、机动性能好、附件功能多等特点，是牧场作业的“多面手”。从牧场日常的草料搬运、饲料撒布、青贮处理、到清理粪污甚至厂内道路的清扫，均可以用其装载。滑移装载机原地 360°回转，零回转半径，特别适合于狭小空间的作业，对于牧场更是可以自如地穿梭于卧床密集、通道窄小的牛舍内。

图 8－20　多功能滑移装载机

第九章　清粪设备与设施

第一节 地面和地板

一、普通地板

猪舍的普通地板常由混凝土砌成，一般厚 10cm。如果有大型重车经过，可加大到 15cm 厚。地面应向沟或向缝隙地板有 4% ~8% 的坡度，以便于粪尿的流动，也便于用水清洗。在哺乳母猪的猪栏和奶牛的牛床上，有时铺有垫草，以改善其环境，但垫草不利于清粪。

二、缝隙地板(漏缝地板)

缝隙地板是 20 世纪 60 年代开始流行的一种畜禽舍地板，目前已广泛应用于机械化畜禽场。它能使圈栏自净、圈舍清洁干燥，有助于控制疾病和寄生虫的发生，改善卫生条件，节省清扫劳力。缝隙地板要求耐腐蚀，不变形，坚固耐用，易于清洗和保持干燥。常用的缝隙地板的材料有水泥、塑料、木材、金属、玻璃钢、陶瓷等。

1. 钢筋水泥缝隙地板(图 9 –1a)

钢筋水泥缝隙地板在猪舍应用最广泛，其表面应光滑，棱边应做成圆角。一般由若干栅条组成一整体，每根栅条为倒置的梯形断面，预制时在断面的上、下两个位置各设一根加强钢筋。其规格可根据猪栏及粪沟的设计要求而定，常用于大牲畜如成年的猪和牛。

2. 塑料缝隙地板(图 9 –1b)

塑料缝隙地板是用工程塑料压模而成，可将小块连接组合成大片。适用于幼猪保育栏地面或分娩栏仔猪活动区地面。它体轻、价廉，但易引起牲畜的滑跌。

3. 木制缝隙地板(图 9 –1c)

木制缝隙地板的价格低廉，但寿命短，为 2 ~4 年。

4. 钢制缝隙地板

主要用于小家畜(猪、犊牛和羊)以及家禽。钢制缝隙地板有 3 种(图 9 –1 d、图 9 –1e 和图 9 –1f)：图 9 –1 d 为带孔型材。图 9 –1 e 为镀锌钢丝的编织网，用于仔猪；图 9 –1 f 是用直径 4 ~5mm 金属条编织焊接而成的。这种地板粪便下落顺畅，栏内清洁干燥，猪行走时不打滑，利于猪的生长，适用于分娩栏和幼猪保育栏。钢制地板寿命比较短，为 2 ~4 年，一般都进行镀锌、喷塑或涂环氧树脂延长其寿命。

缝隙地板的主要尺寸参数是板条宽度和缝隙宽度，板条的大小应做到既不伤猪又干净。钢筋水泥缝隙地板的板条宽度用于幼猪舍为75～130mm，育肥舍为100～200mm；缝隙宽度用于仔猪为9～25mm，幼猪为20～25mm，育肥猪为25mm，母猪为30mm。金属缝隙地板板条宽度为30～50mm；缝隙宽度用于仔猪为9mm，幼猪为13mm。一般情况下，缝隙窄，板条也窄，缝隙宽，板条也宽。

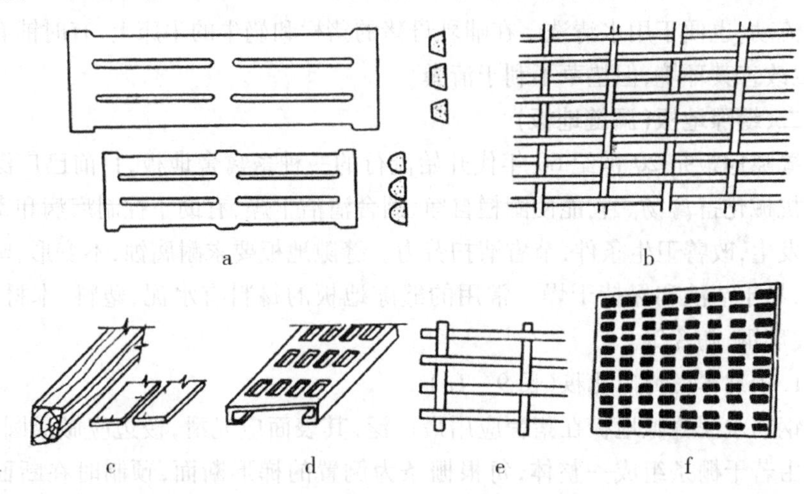

图9－1　漏缝地板

a. 钢筋水泥漏缝地板　b. 塑料漏缝地板　c. 木材漏缝地板　d、e、f. 钢制漏缝地板

第二节　清粪设备

一、刮板式清粪设备

1. 刮板式清粪机(图9－2至图9－4)

刮板式清粪机由牵引机(电动机、减速器、绳轮)、钢丝绳、转角滑轮、刮粪板及电控装置5大部分组成。

工作原理：工作时电动机驱动绞盘，钢丝绳牵引刮粪器。向前牵引时刮粪板呈垂直状态，紧贴地面，刮粪到达终点时，刮粪器前面的撞块碰到行程开关，使电动机反转，刮粪板返回。此时刮粪器受到背后钢丝绳牵引将刮粪板抬起，越过鸡粪，因而后退不刮粪。到达起点后进入下一个循环。

用于网上平养和笼养，安置在鸡笼下的粪沟内，刮板略小于粪沟宽度。每开动一次，刮板做一次往返移动，刮板向前移动时将鸡粪刮到鸡舍一端的横向

图 9－2　笼养刮粪板

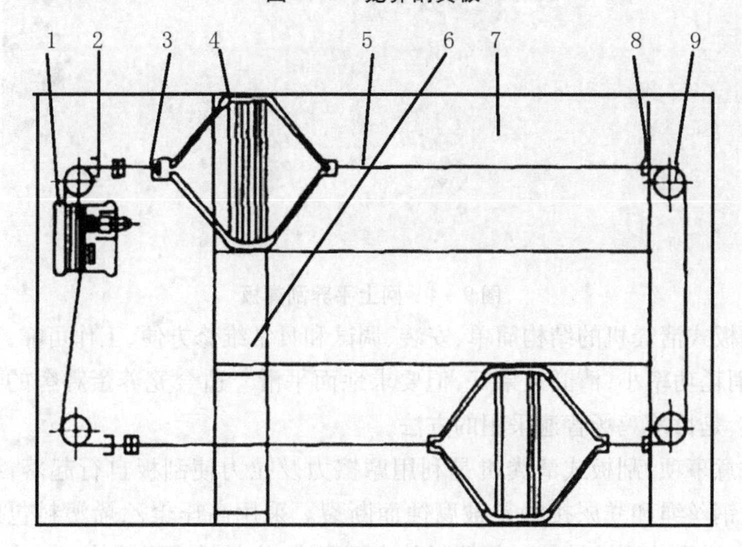

图 9－3　9FZQ－1800 型刮板式清粪机平面布置图

1. 牵引装置　2. 限位清洁器　3. 张紧器　4. 刮粪板　5. 牵引钢丝绳　6. 横向粪沟　7. 纵向粪沟　8. 清洁器　9. 转角轮

粪沟内，返回时，刮板上抬空行。横向粪沟内的鸡粪由螺旋清粪机排至舍外。视鸡舍设计，1 台电机可负载单列、双列或多列。

刮板式清粪机一般用于双列鸡笼，一台刮粪时，另一台处于返回行程不刮

粪,使鸡粪都被刮到鸡舍同一端,再由横向螺旋式清粪机送出舍外。

通常使用的刮板式清粪机分全行程式和步进式两种。全行程式刮板清粪机适用于短粪沟。步进式刮板清粪机适用于长形鸡舍,其工作原理和全行程式完全相同。

图 9-4 网上平养刮粪板

刮板式清粪机的结构简单,安装、调试和日常维修方便,工作可靠,机器噪声小,消耗功率小,清粪效果好,但要求地面平滑。适合笼养蛋鸡舍的纵向清粪工作,是目前鸡场普遍采用的方法。

注意事项:刮板式清粪机是利用摩擦力及拉力使刮板自行起落,结构简单。但钢丝绳和粪尿接触易被腐蚀而断裂。采用高压聚乙烯塑料包覆的钢丝,可以增强抗腐蚀性能。但塑料外皮不耐磨,容易被尖锐物体割破失去包覆作用。因此,要求与钢丝绳接触的传动件表面必须光滑无毛刺。

目前,改进的刮板式清粪机采用了尼龙绳作牵引件,尼龙绳强度高、耐腐蚀、使用寿命长,但尼龙绳易磨损,怕阳光暴晒。

2. 链式刮板清粪机

链式刮板清粪机由链刮板、驱动装置、导向轮和张紧装置等部分组成,如图 9-5 所示。

工作时,驱动装置带动链子在粪沟内做单向运动,装在链节上的刮板便将粪便带到舍端的小集粪坑内,然后由倾斜升运器将粪便提升起并装入运粪拖车运至集粪场。

粪便具有很强的腐蚀性,因此链子和挂板通常用不锈钢或防腐镀锌处理的钢材制造。粪沟的断面形状要与刮板尺寸相适应。为了保证良好的清粪效果,刮板应能自由地上下倾斜,以使刮板底面能紧贴在粪沟底面上。

链式刮板清粪机一般安装在猪舍的开式粪沟(明沟)中,即在猪栏的外面开一粪沟,猪尿自动流入粪沟,猪粪由人工清扫至粪沟中。此种方式不适用在高床饲养的分娩舍和培育舍内清粪。倾斜升运器的构造与刮板输送器大体基本相同,有单独的电机驱动。为了使粪便装载提升可靠,倾斜升运器安装倾斜角≤30°。链式刮板清粪机的主要缺陷是由于倾斜升运器通常在舍外,在北方冬天易冻结。因此北方地区冬天不可使用倾斜升运器,而应由人工将粪便装车运至集粪场。

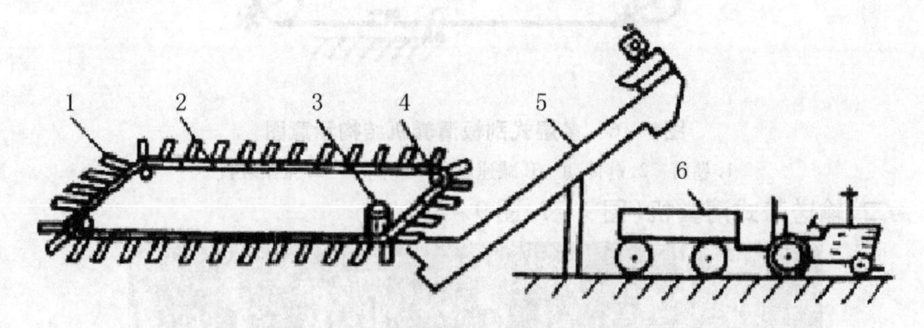

图 9-5 链式刮板清粪机结构示意图

1. 刮板 2. 链子 3. 驱动装置 4. 导向轮 5. 倾斜升运器 6. 运粪拖车

3. 多层式刮板清粪机

主要用于鸡的叠层笼养,如图 9-6 所示。为了避免钢丝绳打滑,主动卷筒和被动卷筒采用交叉缠绕,钢丝绳通过各绳轮并经过每一层鸡笼的承粪板上方。每一层有一刮板,一般排粪设在安有动力装置相反的一端。开动电动机时,有两层刮板为工作行程,另两层为空行层,到达尽头时电动机反转,刮板反向移动,此时另两层刮板为工作行程,到达尽头时电动机停止。刮粪板的工作原理与前述类似,只是结构更简单,刮板的高度和宽度也较小。各层鸡笼下的承粪板可采用玻璃板、镀锌铁板、水泥板、压力石棉水泥板、钙塑板、电木板等。

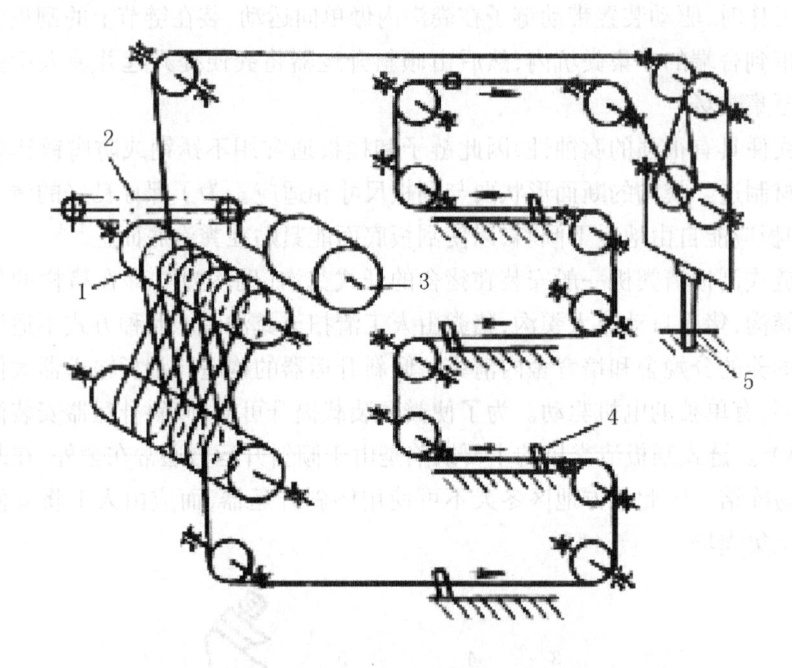

图9-6　多层式刮板清粪机结构示意图

1.卷筒　2.链传动　3.减速电机　4.刮板　5.张紧装置

二、输送带式清粪机(图9-7、图9-8)

图9-7　输送带式清粪机

在机械化养鸡场的叠层式鸡笼上多采用带式清粪机。它可以省去盛粪装置,鸡群的粪便可直接排泄在输送带上,工作时传动噪声小,使用维修比较方便,生产效率高,动力消耗少。粪便在承粪带上搅动次数少,空气污染少,有利于鸡的生长。但使用中出现的问题是输送带经使用后发生延伸变形而打滑,影响工作,需经常调整。

带式清粪机主要由驱动减速机构、传动机构、主动辊、被动辊、输送带和托辊等组成。在主动辊一端还装有固定式清粪板和旋转式除粪刷。在从动滚筒上装有调整机构,一般多用螺杆调整输送带的紧度。调整时两边的紧度要一致,以防输送带走偏。

工作时,电动机经减速后通过传动链条驱动各层主动滚筒,利用摩擦力带动输送带运转,被动辊也随之转动。除粪刷以相反方向旋转,将输送带上的粪便刷到清粪板上,没有刷到的粪便又经清粪板再次刮除。除掉的粪便落入地面的横向粪沟内,再由横向清粪机将其送到舍外。由于输送带的工作长度较大,为防止输送带下垂,在输送带下面还装有托辊。输送带有橡胶带、涂塑锦纶带和玻璃纤维带等。国内常用的是双面涂塑锦纶带。

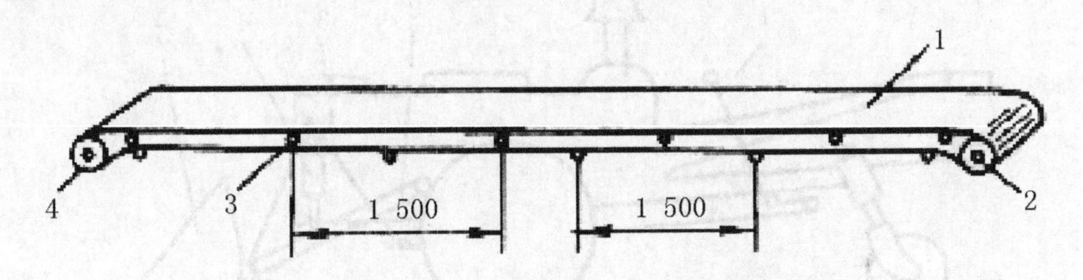

图 9-8　输送带式清粪机结构示意图(单位:mm)

1. 输送带　2. 被动辊　3. 托辊　4. 主动辊

三、螺旋弹簧横向清粪机

主要用于鸡舍的横向清粪。作为大、中型养鸡场机械化清粪作业的配套机械,当纵向清粪机将鸡粪清至鸡舍一端的横向粪沟时,由横向清粪机将鸡粪输送至鸡舍外。螺旋弹簧横向清粪机主要由电动机、减速箱、清粪螺旋、支板、螺旋头座焊合件、接管焊合件、尾座焊合件及机尾轴承座等组成(图 9-9)。

工作时,由电动板经变速箱把动力传给主动轴,经螺旋头座焊合件带动清粪螺旋转动,将鸡粪螺旋推进、排出鸡舍。此种清粪方法清粪效率高,机器结构简单,故障少,安装维修方便,但噪声大。

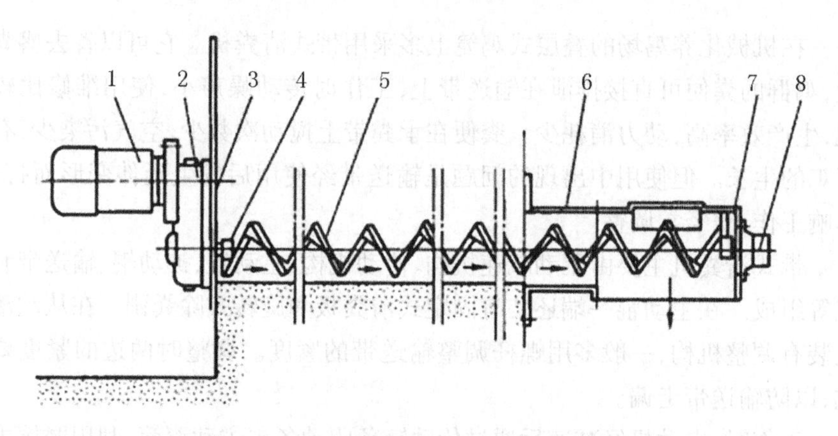

图 9－9　螺旋弹簧横向清粪机结构示意图

1. 电动机　2. 减速箱　3. 支板　4. 螺旋头座　5. 清粪螺旋　6. 接管焊合件
7. 螺旋尾座　8. 尾轴承座

四、移动式清粪机

1. 9FZ－145 型清粪车（图 9－10）

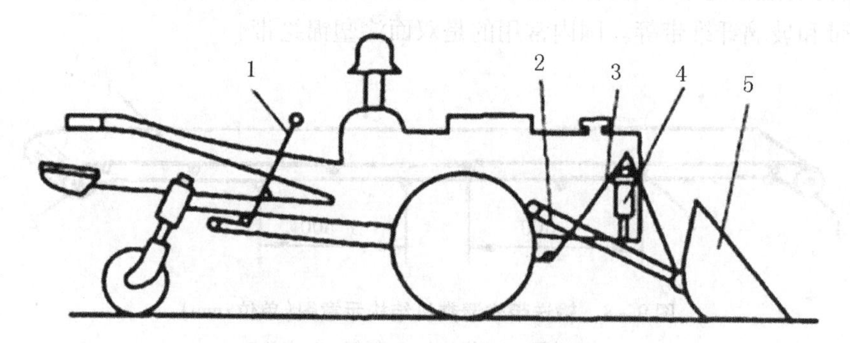

图 9－10　9FZ－145 型清粪车结构示意图

1. 起落手杆　2. 铲架　3. 钢丝绳　4. 深度控制装置　5. 除粪铲

图 9－10 为 9FZ－145 型清粪车，它由除粪铲、铲架、起落机构等组成。除粪铲装于铲架上，铲架末端销连在手扶拖拉机的一个固定销轴上。扳动起落机构的手杆，通过钢丝绳、滑轮组实现除粪铲的起落。该清粪车除可用于猪场的清粪，也可用于高床（粪沟深 1.8 m 以上）笼养和平养鸡舍的清粪。清粪车具有造价低、工作部件腐蚀现象不严重、采用内燃机作动力不受电力的影响等特点。但在使用中粪铲两侧有溢粪现象，需用人工进行辅助清扫。另外，还存在着内燃机废气和噪声等污染问题。

2. 清粪铲车(图 9－11)

图 9－11　清粪铲车

目前,我国没有专门针对牛舍清粪研制的清粪铲车。牧场现在采用的清粪铲车多由小型装载机改装而成,推粪部分利用了废旧轮胎制成一个刮粪斗,更换方便。这种铲车工作噪声大,易对牛造成伤害和惊吓,只能在空舍的时候清粪,每天清粪次数有限,难以保证牛舍的清洁,且此车体积大,操作不灵活,耗油大,运行成本高。在清除运动场牛粪时,机械铲车收集是最主要的方式,在气候干燥、降水少的区域,其利用率较高。

3. 清粪机器人(图 9－12)

图 9－12　清粪机器人

清粪机器人是一款用以漏粪地板清粪的全自动智能设备,可预先设置程序编制清扫路线及自动记忆。清粪机器人具有机械刮粪板所有的优点,且具有动物友好性,自动充电,运行时无噪声,没有易磨损部件,维修费用低,不易

损坏,但初期成本高。

第三节 清粪设施

一、自落积存式清粪设施

自落积存式清粪是通过畜禽的践踏,使畜禽粪便通过缝隙地板进入粪坑。自落积存式清粪设备可用于鸡、猪、牛各种畜禽,应用较广。所用设备包括缝隙地板和舍内粪坑,舍内粪坑位于缝隙地板或笼组的下面,可分地上和地下两种。

舍内地上粪坑用于鸡的高床笼养。鸡笼组距地面1.7~2.0m,在鸡笼组与地面之间形成了一个大容量粪坑,坑内粪便在每年更换鸡群时清理一次。依靠通风使鸡粪干燥。如图9-13a的例子,除将排风机安于笼组下的侧墙以上外,还设有循环风机,促使鸡粪的水分蒸发。每年清理的鸡粪常作固态粪处理,一般在鸡舍两端有通粪坑的门,以便装载机进入清理粪便。高床笼养必须严格控制饮水器的漏水。

舍内地下粪坑常用于猪舍和牛舍,见图9-13b,坑由混凝土砌成,上盖缝隙地板。为支承缝隙地板常有一定数量的砖或混凝土的柱子。粪坑储存一批粪便为4~6个月。坑的深度:猪舍为1.5~2.0m,牛舍为2~3m。在粪坑侧面的若干点设有卸粪坑,上有盖板,卸粪坑与储粪坑相通,卸粪坑底比储粪坑底深450mm左右,用来卸出储粪坑内的粪。

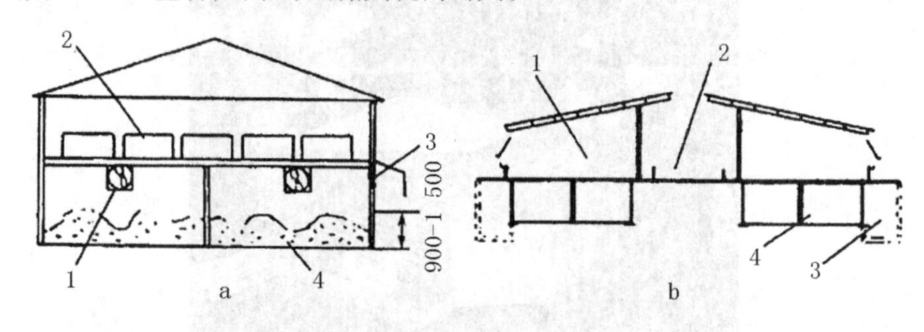

图9-13 自落积存式清粪设施示意图(单位:mm)

a. 高床笼养鸡车:1. 循环风机 2. 鸡笼 3. 排气风机 4. 鸡粪

b. 带舍内地下储粪坑的牛舍:1. 牛栏 2. 通道 3. 卸粪坑 4. 粪坑

畜禽舍地下粪坑在使用前应放入10~30cm深的水,粪坑设有1~2个装有排风机的排气口,其风量等于畜禽舍的冬季最小通风量,以排出潮气并避免

有害气体向上进入畜禽舍。卸空前2~4h应进行搅拌,并同时进行通风,搅拌时应使牲畜离开畜禽舍。

二、自流式清粪设施

自流式清粪是将粪沟底部做成0.5%~1.0%的坡度,粪便在冲洗猪舍的水的浸泡和稀释下成为粪液(粪水混合物),在自身重力的作用下流向端部的横向粪沟,再流向舍外的总排粪沟。根据所用设备的不同,自流式清粪可分为截流阀式、沉淀闸门式和连续自流式3种。

1. 截流阀式清粪

截流阀式清粪(图9-14)所用的主要设备有截流阀、钢丝绳、滑轮和配重等。在粪沟末端连接一个通向舍外的排污管道(直径为200~300mm),在排污管道与粪沟之间有一个截流阀。为了彻底清除粪便,通常采用"U"形粪沟。平时,截流阀将排污口封死。猪粪在冲洗水及饮水器漏水等条件下稀释成粪液。在需要排出时,将截流阀提起,液态的粪便通过排污管道排至舍外的总排粪沟。截流阀通常用不锈钢碗内浇注水泥而制成。不锈钢碗面直径一般为250mm。

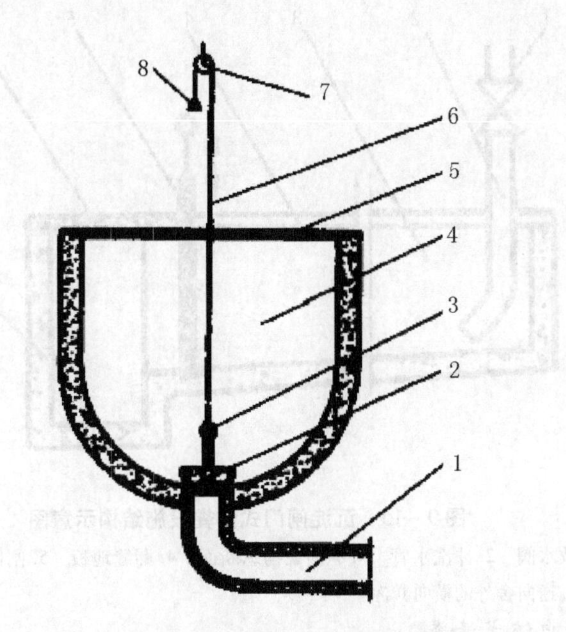

图9-14 截流阀式清粪设施结构示意图

1. 通向舍外的排污管道 2. 截流阀 3. 钢丝绳吊环 4. 舍内粪沟横断面 5. 漏缝地板 6. 钢丝绳 7. 滑轮 8. 配重

为了降低粪沟的深度，对于较长的猪舍（60m 以上），可将通向舍外的排污管道建在猪舍的中间，使粪水从两端向中间流。两次排污的时间间隔可根据粪沟的容积而定，一般为 1 ~ 2 周。时间间隔越短，越有利于改善猪舍的空气质量。每次排污后，要向粪沟内灌 50 ~ 100mm 深的水，以利于粪便的稀释。

2. 沉淀闸门式清粪

沉淀闸门式清粪是在纵向粪沟的末端与横向粪沟相连接处设有闸门（图 9 – 15）。此闸门应便于开启和关闭，关闭时密封要严密。在纵向粪沟的始端靠近沟底位置装有冲洗水管出口，以便在打开闸门时，放出的冲洗水能够有效地冲洗粪便。沉淀闸门式清粪方式的工作过程是：首先将闸门严密关闭，打开放水阀向粪沟内放水，直至水面深至 50 ~ 100mm。猪排出的粪便通过其践踏和人工冲洗经漏缝地板落入粪沟中，粪便在水的稀释作用下成为液态。每隔一定时间打开闸门，同时放水冲洗，粪沟中的粪液便经横向粪沟流向舍外的总排粪沟中。粪液排放完毕后，关闭闸门，继续重复开始的过程。

闸门可用木板、塑料板、玻璃钢板或经过防腐处理的钢板等材料制造。

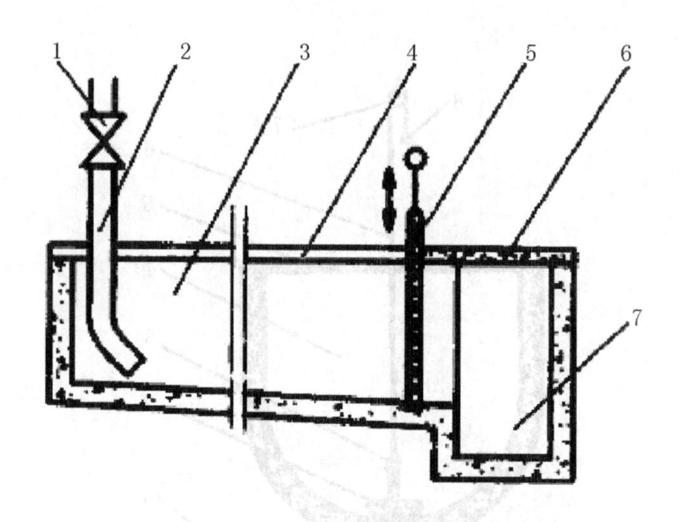

图 9 – 15 沉淀闸门式清粪设施结构示意图

1. 放水阀 2. 冲洗水管 3. 纵向粪沟纵断面 4. 漏缝地板 5. 闸门 6. 横向粪沟盖板 7. 通向舍外的横向粪沟

3. 连续自流式清粪

这种清粪方式与沉淀闸门式基本相同，不同点仅在于纵向粪沟末端以挡板闸门（图 9 – 16）代替后者的闸门。平时，挡板闸门的挡板和闸门之间保持

50～100mrn 的缝隙，其作用是使粪沟中的粪液能够连续不断地从此缝隙流到横向粪沟中，结果是加长了冲洗周期，使冲洗用水量减少。

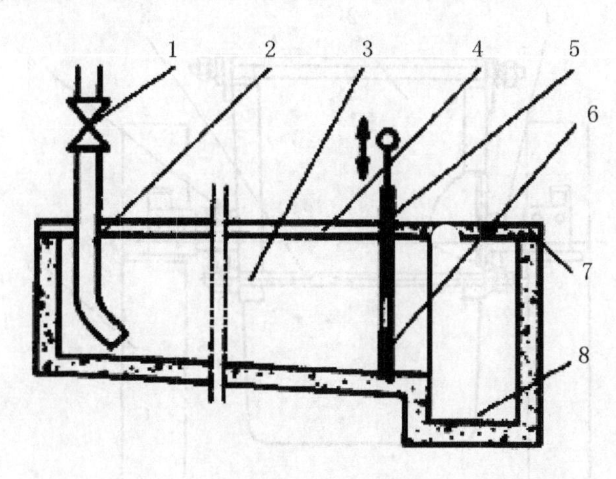

图 9－16　连续自流式清粪设施示意图

1. 放水阀　2. 冲洗水管　3. 纵向粪沟纵断面　4. 漏缝地板　5. 闸门　6. 挡板　7. 横向粪沟盖板　8. 通向舍外的横向粪沟

连续自流式清粪方式的工作过程是：首先向粪沟中灌水，直至挡板闸门中的缝隙有水流出为止。随着猪粪尿及冲洗猪舍用水的不断落入，粪沟内的粪液也不断地通过挡板闸门中的缝隙流向横向粪沟。当粪便将要装满粪沟时，沟内水分相对减少。为了能在打开挡板闸门时实现自流，应适当地关小闸门，使粪液中的水分保持在合适的范围内。当粪沟始端粪液表面距漏缝地板（或地面）大约 200mm 时，打开挡板闸门，粪液便以自流状流向横向粪沟和总排粪沟中。在粪液流出时放入少量冲洗水，冲洗粪沟内局部沉积的干粪。

与截流阀式清粪一样，在采用沉淀闸门式和连续自流式清粪时，对于较长的猪舍可将通向舍外的横向粪沟建在猪舍的中间，使粪水从两端向中间流。

三、水冲式清粪设施

水冲清粪就是在猪舍粪沟的一端设冲水器，定时或不定时向沟内放水，利用水流的冲力将落入粪沟中的粪尿冲至总排粪沟。常用的冲水器有简易放水阀、自动翻水斗和虹吸自动冲水器等。

1. 简易放水阀

简易放水阀装在粪沟始端的水池中。水池进水及水面高度靠浮子控制，出水阀通过杠杆靠人工控制，适时放水冲除粪尿。这种放水阀结构简单，造价低，操作方便，但密封可靠性差，容易漏水。

2. 自动翻水斗

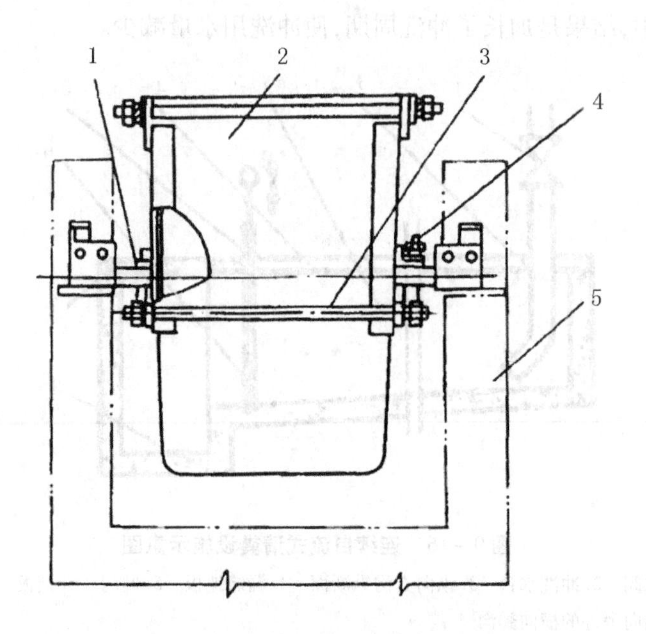

图 9－17　自动翻水斗结构示意图

1. 转轴　2. 盛水翻斗　3. 转轴架　4. 重心调节装置　5. 支承

自动翻水斗如图 9－17 所示。它主要由盛水翻斗、转轴、翻转架重心调节装置及支承等组成，设置在粪沟始端。盛水翻斗是一个两端装有转轴、横截面为梯形的水箱，转轴位置要在横截面的中心以上。常用经过防腐处理的钢板、不锈钢板、玻璃钢和 PVC 塑料等材料制作盛水翻斗。

工作时，根据每天冲洗次数，调好进水龙头流量，供水管不断向盛水翻斗供水，随着盛水翻斗内水面上升，重心不断改变，当水面上升到一定高度时，盛水翻斗绕转轴自动倾倒，几秒钟内可将全部水倒入冲入粪沟，粪沟中的粪便在水的强大冲力作用下被冲至舍外的总排粪沟中。翻水斗内水倒出后，其重心发生变化，在自身重力的作用下自动复位。自动翻水斗结构简单，工作可靠，冲力大，效果好，但与简易放水阀相比造价较高，噪声大。

3. 虹吸自动冲水器

常用的虹吸自动冲水器有“U”形管式和盘管式两种结构形式。图 9－18 为“U”形管式虹吸自动冲水器结构示意图。工作时随着水池水面上升，虹吸帽内的水面也上升，水面上升到一定高度时，虹吸帽上的排气孔被封闭，虹吸帽内的空气被密封，随着水面的继续上升，密封气室压力也提高。当水池水面

超过虹吸帽顶150mm左右时，在密封气室的压力作用下，首先排气管的水和密封气体被压出，密封气室的压力迅速下降，虹吸帽内的水面迅速上升，越过"U"形管顶，连同整个水池的水迅速排出，冲入粪沟，粪沟中的粪便在水的强大冲力作用下被冲至舍外的总排粪沟中。"U"形管式虹吸自动冲水器冲水量的大小由水池底面积及虹吸帽高度决定。

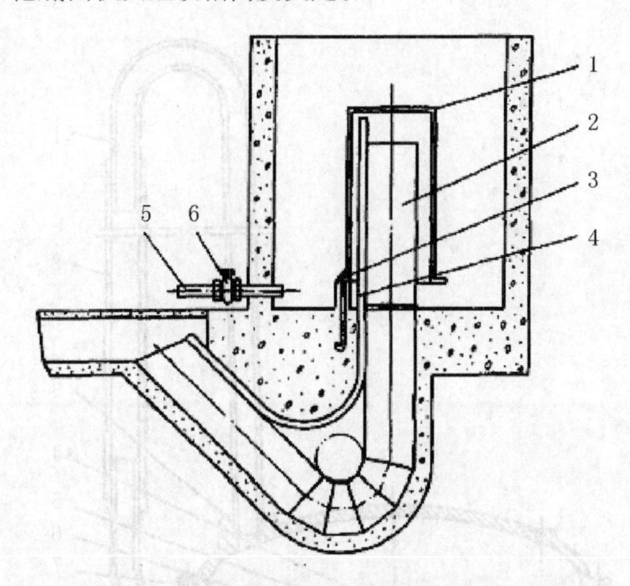

图9－18 "U"形管式虹吸自动冲水器结构示意图

1. 虹吸帽 2. 主虹吸管 3. 固定螺母 4. 排气管 5. 排水管 6. 放水阀

"U"形管式虹吸自动冲水器具有结构简单、没有运动部件、工作可靠、耐用、排水迅速（排放1.5m^3水只需12s）、冲力大、自动化程度高及管理方便等特点。

图9－19为盘管式虹吸自动冲水器结构示意图。工作时随着水池水面上升，虹吸盘上腔和铜管中的水面也上升（虹吸盘上有进水孔与水池相通），当水面上升到铜管顶部后，虹吸盘上腔和铜管中的水靠虹吸作用迅速流出。由于铜管直径大于进水孔直径，因此虹吸盘上腔形成真空，在腔内外压力差的作用下膜片被提起打开，水池中的水通过虹吸盘下腔的排水管迅速排出，冲入粪沟，粪沟中的粪便在水的强大冲力作用下被冲至舍外的总排粪沟中。

盘管式虹吸自动冲水器冲水量的大小由水池底面积及铜管高度决定。冲水速度则取决于排水管的直径。据测试，当出水管直径为200mm时，排放1m^3的水大约需要12s。这种冲水器结构较为简单，运动部件不多，工作可靠。

虹吸自动冲水器的每天冲洗次数靠调节水龙头的流量来控制。

水冲清粪和自流式清粪共同的优点是设备简单,投资较少,工作可靠,故障少,易于保持舍内卫生。其主要缺陷是水量消耗大,流出的粪便为液态,粪便处理难度大,也给处理后的合理利用造成困难。在水源不足及没有足够的农田消纳污水的地方不宜采用。

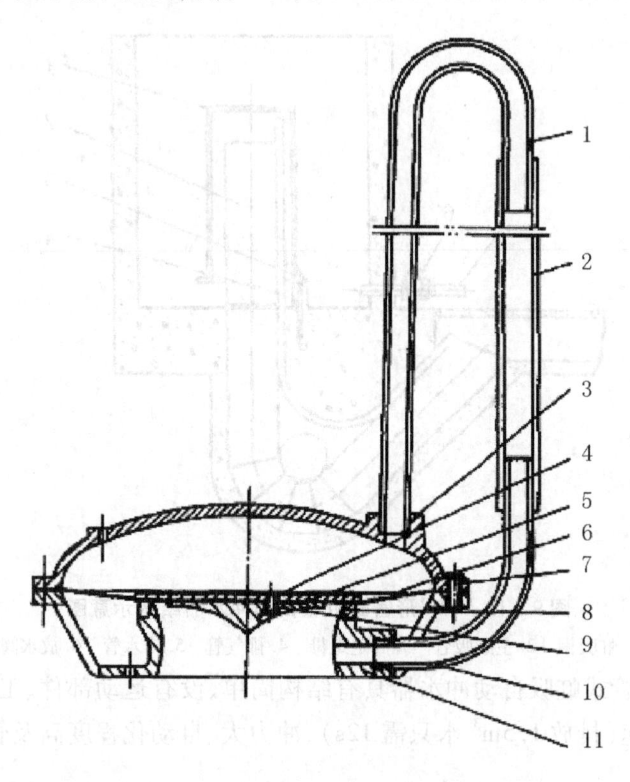

图 9 – 19 盘管式虹吸自动冲水器结构示意图

1. 上虹吸管 2. 连接虹吸管 3. 虹吸盘上盖 4. 连接螺栓 5. 膜片上盖 6. 膜片 7. 固定螺丝 8. 密封环 9. 膜片锥体 10. 下虹吸管 11. 虹吸盘底座

第十章　畜禽场专用设备

第一节 禽场专用设备

一、鸡笼

1. 育雏笼

(1)叠层式育雏笼 包括自带加热系统的电热育雏笼和无自带加热系统的育雏笼。电热育雏笼带有加热源,适用于1~45日龄雏鸡的饲养,由加热笼、保温笼、雏鸡活动笼3部分组成,各部分之间是独立结构,根据环境条件,可以单独使用,也可进行各部分的组合。加热笼和保温笼前后都有门封闭,活动笼前后则为网。雏鸡在加热笼和保温笼内时,料盘和真空饮水器放在笼内。雏鸡长大后保温笼门可卸下,并装上网,饲槽和水槽可安装在笼的两侧。还有一种叠层式育雏笼,无加热装置,两者结构基本相同。每层笼间设承粪板,间隙50~70mm,笼高330mm,人工定期清粪(图10-1);也可以在每层笼的下面安装粪便传送带,用于自动清粪(图10-2)。

图10-1 叠层式育雏笼(人工清粪)

叠层式育雏笼一般每组育雏笼的尺寸:长度1.0~1.4m,宽度0.6m,每层高度0.35m,每层间隔0.1m,常用的4层育雏笼的高度为1.8m左右。使用的时候将若干组育雏笼组装在一起(图10-3、图10-4和图10-5)。

料槽挂在育雏笼的两侧前网的外面,前10d使用真空饮水器放在笼内,以

图 10－2　叠层式育雏笼（自动清粪）

后使用乳头式饮水器。

清粪有两种方式，人工清粪方式需要在每两层之间放置盛粪盘接取上层鸡笼内鸡群的粪便，然后定期清理；自动清粪是在两层鸡笼之间设置传送带，上层笼内的鸡群排泄的粪便落在传送带上，传送带转动的时候在笼列末端有专门的刮板将粪便刮下来。

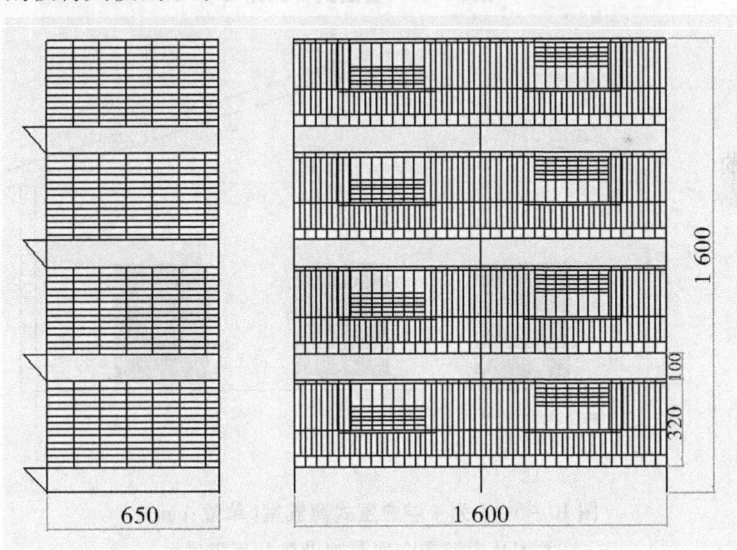

图 10－3　4 层叠层式育雏笼（单位：mm）

本图片由河南金凤养鸡设备公司提供

图 10－4　叠层式育雏笼

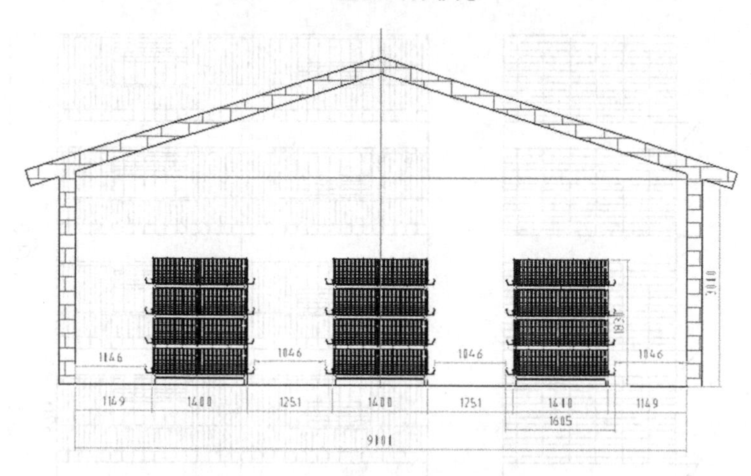

图 10－5　3 列 4 层叠层式育雏室(单位:mm)

本图片由河南金凤养鸡设备公司提供

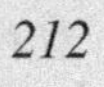

(2)阶梯式育雏笼　一般为 3 层,由下往上每层的位置逐渐向后收缩,呈阶梯状。每层笼的高度约 40mm,深度约 60mm。一般采用集中供暖方式。雏鸡

在其中可以饲养至12周龄(图10-6)。

图10-6 阶梯式育雏笼

2. 育成笼

从结构上分为阶梯式和叠层式两大类,有3层、4层和5层之分,可以与喂料机、乳头式饮水器、清粪设备等配套使用。根据育成鸡的品种与体形,每只鸡占用底网面积在340~400cm^2。总体结构与相应的育雏笼相似,每层笼的高度稍高一些。阶梯式育成笼如图10-7所示。

图10-7 阶梯式育成笼

3. 蛋鸡笼

我国目前生产的蛋鸡笼有阶梯式蛋鸡笼和叠层式蛋鸡笼两类。

(1)阶梯式蛋鸡笼(图 10-8、图 10-9) 多为 3 层全阶梯或半阶梯组合方式,目前有 4~5 层的全阶梯蛋鸡笼产品,由笼架、笼体和护蛋板组成。笼架由横梁和斜撑组成,一般用厚 2.0~2.5mm 的角钢或槽钢制成。笼体由冷拔钢丝经点焊成片,然后镀锌再拼装而成,包括顶网、底网、前网、后网、隔网和笼门等。一般前网和顶网压制在一起,后网和底网压制在一起,隔网为单网片。笼门作为前网或顶网的一部分,有的可以取下,有的可以上翻。笼底网要有一定坡度,一般为 7°~9°,伸出笼外 12~16cm 形成集蛋槽。笼体的规格,一般前高 40~45cm,深度为 45cm 左右,每个小笼养鸡 3~4 只。护蛋板为一条镀锌薄铁皮,放于笼内前下方,下缘与底网间距 5.0~5.5cm。

图 10-8 3 层阶梯式蛋鸡笼

(2)叠层式蛋鸡笼(图 10-10、图 10-11) 这是目前大中型蛋鸡场常用的笼具设备,每层笼上下重叠,有 4 层、6 层和 8 层等多种组合形式。笼的宽度(包括跨在两侧的自动喂料设备)约为 2.2m,4 层的高度约为 2.1m,6 层的约为 3.1m。对于 6 层和 8 层的鸡笼,一般在第四层的顶部架设漏缝走道,前端设置供上下的梯子以便于人员在上面操作。这类鸡笼都采用传送带式自动清粪系统、自动喂料系统、乳头式饮水系统和自动集蛋系统。

4. 种鸡笼

蛋用种鸡笼从配置方式上又可分为 2 层和 3 层。种母鸡笼与蛋鸡笼养设备结构差不多,只是尺寸放大一些,但在笼门结构上做了改进,以方便抓鸡进行人工授精。

图 10－9　5 层阶梯式蛋鸡笼

图 10－10　4 层叠层式蛋鸡笼

种公鸡笼一般为两层，底网是水平的，笼的深度和高度均比蛋鸡笼要大，前网栅格的宽度也略宽。每只公鸡占用 1 个小单笼（图 10－12）。

此外，还有叠层式自然交配种鸡笼，与叠层式蛋鸡笼相比，每个单层鸡笼的高度约高出 25cm，达到 75cm 左右。每条单笼内可以饲养 2 只公鸡和 20～24 只母鸡。

图 10－11　8 层叠层式蛋鸡笼

图 10－12　种公鸡笼

二、自动集蛋设备

自动集蛋设备及其系统，包括输蛋带、导入装置、拾蛋装置、导出装置、缓

图 10 - 13　位于鸡笼盛蛋网上的输蛋带及鸡蛋

冲装置、输送装置、扣链齿轮以及升降链条等。输蛋带把每列鸡笼的鸡蛋自动送到鸡舍前端(图 10 - 13),集蛋装置将鸡蛋轻柔地传递到立式集蛋机上(图 10 - 14),拾蛋装置由多个蛋爪组并联连接在升降链条上,每一蛋爪组由多个

图 10 - 14　位于鸡笼前端的立式集蛋设备

蛋爪通过结合轴串联连接,每一蛋爪组两端通过结合轴分别与防止鸡蛋滑出

的边挡相连接,边挡通过边扣固定于升降链条上。其组成的大型自动集蛋系统,包括多台所述的自动集蛋设备和输送装置,输送装置包括蛋传送杆、链轮、传动链条以及接蛋盘;所述多台自动集蛋设备沿着输送装置的传动链条的运动方向放置于输送装置的一侧或两侧。

有的设备通过鸡蛋输送系统可以将鸡舍内的鸡蛋输送到蛋库(图 10 - 15),工作人员直接在蛋库收集鸡蛋,不必到鸡舍去,减少了对鸡群的影响。

图 10 - 15　将鸡蛋从鸡舍输送到蛋库的输送系统

三、清洁蛋处理设备(图 10 - 16)

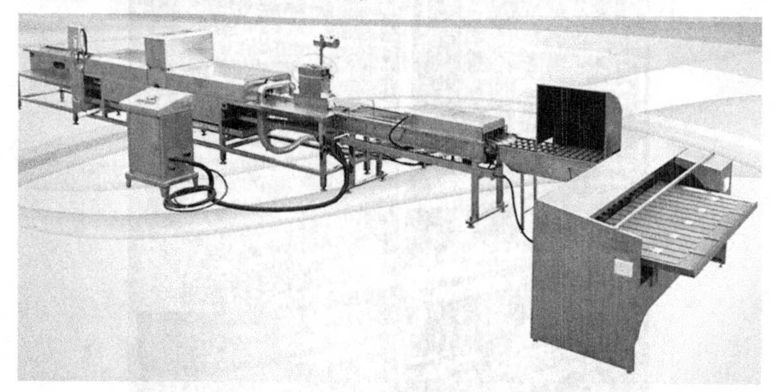

图 10 - 16　清洁蛋处理设备

一些蛋鸡场将收集后的鸡蛋使用清洁蛋处理设备进行处理,挑出破裂蛋、刷拭蛋壳表面灰尘、温水清洗、消毒、干燥、涂膜和喷码,之后装箱出售。这

样保证了蛋品产出后的质量安全。

1. 蛋托

有纸浆和塑料两种材质，一般的蛋托上面为 5 列 6 行，可以放 30 个鸡蛋（图 10－17）。

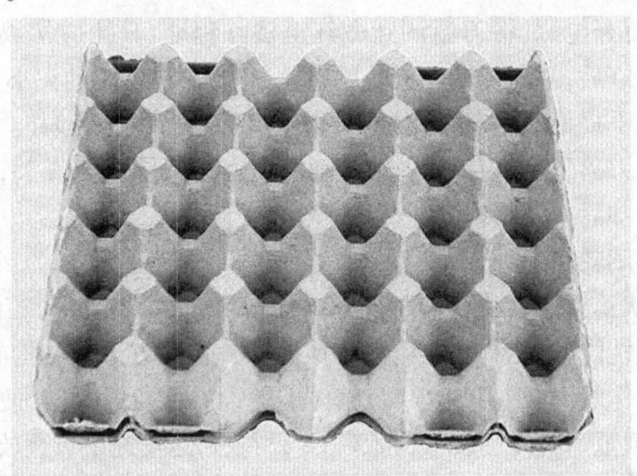

图 10－17　纸浆蛋托

2. 蛋筐

一般为塑料材质，每个蛋筐可以盛放 15kg 的鸡蛋。同一个公司生产的同一型号蛋筐的规格、尺寸、重量是相同的，如有的为 655mm × 355mm × 250mm，有的为 645mm × 330mm × 295mm。

四、断喙器

目前，采用最多的是台式自动断喙器（图 10－18）。它采用低速电机，通

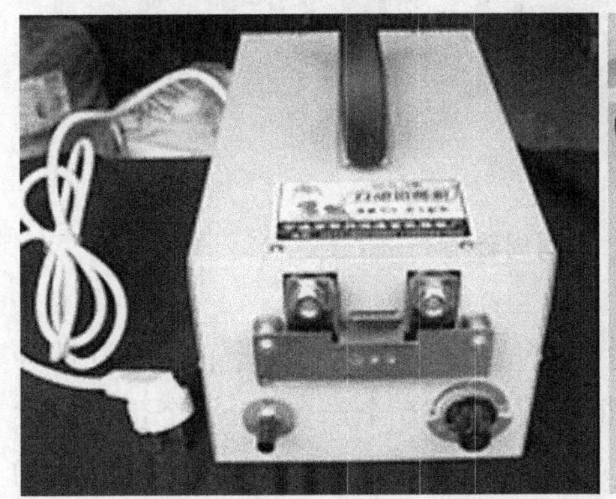

图 10－18　断喙器

过链杆传动机件，带动电热动刀上下运动，并与微动鸡嘴定位刀片自动对刀，快速完成切嘴止血功能。整机由变压器、电机、冷却抽风机等构成，机头装有电机启动船形开关、电热动刀、电压调节的多段开关和停刀止血时间调节旋钮（0～4s 任意可调）。

使用时打开电源，将刀温调到微红至橘红程度，具体应按鸡大小实际确定；带动刀发红后，立即开动电机及风扇船形开关；根据鸡的大小，选好微动刀孔径，然后左手提稳鸡的双脚，右手拇指压鸡后脑，食指压喉部。接着把鸡喙伸进刀孔，动刀落下后，应停 2～3s 止血；使用完毕，应关闭开关，拔下电源插头，待整机冷却后用塑料袋套好，以防积尘，受潮。

五、鸡用周转箱

为网格状长方体结构，外尺寸 750mm×550mm×270mm，箱底为“米”字形细孔，承载性能好，能有效避免活鸡擦伤、瘀血，长方形体结构有利于装车、卸货，提高工作效率（图 10－19）。箱体上盖设有推拉式小门，便于箱门自由闭合。单箱载重 50kg 以上，可装活鸡 12 只左右，运输途中可叠放 10 层。

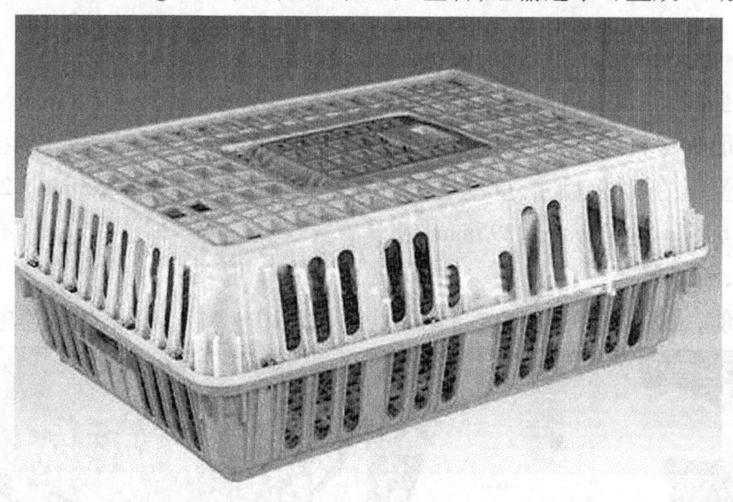

图 10－19　鸡用周转箱

六、产蛋箱（窝）

在肉种鸡生产中一般要求配置适当数量的产蛋箱。产蛋箱一般设计为 1～2层、两面（图 10－20）。每个面的每一层有 5～6 个产蛋窝，每个蛋窝的大小约是 30cm 宽×35cm 深×30cm 高。产蛋箱的底层踏板最好考虑使用活动踏板，前沿挡板的高度要能保持窝内有足够的垫料。

图 10－20 产蛋箱

第二节 猪场专用设备

猪栏是猪场的基本生产单位，猪栏的基本结构和参数应符合要求，例如猪栏尺寸见表 10－1。

表 10－1 猪栏基本参数(mm)

猪栏种类	栏高	栏长	栏宽	栅格间隙
公猪栏	1 200	3 000～4 000	2 700～3 200	100
配种栏	1 200	3 000～4 000	2 700～3 200	100
空怀妊娠母猪栏	1 000	3 000～3 300	2 900～3 100	90
分娩母猪栏	1 000	2 200～2 250	600～650	310～340
保育猪栏	700	1 900～2 200	1 700～1 900	55
生长育肥猪栏	900	3 000～3 300	2 900～3 100	85

注：分娩母猪栏的栅格间隙指上、下间距，其他猪栏为左、右间距。

不同的饲养方式和猪的种类需要不同形式的猪栏。按结构形式分，有实体猪栏、栅栏猪栏、综合式猪栏、装配式猪栏，按饲养猪的种类分，有公猪栏、配种栏、妊娠栏、分娩栏、保育栏和育肥栏，按栏内饲养头数，有单饲猪栏、群饲猪栏。

为便于通风，猪栏一般采用钢管焊接而成的栅栏猪栏，或是基部砖砌上部栅栏结合的综合式猪栏，砖砌的实体猪栏在规模化猪场不常用。

一、公猪栏、空怀母猪栏和配种栏

中小型规模的猪场这几种猪栏一般都位于同一猪舍内。大型猪场有专门的公猪舍或种公猪站。

成年公猪的体长多长达2m，为方便公猪转身，一般公猪栏的宽度不小于2m，长度不小于3m，围栏高度不低于1.2m，栏内面积5~7m^2或稍大些。围栏可以是钢筋或混凝土结构，栏门应为金属结构。空怀母猪栏设计与公猪栏相似，只不过公猪单栏饲养，而在相同栏内空怀母猪4~6头群养。

规模猪场必须设置单独的配种栏，由于种公猪在爬跨母猪前要接近母猪的后躯，所以配种栏的长度至少应为公猪和母猪体长的总和。又由于公猪在配种前一直追逐母猪，公猪需要在配种栏内向前行走的空间。因此，配种栏的长度应为3.5~4m，宽度不低于3m，并设计成八角形。配种栏地面要求防滑，圈内不安装料槽、饮水器等，以防影响配种。

二、妊娠栏

妊娠栏也叫限位栏或禁闭栏。规模化猪场一般于母猪妊娠第21天将母猪由空怀栏转至妊娠栏。妊娠栏是单体栏，目的是避免母猪间的相互干扰和机械刺激、节约猪舍面积、便于精确饲喂。妊娠栏长度一般为2~2.1m，宽0.6m，高1~1.1m；前后开门设计，免于母猪进出；栅栏结构多为金属制造（图10-21）；妊娠栏后部设有排污沟，并铺有漏缝地板。

图10-21　普通单体栏

三、分娩栏

分娩栏也叫产床，是母猪分娩和哺乳的场所，是一种单体栏。分娩栏中间

区域为母猪限位栏，两侧分别为仔猪采食、保温、饮水和活动的区域。部分猪场将分娩栏设计成连体式，即两个分娩栏共用一个仔猪保温区。分娩栏一般采用圆钢管或铝合金材料制成，限位栏底部为全漏缝或半漏缝地板，以清除粪便和污物，两侧为全漏缝地板，为仔猪活动栏，用于隔离仔猪，分娩栏底部离地面 20 ~ 30cm，避免了母猪和仔猪与地面的接触，有利于保温和减少粪污污染。

分娩栏尺寸一般为长 2 ~ 2.1m，宽 1.65 ~ 2m，高 1 ~ 1.1m；限位栏部分宽 0.6 ~ 0.65m。分娩栏离地面的高度为 0.3m（图 10 - 22）。

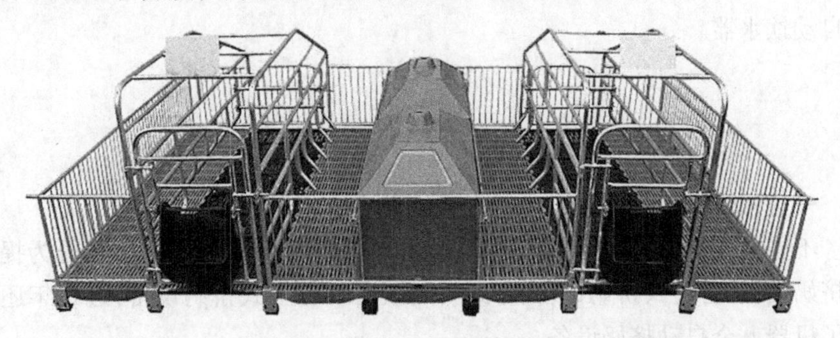

图 10 - 22　高床分娩栏

四、仔猪保育栏

图 10 - 23　仔猪高床保育栏

现代规模化猪场保育仔猪大多在高床保育栏内饲养，高床保育栏一般由金属编织的漏缝地板网、围栏、料箱、连接卡和支腿等组成。金属编织网设在舍内漏粪沟或水泥地面上，围栏由连接卡固定在金属地板网上，为防止金属栏面对仔猪肢体的损伤，栏面可铺塑料漏缝地板。每栏安一个自动饮水器，相邻两栏安装一个双面料箱，供两侧仔猪自由采食。

仔猪保育栏的长、宽、高尺寸依猪舍结构而定，常见的一般栏长 2m，宽 1.7m，高 0.7m，栏底离地面 0.25～0.30m，可饲养 10～25kg 的保育猪 10～12 头，如图 10－23 所示。

五、生长育肥栏

生长育肥栏按围栏材质可分为金属隔栏、水泥隔栏和水泥金属混合隔栏；按漏缝地板可分为全漏缝地板和半漏缝地板猪栏。全漏缝地板栏为水泥漏缝地板条，半漏缝地板漏缝沟一般建在猪栏后部，宽 0.8～1m。每个猪栏安装一个自动饮水器。

第三节　牛、羊场专用设备

一、挤奶机

不同类型的挤奶设备适合不同的饲养方式和群体大小。一般可分为提桶式挤奶设备、管道式挤奶设备、厅式挤奶设备和移动式挤奶设备，近几年还出现了机器人全自动挤奶设备。

1. 提桶式挤奶设备（图 10－24）

提桶式挤奶设备适用于只有 15～20 头奶牛的小型奶牛场。这种挤奶设备劳动生产率低，牛奶易受牛舍内空气的污染。

图 10－24　提桶式挤奶设备

2. 管道式挤奶设备（图 10－25）

管道式挤奶设备多用于规模化的拴系式牛舍中。牛舍内要安装固定的真

空管道和输奶管道，并配有若干套挤奶器。输奶管道较长，安装要求较高。

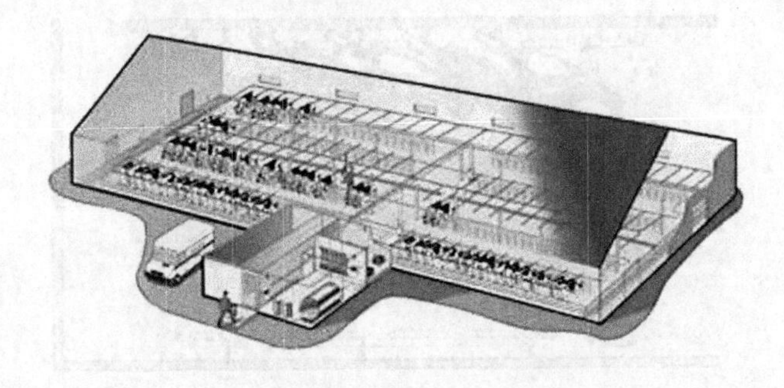

图 10－25　管道式挤奶设备

3. 厅式挤奶设备

挤奶厅是采用散栏式饲养方式的奶牛场和奶牛养殖小区的重要配套设备。根据挤奶设备的不同布置，可以分为多种类型。在生产实际中，最常用的有并列式挤奶厅、鱼骨式挤奶厅和转盘式挤奶厅。

(1)并列式挤奶厅　并列式挤奶厅中央设置挤奶员工作坑道，挤奶栏位设在坑道两侧，挤奶员站在坑道内工作(图 10－26)。挤奶时，奶牛尾部朝向挤奶坑道，垂直于坑道站立，挤奶员从奶牛后腿之间将乳头杯套在乳房上，每个挤奶周期为 5～8min。挤奶结束后，奶牛从两侧通道返回。这种挤奶厅造价低，但奶牛进出及挤奶操作不够方便。

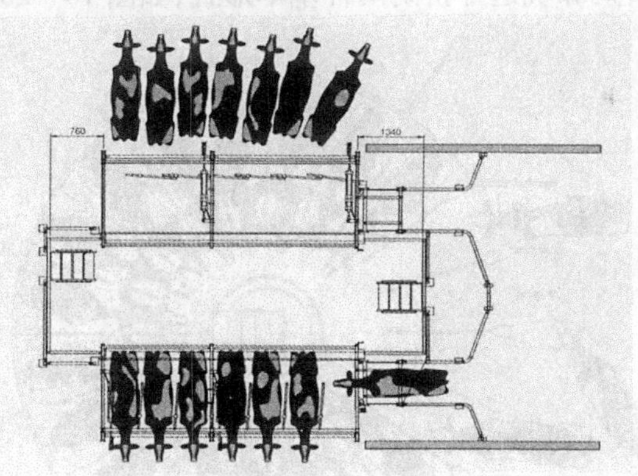

图 10－26　并列式挤奶厅

(2)鱼骨式挤奶厅　鱼骨式挤奶厅是最常用的形式，如图 10－27 所示。挤奶厅的中央设置挤奶员工作坑道，两排挤奶机排列形状如鱼骨，与坑道形成 30°～45°的角，挤奶员从奶牛侧后部将乳头杯套上。

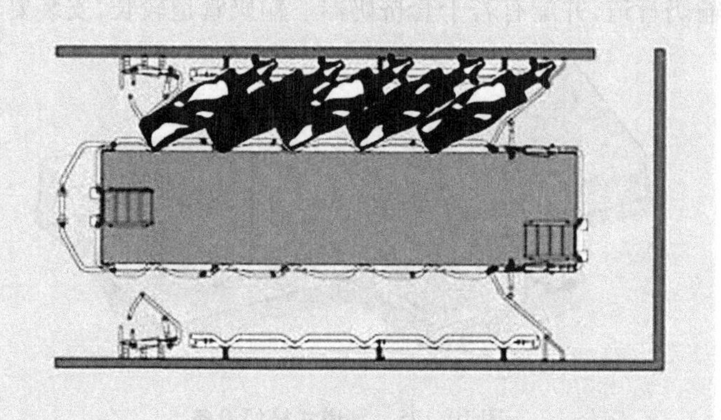

图 10－27　鱼骨式挤奶厅

每个挤奶周期(进牛、擦洗乳房、套杯并开始挤奶、结束到下批牛进来)8～10min。有的挤奶厅只在一侧设返回通道,有的则两侧都设返回通道。这种挤奶厅奶牛是按组而不是单个进出的,因此,牛群移动和周转效率较高。但是,每批奶牛中,如果某头奶牛出奶较慢的话,就会影响整批奶牛的挤奶时间。为提高挤奶效率,最好将出奶慢的奶牛淘汰或单独组成一个牛群进行挤奶。

(3)转盘式挤奶厅　转盘式挤奶厅是利用旋转的挤奶台进行流水作业,每个转台能提供的挤奶栏位多达 80 个,适用于较大规模的奶牛场。转盘式挤奶厅分坑道内挤奶和坑道外挤奶两种基本形式,如图 10－28 所示。

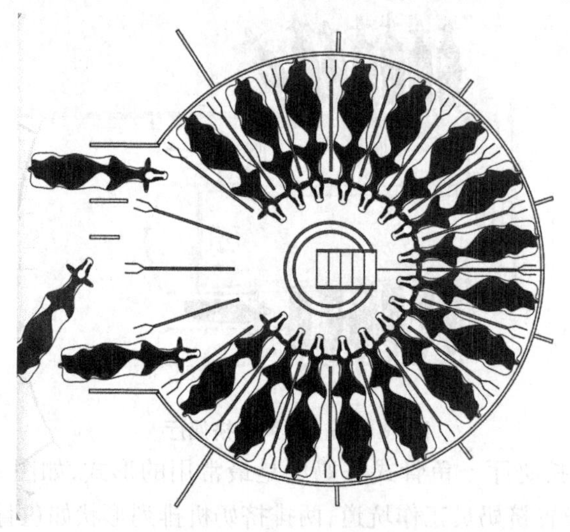

图 10－28　转盘式挤奶厅

目前，我国安装的转盘式挤奶台多为坑道外挤奶。采用这种挤奶厅，奶牛逐个进入挤奶台，面向转盘中央站立，挤奶员在转盘入口处将乳头杯套在牛乳房上，不必来回走动，操作方便，每转一圈需7～10min，转到出口处时挤奶已完成，奶牛离开转台。

每个转盘一般配置3名挤奶员，分别负责挤奶前乳房的清洗消毒、套杯和挤奶后消毒。使用这种挤奶厅，挤奶员的劳动强度低，作业质量高，但要求挤奶员的工作节奏必须符合转盘的旋转速度，否则，挤奶将无法正常进行。此外，转盘式挤奶厅结构复杂，造价高，制造和维修也比较困难。

4. 移动式挤奶设备

移动式挤奶设备是将真空装置、挤奶器和奶桶（或奶罐）等都组装在一个手推的小车上（图10－29），可根据奶牛停留的不同位置随意移动挤奶设备。这种挤奶设备多用于放牧场上和产牛舍中。一般每个小车上配备1～2套挤奶器，配有2套挤奶器的小车每小时可挤12～15头奶牛。

图10－29　移动式挤奶设备

5. 机器人全自动挤奶设备（图10－30）

机器人全自动挤奶设备的最大特点是当奶牛想挤奶时，就自愿进入挤奶设备，设备就模仿人类手臂的活动范围和动作，完成挤奶。这种设备能适应各种不规则的乳房和乳头，能为各种形状的乳头提供恰当的清洗与完美的按摩，

并自动记录每头奶牛的挤奶时间和产奶量。

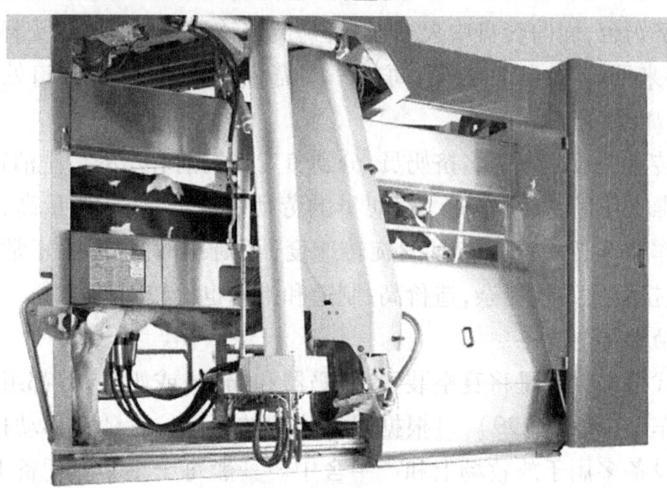

图 10－30　机器人全自动挤奶设备

二、隔离限位设备

1. 隔离栏(图 10－31)

材质一般为镀锌钢。将一个大群体隔离为小群体,以区别对待,方便管理。

图 10－31　隔离栏

2. 卧栏(图 10－32)

卧栏是结合牛体形和起卧动作行为而设计,用于牛卧床的限位,方便粪便清理。其组成部分有:牛卧床、牛颈轨、配套抱卡和螺栓,用卡件同立柱连接,安装方便、简单易行。

图 10－32　卧栏

3. 颈枷(图 10－33)

用于保定奶牛,可在奶牛低头采食时自动锁定,便于兽医或配种员对奶牛进行常规体检、免疫、人工授精、妊检、治疗、去角、产犊等活动,降低劳动强度,提高工作效率。其在开锁状态下能确保牛头从颈枷上、下部均可自由进出。

图 10－33　颈枷

三、辅助及福利设备

1. 奶牛计步器(图 10－34)

奶牛在发情时会增加活动频率,将计步器安装在牛肢蹄上,通过对奶牛运动量的检测,判断奶牛发情状况和健康状况,可以有效提示育种人员开展奶牛繁殖和保健工作,减少人员观察的误差,降低奶牛空怀期时间及饲养成本,快速提高牧场繁殖水平。计步器采用全封闭设计,防水防潮,可以在泥泞或积水的牧场环境工作。

2. 牛体按摩刷(图 10－35)

刷体与奶牛接触后开始转动,刷毛可蹭掉牛体皮肤上的寄生虫和污垢,促

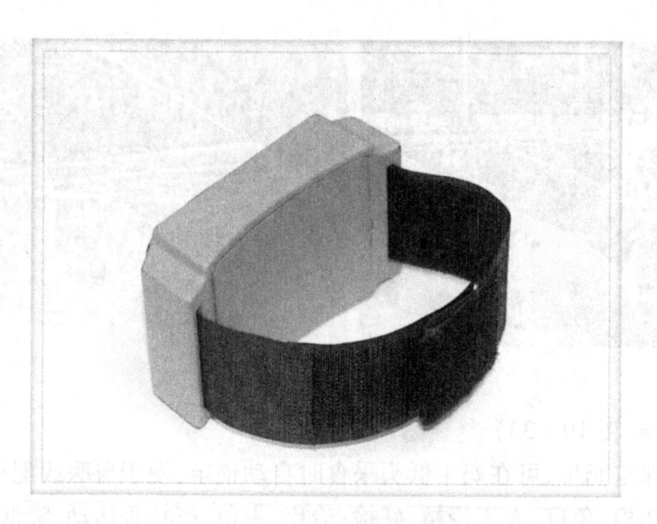

图 10－34　奶牛计步器

进其血液循环，改善奶牛健康。

图 10－35　牛体按摩刷

第十一章 畜禽场管理设备

随着视频监控技术引入养殖行业，通过在畜禽舍安装摄像头，应用监控系统可以帮助管理人员实现对养殖场生产过程的监督管理，即养殖场管理人员不必进入生产区，从控制室就可以掌握整个养殖场的生产情况，减少巡视人员和巡视次数，减少人畜交叉感染的概率。同时监控系统还能有效地实现养殖场的信息化管理，大大减少工作人员的数量，有效提高养殖业的管理水平。

网络通信技术及图像压缩处理技术的快速发展，使得视频监控技术能够采用最新的产品技术，通过计算机网络传输视频图像，特别是宽带技术与网络视频监控技术的不断发展，为养殖场实施远程监控提供了更加完美的解决方案。这样电子监控就能对分散的养殖场集中管理，在离养殖场较远的公司总部也能实现远程监控，并且系统能进行多画面显示和全屏显示切换，通过云台的转动能远程对镜头的焦距、倍数和光圈进行控制，硬盘录像机具有录像存储、录像查询和回放的功能，可以查询和回放，接入网络，通过 Web 可以在 PC 端或下载 APP 在手机上实时监控，让管理人员在任何可以接入网络的地方都能实现远程监控。

第一节 监控设备

视频监控系统是应用光纤、同轴电缆或微波在其闭合的环路内传输视频信号,并从摄像到图像显示和记录构成独立完整的系统。它能实时、形象、真实地反映被监控对象,它可以在恶劣的环境下代替人工进行长时间监视,让人能够看到被监视现场的实际发生的一切情况,并通过录像机记录下来。同时报警系统可对非法入侵进行报警,产生的报警型号输入报警主机,报警主机触发监控系统录像并记录。

一、视频监控系统的构成

视频监控系统一般主要由前端部分、传输部分、控制部分、大屏幕显示墙显示部分、防盗报警部分和系统电源等几部分构成,如图11-1所示。

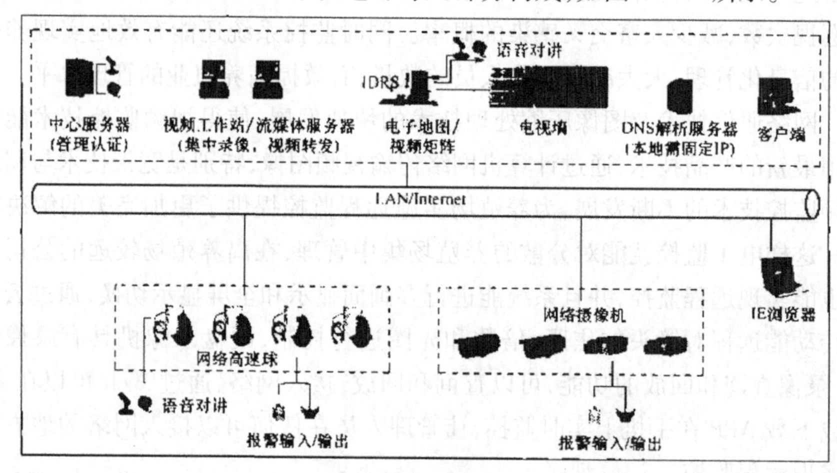

图11-1 视频监控系统构成

1. 前端部分

前端完成模拟视频的拍摄,探测器报警信号的产生、云台、防护罩的控制,报警输出等功能,主要包括摄像头、电动变焦镜头、室外红外对射探测器、双监探测器、温湿度传感器、云台、防护罩、解码器、警灯、警笛等设备。

摄像头通过内置CCD及辅助电路,将现场情况拍摄成为模拟视频电信号,经同轴电缆传输。电动变焦镜头将拍摄场景拉近、推远,并实现光圈、调焦等光学调整。

温湿度传感器可探测环境内温度、湿度,从而保证内部良好的物理环境。

云台、防护罩给摄像机和镜头提供了适宜的工作环境,并可实现拍摄角度的水平和垂直调整。

解码器是云台、镜头控制的核心设备,通过它可实现使用微机接口经过软件控制镜头、云台。

2. 传输部分

传输部分主要由同轴电缆组成。传输部分要求在前端摄像机摄录的图像进行实时传输,同时要求传输损耗小、具有可靠的传输质量,图像在录像控制中心能够清晰还原显示。

3. 控制部分

该部分是视频监控系统的核心,它完成模拟视频监视信号的数字采集、MPEG-1 压缩、监控数据记录和检索、硬盘录像等功能。

它的核心单元是采集、压缩单元。它的通道可靠性、运算处理能力、录像检索的便利性直接影响整个系统的性能。控制部分是实现报警和录像记录进行联动的关键部分。

4. 大屏幕显示墙显示部分

该部分完成在系统显示器或监视器屏幕上的实时监视信号显示和录像内容的回放及检索。系统支持多画面回放,所有通道同时录像,系统具有报警屏幕、声音提示等功能。它既兼容了传统电视监视墙一览无余的监控功能,又大大降低了值守人员的工作强度,并且提高了安全防卫的可靠性。

终端显示部分实际上还完成了另外一项重要工作——控制。这种控制包括摄像机云台、镜头控制、报警控制、报警通知、自动、手动设防、防盗照明控制等功能,用户只需要在系统桌面点击鼠标操作即可。

5. 防盗报警部分

在重要出入口、楼梯口安装主动式红外探头,进行布防。在监控中心值班室(监控室)安装报警主机,一旦某处有人越入,探头即自动感应,触发报警,主机显示报警部位,同时联动相应的探照灯和摄像机,并在主机上自动切换成报警摄像画面,报警中心监控用计算机弹出电子地图并作报警记录,提示值班人员处理,大大加强了保安力度。

报警防范系统是利用主动红外移动探测器将重要通道控制起来,并连接到管理中心的报警中心,当在非工作时间内有人员从非正常入口进入时,探测器会立即将报警信号发送到管理中心,同时启动联动装置和设备,对入侵者进行警告,可以进行连续摄像。

6. 系统电源

电源的供给对于保证整个闭路监控报警系统的正常运转起到至关重要的作用,一旦电源受破坏即会导致整个系统处于瘫痪状态。系统的供电可以采用集中供电和分散供电两部分,用户可以根据实际的需要进行选择。

以上仅是一个典型的视频监控系统介绍。在实际应用中会有不同种类型的方案出现,视频监控系统方案一般会根据用户的不同要求而量身订制。

二、视频监控设备

1. CCD 摄像机

CCD 是 Charge Coupled Device(电荷耦合器件)的缩写,它是一种半导体成像器件,如图 11－2 所示,具有灵敏度高、抗强光、畸变小、体积小、寿命长、抗震动等优点。

(1)CCD 摄像机的工作方式　被摄物体的图像经过镜头聚焦至 CCD 芯片上,CCD 根据光的强弱积累相应比例的电荷,各个像素积累的电荷在视频程序的控制下,逐点外移,经滤波、放大处理后,形成视频信号输出。视频信号连接到监视器或电视机的视频输入端,就可以看到与原始图像相同的视频图像。

图 11－2　CCD 摄像机

(2)分辨率的选择　评估摄像机分辨率的指标是水平分辨率,其单位为线对,即成像后可以分辨的黑白线对的数目。常用的黑白摄像机的分辨率一般为 380～600,彩色为 380～480,其数值越大成像越清晰。一般的监视场合,用 400 线左右的黑白摄像机就可以满足要求。而对于医疗、图像处理等特殊场合,用 600 线的摄像机能得到更清晰的图像。

(3)成像灵敏度　通常用最低环境照度要求来表明摄像机灵敏度,黑白摄像机的灵敏度是 0.02～0.5lx(勒克斯),彩色摄像机多在 1lx 以上。普通的

监视场合使用 0.1lx 的摄像机;在夜间使用或环境光线较弱时,推荐使用 0.02lx的摄像机。

(4)电子快门　电子快门的时间在1/100 000~1/50s,摄像机的电子快门一般设置为自动电子快门方式,可根据环境的亮暗自动调节快门时间,得到清晰的图像。

(5)外同步与外触发　外同步是指不同的视频设备之间用同一同步信号来保证视频信号的同步,它可保证不同的设备输出的视频信号具有相同的帧、行的起止时间。为了实现外同步,需要给摄像机输入一个复合同步信号(C-sync)或复合视频信号。外同步并不能保证用户从指定时刻得到完整的连续的一帧图像,要实现这种功能,必须使用些特殊的具有外触发功能的摄像机。

(6)光谱响应特性　CCD 器件由硅材料制成,对近红外比较敏感。光谱响应可延伸至1.0μm 左右,其响应峰值为绿光(550nm)。夜间隐蔽监视时.可以用近红外灯照明,人眼看不清环境的情况,在监视器上却可以清晰成像。由于 CCD 传感器表面有一层吸收紫外线的透明电极,所以 CCD 对紫外线不敏感。彩色摄像机的成像单元上有红、绿、蓝 3 色滤光条,所以彩色摄像机对红外线、紫外线均不敏感。

(7)CCD 芯片的尺寸　CCD 的成像尺寸常用的有 1.27cm、0.76cm 等,成像尺寸越小的摄像机的体积可以做得更小些。在相同的光学镜头下,成像尺寸越大,视场角越大。

2. 摄像机镜头

在视频监控中,如何根据现场被监视环境正确选用摄像机镜头是非常重要的,因为它直接影响到系统组成后在系统末端监视器上所看到的被监视面画的效果能否满足系统的设计要求,正确地选用摄像机镜头可以使系统得到最优化设计并可获得良好的监视效果。

摄像机镜头就光圈而言可分为手动光圈镜头和自动光圈镜头两种,就焦距而言可分为定焦镜头和变焦镜头两种。

(1)手动、自动光圈镜头的选用　手动、自动光圈镜头的选用取决于使用环境的照度是否恒定。对于在环境照度恒定的情况下,如电梯轿厢内、封闭走廊里、无阳光直射的房间内,均可选用手动光圈镜头,这样可在系统初装调试中根据环境的实际照度,一次性整定镜头光圈大小,获得满意亮度画面。

对于环境照度处于经常变化的情况,如随日照时间而照度变化较大的门厅、窗口及大堂内等,均需选用自动光圈镜头,这样便可以实现画面亮度的自

动调节,获得良好的较为恒定亮度的监视画面。

(2)定焦、变焦镜头的选用　定焦、变焦镜头的选用取决于被监视场景范围的大小,以及所要求被监视场景画面的清晰程度。

镜头规格(镜头规格一般分为0.76cm、1.27cm和1.52cm等)一定的情况下,镜头焦距与镜头视场角的关系为:镜头焦距越长,其镜头的视场角就越小;在镜头焦距一定的情况下,镜头规格与镜头视场角的关系为:镜头规格越大,其镜头的视场角也越大。

由以上关系可知:在镜头物距一定的情况下,随着镜头焦距的变大,在系统末端监视器上所看到的被监视场景的画面范围就越小,但画面细节越清晰;随着镜头规格的增大,在系统末端监视器上所看到的被监视场景的画面范围增大,但其画面细节越模糊。

对于一般变焦(倍)镜头而言,由于其最小焦距通常为6.0mm左右,故其变焦(倍)镜头的最大视场角为45°左右,如将此种镜头用于这种狭小的被监视环境中,其监视死角必然增大,虽然可通过对前端云台进行操作控制,以减少这种监视死角,但这样必将会增加系统的工程造价(系统需增加前端解码器、云台、防护罩等),以及系统操控的复杂性,所以在这种环境中,不宜采用变焦(倍)镜头。

在开阔的被监视环境中,首先应以被监视环境的开阔程度、用户要求在系统末端监视器上所看到的被监视场景画面的清晰程度以及被监视场景的中心点到摄像机镜头之间的直线距离为参考依据,在直线距离一定且满足覆盖整个被监视场景画面的前提下,应尽量考虑选用长焦距镜头,这样可以在系统末端监视器上获得较清晰的被监视场景画面。

通常情况下,在室内的仓库、车间、厂房等环境中,一般选用6倍或者10倍镜头即可满足要求,而在室外的库区、码头、广场、车站等环境中,可根据实际要求选用10倍、16倍或20倍镜头。一般情况下,镜头倍数越大,价格越高,可在综合考虑系统造价允许的前提下,适当选用高倍数变焦镜头。

(3)正确选用镜头焦距的理论计算　摄取景物的镜头视场角是极为重要的参数,镜头视场角随镜头焦距及摄像机规格大小而变化(其变化关系如前所述),覆盖景物镜头的焦距可用下述公式计算:

$f=uD/U$ 或 $f=hD/H$

f 为镜头焦距,U 为景物实际高度,H 为景物实际宽度,D 为镜头至景物实测距离,u 为图像高度,h 为图像宽度。

举例说明：当选用1/2 英寸镜头时，图像尺寸为 $u = 4.8\text{mm}$，$h = 6.4\text{mm}$。镜头至景物距离 $D = 3\ 500\text{mm}$，景物的实际高度为 $U = 2\ 500\text{mm}$（景物的实际宽度可由 $H = 1.333U$ 式算出，这种关系由摄像机取景器 CCD 片决定）。将以上参数代入公式中，可得 $f = 4.8 \times 3\ 500/2\ 500\text{mm} = 6.72\text{mm}$，故选用 6mm 定焦镜头即可。

3. 监控用云台

其实云台就是两个交流电机组成的安装平台，可以水平和垂直的运动。监控系统的云台是通过控制系统通过远程控制其转动以及移动的方向，如图 11－3 所示。

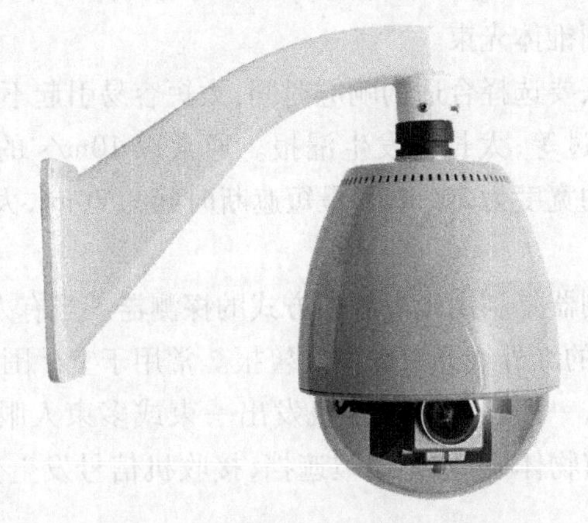

图 11－3 监控用云台与摄像机

云台的类型分为：

按使用环境分为室内型和室外型，主要区别是室外型密封性能好、防水、防尘、负载大。

按安装方式分为吊装和侧装，就是把云台是安装在天花板上还是安装在墙壁上。

按外形分为普通形和球形，球形云台是把云台安置在半球形、球形防护罩中，除了防止灰尘干扰图像外，还隐蔽、美观、快速。

按照运动功能分为水平云台和全方位（全向）云台。

根据使用环境分为通用型和特殊型。通用型是指使用在无可燃、无腐蚀性气体或粉尘的大气环境中，又可分为室内型和室外型。最典型的特殊型应用是防爆云台。

室外云台与室内云台大体一致，只是由于室外防护罩重量较大，使云台的

载重能力必须加大。同时,室外环境的冷热变化大,易遭到雨水或潮湿的侵蚀。因此室外云台一般都设计成密封防雨型。另外,室外云台还具有高转矩和轭流保护电路,以防止云台冻结时强行起动而烧毁电机。在低温的恶劣条件下还可以在云台内部加装温控型加热器。

4. 红外对射探测器

红外对射探测器又叫作光束遮断式感应器,其基本的构造包括瞄准孔、光束强度指示灯、球面镜片、LED 指示灯等。其侦测原理是利用红外线经 LED 红外光发射二极体,再经光学镜面作聚焦处理使光线传至很远距离,由受光器接收,当光线被遮断时就会发出警报。红外线是一种不可见光,而且会扩散,投射出去会形成圆锥体光束。

红外对射探头要选择合适的响应时间:太短容易引起不必要的干扰,如小鸟飞过、小动物穿过等;太长会发生漏报。通常以 10m/s 的速度来确定最短遮光时间。若人的宽度为 20cm,则最短遮断时间为 20ms,大于 20ms 报警,小于 20ms 不报警。

红外对射探测器是利用光束遮断方式的探测器。当有人横跨过监控防护区时,遮断不可见的红外线光束而引发警报。常用于室外围墙报警,它总是成对使用:一个发射,一个接收。发射机发出一束或多束人眼无法看到的红外光,形成警戒线,有物体通过,光线被遮挡,接收机信号发生变化,放大处理后报警。

红外对射探测器主要应用于距离比较远的围墙、楼体等建筑物。与红外对射栅栏相比,它的防雨、防尘、抗干扰等能力更强,在家庭防盗系统中主要应用于别墅和独院。由于红外光不间歇 1s 发 1 000 光束,所以是脉动式红外光束。由此这些对射无法传输很远距离,侦测范围一般在 600m 内。目前,常见的主动红外探测器有两光束、三光束、四光束,距离从 30 ~ 300m 不等。也有部分厂家生产远距离多光束的"光墙",主要应用于厂矿企业和一些特殊的场所。

在家庭应用中,最多是使用 100m 以下的产品,在这个距离中,红外栅栏和红外对射探测器均可使用。如果是安装于阳台、窗户、过道等,就选用红外栅栏;如果是安装于楼体、院墙等,就应该选用红外对射探测器。在选择产品时,只能选择大于实际探测距离的产品。

红外对射探测器的安装方式有以下两种:

(1)支柱式安装　比较流行的支柱有圆形和方形两种,早期比较流行的

是圆形截面支柱，现在的情况正好反过来了，方形支柱在工程界越来越流行。主要是探测器安装在方形支柱上没有转动、不易移动。除此以外，有广泛的不锈钢、合金、铝合金型材可供选择也是它的优势之一。在工种上的另外一种做法是选用角钢作为支柱，如果不能保证走线有效地穿管暗敷，让线路裸露在空中，这种方法是不可取的。

支柱的形状可以是“I”字形、“Z”字形或者弯曲的，由建筑物的特点及防盗要求而定，关键点在于支柱的固定必须坚固牢实，没有移位或摇晃，以利于安装和设防，减少误报。

(2)墙壁式安装　现在防盗市场上处于技术前沿的主动红外线探测器制造商，能够提供水平180°视角、仰俯20°以上转角的红外线探测器，支持探头在建筑物外壁或围墙、栅栏上直接安装。

5. 硬盘录像机

硬盘录像机(Digital Video Recorder，DVR)，即数字视频录像机，相对于传统的模拟视频录像机，采用硬盘录像，故常常被称为硬盘录像机，也被称为DVR(图11－4)。它是一套进行图像存储处理的计算机系统，具有对图像/语音进行长时间录像、录音、远程监视和控制的功能，DVR集合了录像机、画面分割器、云台镜头控制、报警控制、网络传输5种功能于一身，用一台设备就能取代模拟监控系统一大堆设备的功能，而且在价格上也逐渐占有优势。

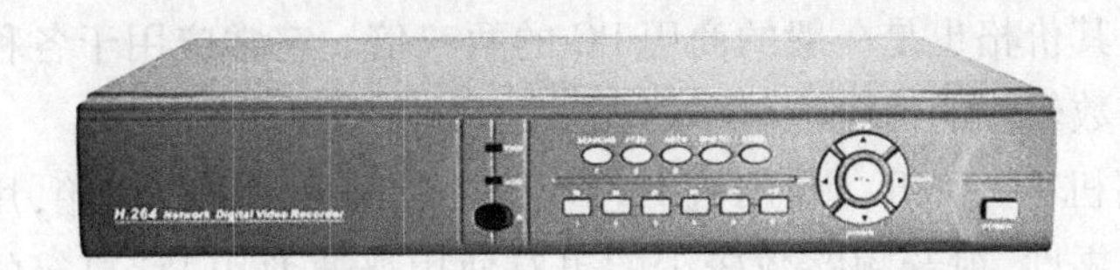

图11－4　硬盘录像机

DVR采用的是数字记录技术，在图像处理、图像存储、检索、备份以及网络传递、远程控制等方面也远远优于模拟监控设备。DVR代表了安全监控系统的发展方向，是日前市面上安全监控系统的首选产品。

(1)硬盘录像机压缩技术　目前市面上主流的DVR采用的压缩技术有MPEG－2、MPEG－4、H.264、M－JPEG，MPEG－4、H.264是国内最常见的压缩方式。从压缩卡上分软压缩和硬压缩两种。软压缩受CPU的影响较大，多半做不到全实时显示和录像，故逐渐被硬压缩淘汰；从摄像机输入路数上分为1路、2路、4路、6路、9路、12路、16路、32路，甚至更多路数；按系统结构可以

分为两大类基于 PC 架构的 PC 式 DVR 和脱离 PC 架构的嵌入式 DVR。

(2)硬盘录像机分类　硬盘录像机的主要用途是将前端设备(如摄像机)传送过来的图像模拟信号转变成数字信号,经压缩后存储在硬盘,一般分为 PC 式和嵌入式。

PC 式硬盘录像机还可细分如下:

1)工控机 PC DVR　如图 11－5 所示。

图 11－5　工控机 PC DVR

工控机 PC DVR 采用工控机箱,可以抵抗工业环境的恶劣和干扰。采用 CPU 工业集成卡和工业底板,可以支持较多的视音频通道数以及更多的 IDE 硬盘。当然其价格也是一般的商用 PC 的两三倍。它常应用于各种重要场合和需要通道数较多的情况。

2)商用机 PC DVR　商用机 PC DVR 一般也采用工控机箱,用以提高系统的稳定可靠性,视音频路数较少的也有使用普通商用 PC 机箱的。它采用通用的 PC 主板及各种板卡来满足系统的要求,其价格便宜,对环境的适应性好。它常应用于一般场合,图像通道数一般少于 24 路。

3)服务器 PC DVR　服务器 PC DVR 采用服务器的机箱和主板等,其系统的稳定可靠性也比前两者有很大的提高。常常具有 UPS 不间断电源和海量的磁盘存储阵列,支持硬盘热拔插功能。它可以长期(24h × 7d)连续不间断地运行,常应用于监控通道数量大、监控要求非常高的特殊应用部门。

4)网络硬盘录像机 NVR　网络硬盘录像机 NVR(Network Video Recorder),其最主要的功能是通过网络接收 IPC(网络摄像机)设备传输的数字视频码流,并进行存储、管理,从而实现网络化带来的分布式架构优势。

6. 大屏幕显示墙显示部分

大屏幕显示墙是由多个单元体共同拼凑而成，使用多个显示设备共同显示一个整屏的图像，主要由大屏幕显示墙、多屏处理器、视频矩阵切换器控制系统等部分组成。

(1)大屏幕显示墙　大屏幕显示墙单元的显示品质直接影响到整个投影墙的效果，采用不同类型的投影单元会产生不同的效果，每个拼接单元可以接收由图像处理器送出的 RGB 信号或直接由计算机输出的 RGB 信号、视频信号等。大屏幕显示墙如图 11 -6 所示。

图 11 -6　大屏幕显示墙

(2)多屏处理器　多屏处理器是拼接墙的核心。将一个完整的图像信号划分后分配给每个视频显示单元，用多个普通视频单元组成一个超大屏幕动态图像显示屏。显示墙处理器可以实现多个物理输出组合成一个分辨率叠加后的超高分辨率显示输出，使屏幕墙构成一个超高分辨率、超高亮度、超大显示尺寸的逻辑显示屏，完成多个信号源(网络信号、RGB 信号和视频信号)在屏幕墙上的开窗、移动、缩放等各种方式的显示功能。

(3)矩阵切换器　信号切换部分由视频信号和计算机信号切换组成。该部分主要是通过视频矩阵切换器和计算机矩阵切换器将信号切换到图像处理器或投影单元的输入端等以供显示。信号分配部分则由分配器组成，保证本机显示器和投影机的显示图像相同。视频矩阵切换器如图 11 -7 所示。

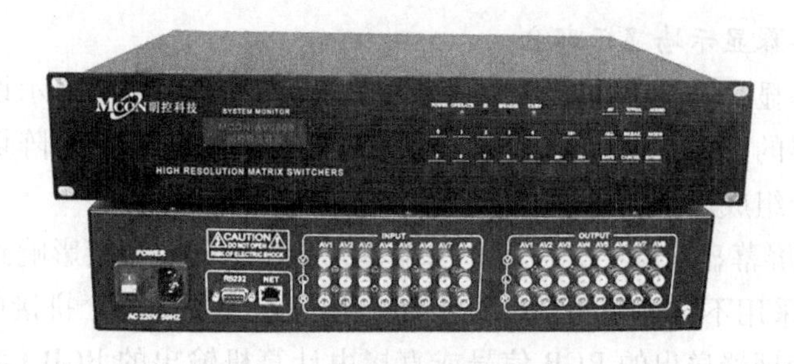

图 11－7　视频矩阵切换器

(4)控制系统　大屏幕显示墙的管理是由软件或者中央控制系统实现的,可实现拼接墙的调整、窗口管理、网络控制、矩阵切换等功能。厂家还会预存一些常用的模式,用户在使用时可随时调用预存模式,实现预期效果。

三、视频监控系统在养殖场的应用

视频监控系统的可视性、回放追溯性,使其能够提供监控、安防、展示、隔离等功能,在养殖场的以下方面得到广泛应用。

1. 实时监控

养殖场管理人员可以通过监控,在监控室实时看到各栋舍的舍内情况、场区情况,及时应对反应。总部管理人员也可以通过网络和手机 APP 软件在智能手机上随时随地了解舍内外动态、生产过程,和养殖场管理人员及时沟通。通过多级用户密码管理,实行用户分级管理,不同级别用户在视频监控系统中有不同的操作权限,这既提高了系统的安全性,也使管理人员都能通过不同途径对养殖场进行实时监控。

2. 安防保卫

养殖场大部分都位于在远离居民区的地方,位置偏僻,安保压力大。由于摄像头可以不间断工作,可以在养殖场周围的交界区域以及养殖场大门、生产区大门、销售区大门等处,安装摄像头,全天候实时监视出入大门的车辆、人员以及禁区人员情况,确保养殖场封闭式管理及防疫生产安全。

对于畜禽场管理,防止外来侵入、保证场内的封闭运行也至关重要。视频系统可以做到监控外来入侵,通过警告或报警来吓阻入侵者。

由于生产过程录像被存储备份,即使发生了一些不可预测的事件,利用视频检索与回放功能,可以根据用户的查询请求(如某路某时)查询录制在硬盘上的录像数据,并显示回放,供事后调查取证使用。回放时可以进行快进、快倒、慢进、慢倒、单帧步进等控制,图像可整图放大。便于事故发生以后第一时

间内明确事故责任,找出事故发生的原因,避免今后类似的事件重演。

3. 宣传展示

安装监控系统可通过一点了解全场。外来人员、参观人员、购买人员在监控室里就可看到养殖场的全部情况,甚至通过上网就可以远程实时看到养殖场的视频图像,养殖场可以把养殖生产过程中的录像放在网站上让客户随时上网查看,不用进生产区就可以了解企业的各种情况。用摄像头监控,不仅可以提升养殖场的信息管理水平,而且方便顾客选购产品。特别是当上级领导来养殖场参观访问时,可以避免直接进入畜禽舍,减少疾病传播的机会,同时通过监控系统,将生产情况展示给来访者,以增进了解和促进宣传。

4. 生物安全

安装视频监控系统后,外来参观、采购人员不必直接与动物接触,只需通过监控显示器就可以全面、透彻地观察和掌握畜禽的群体及个体状况,也可以切换到他们感兴趣的圈舍全景图或实况图,避免了人畜直接接触造成疫病传播、交叉感染以及应激反应,提高了养殖场的生物安全防护等级。同时也减少了养殖场事前事后不必要的防疫、防应激措施和费用,避免了动物因应激反应造成的经济损失。

5. 成本管理

对于养殖规模较大且养殖场分布地域性广的企业,如果要亲临养殖场检查,每年要用去大量的差旅费用,有了视频监控系统以后,既节省时间又节省管理人员大量的差旅费用。同时亲临养殖场现场进行检查时会使畜禽群受惊吓,造成应激,影响畜禽的生长发育,使用监视系统就避免了这种情况的发生。应用视频监控系统,可以减少养殖场的管理人员,降低成本,视频监控系统安装以后可以有效地监督养殖场各单元工作环境和生产秩序。

6. 管理效率

作为养殖场的管理层,越来越多的时间被处理业务和日常工作所占用,很少能抽出时间去养殖场生产一线了解生产情况,视频监控作为一种对生产一线的实时反应工具,在一定的程度上节约了管理人员的工作时间,使得他们在出差的过程中也能够随时了解养殖场生产的情况,提高了其工作管理效率。同时,也在很大程度上提高了生产一线员工的责任心和工作积极性。

7. 生产监督

通过安装在各个单元畜禽舍内的摄像头,将现场的视频集中传送到监控室,管理人员不用亲临现场,在监控室中或通过上网就能同时对多个养殖场实

时监督和管理，并根据所拍摄的图像判断畜禽群健康状况，以及饲养人员是否按操作规程生产，是否尽责，不仅提高了管理效率，还便于及时纠正生产过程中存在的违规现象，降低重大生产事故发生的可能性。

过去，各牛场、猪场、羊场的分娩产仔室为了做好接产工作需要专人看守，现在，通过安装的监控器观察产房，到时通知接产人员进舍接产即可，可以减轻员工的劳动量。当某个单元出现问题时，可以通过摄像头跟踪观察畜禽的生长发育和饲养管理情况，根据需要可以邀请专家通过远程视频监控系统对养殖场提供远程指导和诊疗服务。

第二节　档案管理设备

在养殖场运行过程中，一些重要的档案资料需要整理、保存、管理和查询，这就需要有档案管理设备。

1. 订书机/起钉器

图 11－8　普通订书机　　　图 11－9　厚页订书机

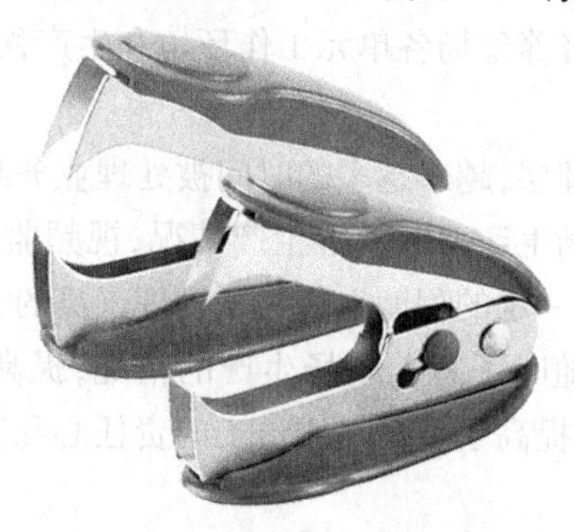

图 11－10　起钉器

整理档案文件时要用到订书机和起钉器，订书机有普通订书机（图 11 - 8）和厚页订书机（图 11 - 9）两种。起钉器如图 11 - 10 所示。

2. 文件柜

钢制文件柜（图 11 - 11），常用规格有 1 800mm × 850mm × 390mm 和 1 800mm × 900mm × 400mm 两种。

木质文件柜（图 11 - 12）外表看上去非常高档，主要是老板以及经理办公大桌后面配置的。

图 11 - 11　钢制文件柜　　　　图 11 - 12　木质文件柜

3. 除湿机（图 11 - 13）

除湿机又名抽湿机、除湿器，由压缩机、热交换器、风扇、盛水器、机壳及控制器组成。

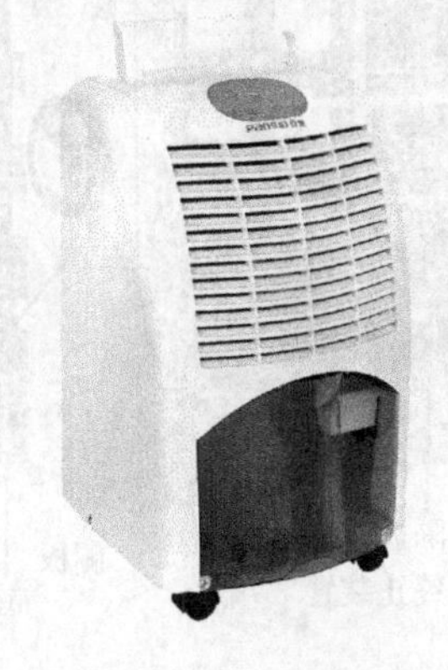

图 11 - 13　除湿机

4. 声像档案柜（图 11 - 14）

声像档案防磁柜是单位和个人以保存珍贵资料的必需品，用来存放重要的磁介质档案资料如磁盘、磁带、录音带、录像带及胶卷、微缩片、U 盘、CD/

VCD 等重要信息资料，抵御来自外界的磁场、湿气和灰尘的入侵，可真正有效防止资料的退磁、霉变、锈蚀和质变。

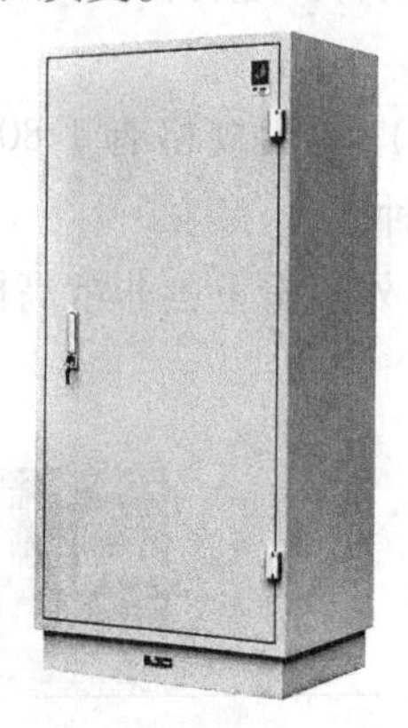

图 11－14　声像档案防磁柜

5. 直列式档案密集架(图 11－15)

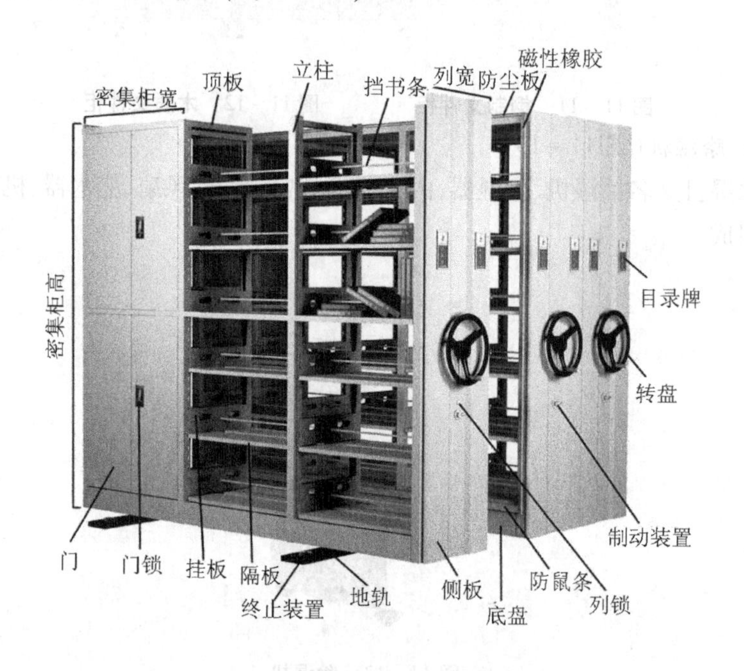

图 11－15　直列式档案密集架

当文件档案资料较多，保存较久时就要用到直列式文件密集架。密集架一般都是由轨道、侧板、隔板、柜体、转盘、防鼠条、制动装置等组成，通过冷轧钢板制作而成。